JN012769

●目 次●

●はじめに

　当教材は小さな個人塾の塾長自らが作成しました。実際にこの教材で多くの生徒の成績を上げてきましたので，自信をもっておすすめできる教材です。

●当教材の到達目標，練習問題の難易度

　当教材は基礎力を確実にすることを一番の目的としています。そのため，ゼロからでも独学で習得できるよう解説を加え，入試で出題されるような応用問題はほぼ排除し，基礎の定着に役立つ良質な基本問題を多く収録しています。

●当教材の使い方

　当教材は計算や証明を書き込める形式にしています。一度書き込んでしまうと繰り返し同じ問題を解くことが困難になりますが，このテキストの場合は最初からどんどん書き込んでください。それにより独自のオリジナルノートが完成します。そして，このノートを定期テスト対策や入試対策をする上で，忘れたところを見直すのに役立ててください。

　また，練習問題には若干難易度の高い標準レベルの問題も含まれますので，数学が苦手な人はすべての問題を解こうと思わず，最初は計算問題を完璧にすることを目標とし，時間に余裕があればそれ以外の解けそうな問題を選んで解いていってください。

●個別指導塾，学校のテキストとしても最適

　当教材は解説もあり，例題も豊富ですので板書をする必要がほとんどなく，効率的に授業を進めることができます。また特に学習塾において，学生が講師の場合は指導にむらが出やすいですが，順序通り進めてもらえれば，そのむらがかなり抑えられると実感いただけるはずです。

●監修者より

数学は積み重ねの学問です。積み重ねの一部は小学校から始まりますが，大部分は中学校から始まります。

数学は考える学問です。思考力を鍛えるという点においては数学以上の材料はないといえます。

　小学校では身近で実用的なことを学びました。

中学校では各単元をたくさん練習することによって体で覚えることに比重が置かれています。

この本にもたくさんの練習問題があります。

　ここで注意点があります。

中学校での定期試験や模試や高校入試において確かに計算練習が重視されますし，その努力の結果はテストの点数として反映されますが，数学の本質は体で「覚える」ことにではなく「考える」ことにあります。

この点を誤解すると高等学校に入ってから難解で膨大な分量の数学の問題を「覚える」ことになってしまい，大変な苦労をします。

この本の解説や問題演習で「考える」ことを意識して身につけることができれば，高等学校以降の人生で不必要な丸暗記事項を減らすことができるだけでなく，さまざまな場面で数学を頑張って良かったと

思えることでしょう。

本書には無理なくそれを実行できる工夫が随所になされています。

しっかりと説明や証明を読み，しっかりと問題に取り組んでみてください。

　ちなみに中学校から高等学校までの数学は実は一連のものとなっており，高等学校で理系に進むと最後に中学校1年生からやってきたことの意味や理科との繋がりがより深く分かります。お楽しみに。

　純粋な意味での「頭が良くなる」ことができる科目は数学だけです。

本書を通して皆さんが考える力を身につけ，現在や将来にいかせることを切に願っています。

監修　田中洋平

●著者より

・教材によるアナログプログラミング

　現代は人工知能によってあらゆるものが自動化されつつあります。私自身も教材を工夫することによって，ある程度の授業の自動化に成功したと確信しています。この場合の自動化とは，**「手順通りに進めることで自動的に生徒の成績が上がる」**ということを意味します。

　教科書通りに授業を進めてもなかなか結果がでないことから，教師はプリント教材の作成を強いられるわけですが，そこにメスを入れる余地があると考えています。

　私は学習塾での指導において，緻密に教材をプログラミングすることで授業の準備時間を大幅に減らすことに成功しました。これにより生徒一人ひとりに目を配る余裕が生まれ，個々に合わせた発展演習を行ったり，あるいは社会経験を多く語ったりすることができるようになったのです。

　今度はこれを汎用化することが私の目標です。高度なソフトウエアを多くのコンピューターにインストールすることで多くの時間と労力が短縮されます。これと同じように教材力で多くの単純作業が短縮できるはずです。これは決して教師側が横着をするためではなく，自動化できない教育，つまり人間にしかできないきめ細やかな教育に時間に多くの時間を割くためであることを強調しておきます。

・単純作業は自動化すべき

　結果を出すためには授業は何より**演習中心**であることが必要でした。そのためには次の時間が無駄であると気づきました。

- ・教師が授業の手順を考える時間
- ・プリントを印刷し，配る時間
- ・教師が板書をして，生徒がそれを書き写す時間

　そこで生まれたのがこの教材です。実際私がこの教材で授業をする場合，見開き左ページの内容をざっと説明し，すぐに練習問題をさせます。あとは生徒をよく観察し，個々にアドバイスを加えたり，質問対応をしたりします。やることはほぼこれだけ。これで中程度の生徒は，週1回90分程度の授業で，標準的な学校の授業を上回るペースで進めることができています。おかげで試験直前に十分な対策を行うことができ，わりと大きな成果を出しています。

微風出版 代表　児保祐介（こやすゆうすけ）

1章 計算の復習

●位の数

$$275049.318$$

十万の位　万の位　千の位　百の位　十の位　一の位

→ 小数第1位＝十分の一の位
→ 小数第2位＝百分の一の位
→ 小数第3位＝千分の一の位

●小数の計算

例1　$50 - 7.4 = 42.6$

$$\begin{array}{r} 50.0 \\ -\ \ 7.4 \\ \hline 42.6 \end{array}$$

→小数第1位は0
→位をそろえて書く

例2　$4.5 \times 100 = 450$

10倍は小数点を1つ右へ

100倍は小数点を2つ右へ

1000倍は小数点を3つ右へ

　考え方：$4.5 \to 45.0 \to 450.0$

例3　$4.5 \div 100 = 0.045$

10で割るときは小数点を1つ左へ

100で割るときは小数点を2つ左へ

1000で割るときは小数点を3つ左へ

　考え方：$4.5 \to 0.45 \to 0.045$

例4　$520 \times 0.001 = 0.52$

0.1倍は10で割ることと同じ

0.01倍は100で割ることと同じ

0.001倍は1000で割ることと同じ

　考え方：$520 \to 52.0 \to 5.2 \to 0.52$

例5　$0.7 \times 200 = 140$

$$\begin{aligned} &(7 \times 0.1) \times (2 \times 100) \\ &= 7 \times 2 \times 100 \times 0.1 \\ &= 14 \times 100 \times 0.1 \\ &= 1400 \times 0.1 = 140 \end{aligned}$$

例6　$0.37 \times 0.4 = 0.148$

$$\begin{aligned} &(37 \times 0.01) \times (4 \times 0.1) \\ &= 37 \times 4 \times 0.01 \times 0.1 \\ &= 148 \times 0.001 \\ &= 0.148 \end{aligned}$$

例7　$3.61 \times 600 = 2166$

$(361 \times 0.01) \times (6 \times 100)$ と考える

$$\begin{array}{r} 3.61 \\ \times\ \ 6\,00 \\ \hline 2166 \end{array}$$

361×6 の計算が
しやすいように書く

↓ 100倍する

216600

↓ 0.01倍する

2166

例8　$6350 \times 0.003 = 19.05$

$(635 \times 10) \times (3 \times 0.001)$ と考える

$$\begin{array}{r} 635\,0 \\ \times\ \ 0.003 \\ \hline 1905 \end{array}$$

635×3 の計算が
しやすいように書く

↓ 10倍する

19050

↓ 0.001倍する

19.05

1 次の数直線について文中の空欄を埋めなさい。

Aに当たる小数は①(　　　　　　　　)，Bに当たる小数は②(　　　　　　　)である。

Aの十分の一の位の数は③(　　　　　　　　)で，Aの百分の一の位の数は④(　　　　　　)である。

Bの一の位の数は⑤(　　　　　　　)で，Bの小数第二位の数は⑥(　　　　　　)である。

Aより0.01大きい数は⑦(　　　　　　　)で，Aより0.01小さい数は⑧(　　　　　　)である。

Aより0.1大きい数は⑨(　　　　　　　)で，Aより0.1小さい数は⑩(　　　　　　)である。

Bの0.1倍は⑪(　　　　　　)で，Bの0.01倍は⑫(　　　　　　)である。

Bの100倍は⑬(　　　　　　)で，Bの1000倍は⑭(　　　　　　)である。

Aを100で割ると⑮(　　　　　　)，Aに0.01を掛けると⑯(　　　　　　)である。

2 次の数の中で最も大きい数と小さい数を答えなさい。

(1)　3.1010　／　30.1　／　30.011　／　0.311　／　0.03331　／　30

　　　最も大きい数：(　　　　　　　)　　最も小さい数：(　　　　　　　)

(2)　0.099　／　0.909　／　9.0999　／　0.9001　／　0.9　／　9.1

　　　最も大きい数：(　　　　　　　)　　最も小さい数：(　　　　　　　)

3 次の計算をしなさい。ただし答えはすべて小数または整数で表すこと。

(1) $3.05 + 64$　　　(2) $2.3 + 17.25$　　　(3) $60 - 3.8$　　　(4) $600 - 3.8$

(5) 0.5×1000　　　(6) 0.5×5000　　　(7) 0.2×0.1　　　(8) 0.2×0.8

(9) $70 \div 1000$　　　(10) 70×0.001　　　(11) 2.4×0.3　　　(12) 2.4×30

(13)
$$\begin{array}{r} 0.845 \\ \times 400 \\ \hline \end{array}$$

(14)
$$\begin{array}{r} 520 \\ \times 0.007 \\ \hline \end{array}$$

(15)
$$\begin{array}{r} 3.45 \\ \times 27000 \\ \hline \end{array}$$

1
章

●商と余りの性質

$$6 \div 3 = 2 \qquad 10 \div 3 = 3 \ldots 1$$
$$\downarrow \ \downarrow \qquad\qquad \downarrow \ \downarrow$$
$$60 \div 30 = 2 \qquad 100 \div 30 = 3 \ldots 10$$
$$\downarrow \ \downarrow \qquad\qquad \downarrow \ \downarrow$$
$$600 \div 300 = 2 \qquad 1000 \div 300 = 3 \ldots 100$$

> 割る数，割られる数の両方を10倍，100倍，1000倍…しても商は変わらない。
> しかし余りは変わってしまう！

●割り算と分数

例題 1　商を小数第1位まで求め，余りも求めなさい。

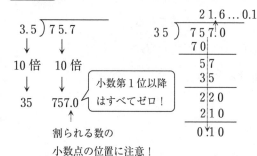

3.5) 75.7
↓　　↓
10倍　10倍
↓　　↓
35　　757.0

小数第1位以降はすべてゼロ！

割られる数の小数点の位置に注意！

21.6…0.1
35) 757.0
　　　70
　　　57
　　　35
　　　220
　　　210
　　　0.10

重要　75.7 ÷ 3.5 の計算を 757 ÷ 35 で計算してしまったため，**余りを 10 としてはいけない！**

商は移動後の点を上げる
余りは移動前の点を下ろす

例題 2　四捨五入して商を1の位までの概数で表しなさい。

2
2⁄1.8
3.5) 75.7　　35) 757.0
↓　　↓　　　　　70
10倍　10倍　　　　57
↓　　↓　　　　　35
35　　757.0　　　220
　　　　　　　　　210
　　　　　　　　　10

求める位の1つ右側の位まで求め，その位を四捨五入する。

例題 3　1.25 を分数で表しなさい。

5 は百分の一の位であることに注意する。

$$1.25 = \frac{125}{100} = \frac{5}{4}$$

例題 4　$\frac{5}{8}$ を小数で表しなさい。

$$\frac{5}{8} = 5 \div 8 = 0.625$$

例題 5　次の商を分数で表しなさい。

$$9 \div 60 = \frac{9}{60} = \frac{3}{20}$$

例題 6　次の帯分数を仮分数に直しなさい。

$$2\frac{3}{5} = \frac{5 \times 2 + 3}{5} = \frac{13}{5}$$

詳しくは → $2\frac{3}{5} = 2 + \frac{3}{5} = \frac{10}{5} + \frac{3}{5} = \frac{13}{5}$

例題 7　仮分数 $\frac{17}{3}$ を帯分数に直しなさい。

$17 \div 3 = 5 \ldots 2$　よって，$5\frac{2}{3}$　　→ 検算すると，$5\frac{2}{3} = \frac{3 \times 5 + 2}{3} = \frac{17}{3}$

詳しくは → $\frac{17}{3} = \frac{5 \times 3 + 2}{3} = \frac{5 \times 3}{3} + \frac{2}{3} = 5 + \frac{2}{3} = 5\frac{2}{3}$

4 商を1の位まで求め，余りも求めなさい。

(1) $19 \div 5$　　　(2) $190 \div 50$　　　(3) $1900 \div 500$　　　(4) $1.9 \div 0.5$

5 次の計算を割り切れるまでしなさい。

(1) $6 \div 4$　　　(2) $0.6 \div 4$　　　(3) $6 \div 0.4$　　　(4) $0.6 \div 0.4$

6 商を小数第1位まで求め，余りも求めなさい。

(1) $0.53 \div 0.3$　　　(2) $65 \div 2.1$　　　(3) $5 \div 0.018$

7 四捨五入をして商を1の位までの概数で求めなさい。

(1) $139.8 \div 0.7$　　　(2) $87.7 \div 0.8$　　　(3) $381 \div 0.19$

8 次の問いに答えなさい。

(1) 分子が分母と同じか，分子が分母より大きい分数を何というか。

(2) 分子が分母より小さい分数を何というか。

9 次の小数を分数で表しない。(約分ができれば，できるまですること)

(1) 0.2　　　(2) 0.25　　　(3) 2.8　　　(4) 10.5

10 次の商を分数で表しなさい。

(1) $5 \div 7$　　　(2) $13 \div 26$

11 次の分数を小数に直しなさい。

(1) $\dfrac{3}{10}$　　　(2) $\dfrac{5}{4}$

12 次の帯分数を仮分数に直しなさい。

(1) $1\dfrac{2}{5}$　　　(2) $3\dfrac{1}{4}$

13 次の仮分数を帯分数に直しなさい。

(1) $\dfrac{9}{2}$　　　(2) $\dfrac{31}{12}$

1
章

●等式変形

　複雑な計算は次のように等式変形をして記述する必要がある。この記述ができないと，計算ミスが増えたり，どこでミスをしたかを発見できなくなってしまうので，必ず書けるようにすること。

例1
$$10 - 2 \times 3$$
$$= 10 - 6$$
$$= 4$$

例2
$$4 \times (5 + 2)$$
$$= 4 \times 7$$
$$= 28$$

例3
$$4 \times 3 - 21 \div (9 - 2)$$
$$= 12 - 21 \div 7$$
$$= 12 - 3$$
$$= 9$$

例4
$$10 \times \{5 - (9 + 3) \div 6\}$$
$$= 10 \times (5 - 12 \div 6)$$
$$= 10 \times (5 - 2)$$
$$= 10 \times 3$$
$$= 30$$

●約分と通分

　分数の分母と分子は同じ数を掛けても割っても数は変わらない性質がある。特に同じ数で割ることを**約分**といい，この性質を利用して2つの分数の分母をそろえることを**通分**という。

例1
$$3 = \frac{3}{1} = \frac{6}{2} = \frac{9}{3} = \frac{12}{4} = \cdots$$

$$\frac{9}{3} = \frac{9 \div 3}{3 \div 3} = \frac{3}{1} = 3$$
約分

$$3, \frac{2}{5} \to \frac{3 \times 5}{1 \times 5}, \frac{2}{5} \to \frac{15}{5}, \frac{2}{5}$$
通分

例2
$$\frac{2}{5} = \frac{4}{10} = \frac{6}{15} = \frac{8}{20} = \cdots$$

$$\frac{8}{20} = \frac{8 \div 4}{20 \div 4} = \frac{2}{5} \cdots$$
約分

$$\frac{5}{6}, \frac{3}{4} \to \frac{5 \times 2}{6 \times 2}, \frac{3 \times 3}{4 \times 3} \to \frac{10}{12}, \frac{9}{12}$$
通分

●大小の比較

　数の大小は不等号（＜，＞）を使って表す。$A > B$ なら A は B より大きいことを表す。大小の比較は通分したり小数に直したりして行う。

例1 $\frac{7}{6}, \frac{9}{8}$ の大小は？
$$\left.\begin{array}{l} \frac{7}{6} = \frac{28}{24} \\ \frac{9}{8} = \frac{27}{24} \end{array}\right\} \text{なので} \to \frac{7}{6} > \frac{9}{8}$$

例2 $0.6, \frac{3}{4}$ の大小は？
$$\frac{3}{4} = 0.75 \text{ なので} \to 0.6 < \frac{3}{4}$$

●分数の演算

例1 $\dfrac{2}{3} + \dfrac{1}{4} = \dfrac{8}{12} + \dfrac{3}{12} = \dfrac{11}{12}$

例2 $2\dfrac{1}{9} - \dfrac{1}{3} = \dfrac{19}{9} - \dfrac{3}{9} = \dfrac{16}{9}$

例3 $5 \times \dfrac{2}{15} = \dfrac{5^1}{1} \times \dfrac{2}{15_3} = \dfrac{2}{3}$

例4 $\dfrac{{}^4 8}{3} \times \dfrac{7}{36_9} = \dfrac{28}{9}$

$$\begin{array}{l} \times A \to \times \dfrac{A}{1} \\ \div A \to \times \dfrac{1}{A} \\ \div \dfrac{B}{A} \to \times \dfrac{A}{B} \end{array}$$

例5 $\dfrac{1}{4} \boxed{\div 5} \boxed{\div \dfrac{7}{3}} \boxed{\times 6} = \dfrac{1}{4_2} \times \dfrac{1}{5} \times \dfrac{3}{7} \times \dfrac{6^3}{1} = \dfrac{9}{70}$

$$\downarrow \quad \downarrow \quad \downarrow$$
$$\times \dfrac{1}{5} \quad \times \dfrac{3}{7} \quad \times \dfrac{6}{1}$$

÷はそのままで
小数を分数に

例6 $\dfrac{1}{3} \boxed{\div 0.3} = \dfrac{1}{3} \boxed{\div \dfrac{3}{10}}$
$$= \dfrac{1}{3} \boxed{\times \dfrac{10}{3}} = \dfrac{10}{9}$$

14 空欄を埋めることで次の式の計算を完成させなさい。

(1) $36 - 6 \times 6$

　$= 36 - \boxed{}$

　$= \boxed{}$

(2) $100 \times 0.7 - 0.5 \times 10$

　$= \boxed{} - \boxed{}$

　$= \boxed{}$

(3) $8 \times (1 - 0.5)$

　$= 8 \times \boxed{}$

　$= \boxed{}$

(4) $\{9 - (10 - 3)\} \div 2$

　$= (9 - \boxed{}) \div 2$

　$= \boxed{} \div 2 = \boxed{}$

15 次の計算をしなさい。ただし途中式を記し，答えは整数または分数で答えること。

(1) $4 + 2 \times 5$

　$= \boxed{}$

　$= \boxed{}$

(2) $(4 + 2) \times 5$

　$= \boxed{}$

　$= \boxed{}$

(3) $20 \div 10 \times 2$

　$= \boxed{}$

　$= \boxed{}$

(4) $20 \div (10 \times 2)$

　$= \boxed{}$

　$= \boxed{}$

(5) $15 - 6 \div 3$

　$= \boxed{}$

　$= \boxed{}$

(6) $(15 - 6) \div 3$

　$= \boxed{}$

　$= \boxed{}$

(7) $3 \times 2 + 8 \div 2$

　$= \boxed{}$

　$= \boxed{}$

(8) $3 \times (2 + 8) \div 2$

　$= \boxed{}$

　$= \boxed{} = \boxed{}$

16 次の空欄に整数を入れなさい。

(1) $\dfrac{2}{5} = \dfrac{\boxed{}}{15}$　（　　　）

(2) $4 = \dfrac{4}{\boxed{}}$　（　　　）

(3) $2 = \dfrac{\boxed{}}{9}$　（　　　）

(4) $0.4 = \dfrac{\boxed{}}{5}$　（　　　）

17 次の空欄に不等号（<，>）を入れなさい。

(1) $\dfrac{3}{5}\ \boxed{}\ \dfrac{3}{4}$

(2) $\dfrac{5}{7}\ \boxed{}\ \dfrac{6}{11}$

(3) $2\ \boxed{}\ \dfrac{11}{5}$

(4) $\dfrac{40}{9}\ \boxed{}\ 4.3$

18 次の計算をしなさい。ただし答えは整数または分数で答えること。

(1) $\dfrac{1}{3} + \dfrac{5}{3}$

(2) $1 + \dfrac{3}{7}$

(3) $2 - \dfrac{3}{5}$

(4) $\dfrac{3}{4} - \dfrac{1}{6}$

(5) $\dfrac{1}{6} - \dfrac{1}{8}$

(6) $\dfrac{1}{4} + 3\dfrac{7}{8}$

(7) $2\dfrac{1}{3} - 1\dfrac{1}{5}$

(8) $0.3 + \dfrac{3}{5}$

(9) $\dfrac{5}{6} \times \dfrac{3}{4}$

(10) $\dfrac{5}{6} \div \dfrac{3}{4}$

(11) $12 \times \dfrac{1}{4}$

(12) $12 \div \dfrac{1}{4}$

(13) $\dfrac{12}{5} \times 10$

(14) $\dfrac{12}{5} \div 10$

(15) $\dfrac{1}{3} \times 0.9$

(16) $\dfrac{1}{3} \div 0.9$

(17) $\dfrac{7}{5} \div 3 \times \dfrac{5}{6}$

(18) $\dfrac{3}{4} + \dfrac{11}{6} \div \dfrac{22}{37}$

★章末問題★

19 小数「27.480」について(　　)に当てはまる数を答えなさい。(概数は四捨五入して求めること)

　十の位の数は①(　　), 十分の一の位の数は②(　　), 千分の一の位の数は③(　　)である。

　一の位までの概数で表すと④(　　　　), 小数第1位までの概数で表すと⑤(　　　　)である。

20 次の計算をしなさい。

(1) 10×0.1

(2) 0.1×100

(3) 0.01×0.1

(4) $10 - 0.1$

(5) $0.1 + 100$

(6) $0.01 \div 0.1$

(7) $100 - 11.25$

(8) 4.5×1000

(9) 0.08×0.3

(10) 0.02×7000

(11) $50 + 60 \div 12$

(12) $4 \times 7 + 20 \div 4 \times (15 - 4)$

(13) $250 \times (15.3 - 12)$

(14) $4 \times \left\{ 10 + 26 \div 13 - 2 \times \left(10 - 5 \right) + 3 \right\}$

21 次の計算をしなさい。

(1)
$$\begin{array}{r} 2300 \\ \times \quad 50 \\ \hline \end{array}$$

(2)
$$\begin{array}{r} 9.15 \\ \times \quad 0.47 \\ \hline \end{array}$$

(3)
$$\begin{array}{r} 63000 \\ \times \quad 0.39 \\ \hline \end{array}$$

22 商を小数第2位まで求め, 余りも求めなさい。

(1) $5 \overline{) 3.67}$

(2) $0.13 \overline{) 5.3}$

23 次の空欄に当てはまる言葉をすべて漢字2字で答えなさい。

分数 $\dfrac{B}{A}$ の A に当たる数を①(　　　　　)といい，B に当たる数を②(　　　　　)という。

2つ以上の分数の（　①　）をそろえることを③(　　　　　)という。

分数の（　①　）と（　②　）を同じ数で割ることを④(　　　　　)という。

24 次の等式で正しいものを記号で選びなさい。

(1)　ア．$A \div B \div C \times D = \dfrac{1}{A} \times \dfrac{1}{B} \times \dfrac{1}{C} \times \dfrac{D}{1}$　　イ．$A \div B \div C \times D = \dfrac{1}{A} \times \dfrac{B}{1} \times \dfrac{1}{C} \times \dfrac{D}{1}$　　(　　　　)

　　ウ．$A \div B \div C \times D = \dfrac{A}{1} \times \dfrac{1}{B} \times \dfrac{1}{C} \times \dfrac{1}{D}$　　エ．$A \div B \div C \times D = \dfrac{A}{1} \times \dfrac{1}{B} \times \dfrac{1}{C} \times \dfrac{D}{1}$

(2)　ア．$\dfrac{B}{A} \times C \div \dfrac{E}{D} = \dfrac{A}{B} \times \dfrac{C}{1} \times \dfrac{D}{E}$　　イ．$\dfrac{B}{A} \times C \div \dfrac{E}{D} = \dfrac{B}{A} \times \dfrac{C}{1} \times \dfrac{D}{E}$　　(　　　　)

　　ウ．$\dfrac{B}{A} \times C \div \dfrac{E}{D} = \dfrac{A}{B} \times \dfrac{1}{C} \times \dfrac{D}{E}$　　エ．$\dfrac{B}{A} \times C \div \dfrac{E}{D} = \dfrac{B}{A} \times \dfrac{1}{C} \times \dfrac{D}{E}$

25 次の空欄に入る数を答えなさい。

(1) 3を4等分した数を分数で表すと①(　　　　　)，小数で表すと②(　　　　　)である。

(2) 6を8等分した数を分数で表すと①(　　　　　)，小数で表すと②(　　　　　)である。

(3) $\dfrac{41}{13}$ を帯分数に直すと(　　　　　)である。

26 次の小数を分数に直しなさい。（約分ができれば，できるまですること）

(1) 0.7　　　　　(2) 0.12　　　　　(3) 11.5　　　　　(4) 0.014

27 次の空欄に＜，＞，＝のいずれかの記号を入れなさい。

(1) $\dfrac{5}{6}$ $\boxed{}$ 1　　(2) $\dfrac{6}{8}$ $\boxed{}$ $\dfrac{9}{12}$　　(3) $\dfrac{7}{3}$ $\boxed{}$ $\dfrac{7}{4}$　　(4) $\dfrac{34}{17}$ $\boxed{}$ 2

28 次の計算をしなさい。ただし答えはすべて分数で答えること。

(1) $\dfrac{5}{6} + \dfrac{2}{9}$　　　　　　(2) $\dfrac{5}{6} \times \dfrac{2}{9}$　　　　　　(3) $\dfrac{5}{6} \div \dfrac{2}{9}$

(4) $\dfrac{3}{7} \div 4 \times \dfrac{56}{51}$　　　　　　(5) $2\dfrac{3}{4} - \dfrac{7}{6} \div \dfrac{21}{4}$

2章 ‖ 正の数と負の数

●正の数と負の数

数直線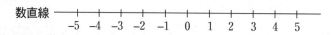

◇0 より大きい数を正の数，0 より小さい数を負の数という。

◇0 は正の数でも負の数でもない。

◇正の数：＋（プラス）の符号をつけて表す。（符号をつけない場合も正の数）

◇負の数：－（マイナス）の符号をつけて表す。

　+5…正の数（5 と書いても同じ）　　－5 …負の数

◇数直線上の 0 の位置を「原点」という。

●整数と自然数

次のような数を整数という。　　… –6, –5, –4, –3, –2, –1, 0, 1, 2, 3, 4, 5, 6 …

特に正の整数（1, 2, 3, 4…）を自然数という。（0 は自然数ではない）

●絶対値

数直線上で，原点(0)からある数までの距離をその数の絶対値という。

簡単に言うと符号をとった数と考えればよい。

　　+3 の絶対値→3　　　–3 の絶対値→3　　　　6 の絶対値→6

　　–9 の絶対値→9　　–2.5 の絶対値→2.5　　0 の絶対値→0

●不等号

数の大小関係を表す記号。＞，＜ を不等号という。

　　3 < 5　　…3 は 5 より小さいことを表す

　　2 > –5　　…2 は –5 より大きいことを表す

　　–3 > –4　　…–3 は –4 より大きいことを表す

　※数直線で考えると，右にある数ほど大きいことを理解しよう！

●反対の性質を持つ量

負の数は言葉の意味を逆にする働きがある。

　　西に 3 km 進む→「東に–3 km 進む」と言っても同じ意味

　　点数が 10 点下がった→「点数が–10 点上がった」と言っても同じ意味

　　5 時間後→「–5 時間前」と同じ　　　　　–2 cm 長い→「2 cm 短い」と同じ

　　–50 g 軽い→「50 g 重い」と同じ　　　　–7 だけ減る→「7 だけ増える」と同じ

29 次の空欄にあてはまる言葉を答えなさい。

(1) 0 より大きい数を①(　　　　　　　)の数，0 より小さい数を②(　　　　　　　)の数という。

(2) 正の整数は(　　　　　　　)ともいう。

(3) 数直線上の 0 の位置の点を(　　　　　　　)という。

30 次の数直線上で，A，B，C，D に対応する数を書きなさい。

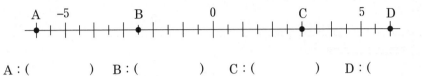

A：(　　　　)　　B：(　　　　)　　C：(　　　　)　　D：(　　　　)

31 次の問いに答えなさい。

$$-6 ，\ +3 ，\ 0 ，\ -3 ，\ -\frac{1}{3} ，\ +\frac{5}{2} ，\ +2.6$$

(1) 上の数の中から正の数を全て選びなさい。　　　(　　　　　　　　　　　　　　　　　)

(2) 上の数の中から負の数を全て選びなさい。　　　(　　　　　　　　　　　　　　　　　)

(3) 上の数の中で，自然数を全て選びなさい。　　　(　　　　　　　　　　　　　　　　　)

(4) 上の数の中で，整数を全て選びなさい。　　　(　　　　　　　　　　　　　　　　　)

32 次の数の絶対値を答えなさい。

(1) –5　　　　　　　　　　　(2) +7　　　　　　　　　　　(3) 0

(4) 10　　　　　　　　　　　(5) –6.5

33 次の(　　　)に適切な不等号を入れなさい。

(1) +3 (　　　) +7　　　　　　　　　(2) +2 (　　　) –5

(3) –10 (　　　) –12　　　　　　　　(4) –0.1 (　　　) –1

34 次のことがらを，負の数を使わないで表しなさい。

(1) 西方–2 km の場所　　　　　　　　(2) –12 kg の減少

(3) –30 人多い　　　　　　　　　　　(4) 北へ–6 km 進む

35 室内の気温が17℃，屋外の気温が–4℃のとき，室内の気温は屋外の気温より何度高いか。

2章

例題 1　次の問いに答えなさい。

(1) 数値線上で–3 からの距離が5 である数を答えなさい。

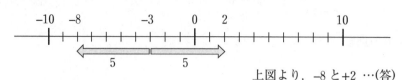

上図より，–8 と+2 …(答)

(2) 0 より8 小さい数を答えなさい。

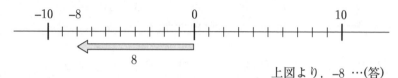

上図より，–8 …(答)

(3) 絶対値が7 の整数を答えなさい。

数直線上で0 からの距離が絶対値。よって+7 と–7…(答)

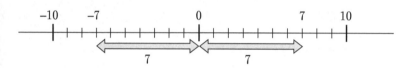

(4) –4.3 より小さい整数のうちで，最も大きい整数を答えなさい。

–4.3 は–5 と–4 の間にある。
–4.3 より小さい整数のうちで，
最も大きい整数は –5 …(答)

例題 2　次の2 数の大小を不等号を使って書き表しなさい。

(1) $\frac{1}{2}$, $\frac{1}{3}$　　(2) $-\frac{1}{2}$, $-\frac{1}{3}$　　(3) 0.1, 0.01　　(4) –0.1, –0.01

数直線を書いて大小を判定しよう。

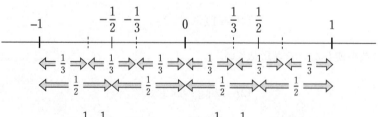

(1) $\frac{1}{2} > \frac{1}{3}$ …(答)　　(2) $-\frac{1}{2} < -\frac{1}{3}$ …(答)

(2)は通分して判断
してもよい。

$-\frac{1}{2}$　　$-\frac{1}{3}$

⇩　　⇩

$-\frac{3}{6} < -\frac{2}{6}$

※小数に直して判断
することもできる。

$-\frac{1}{2} = -0.5$

$-\frac{1}{3} = -0.333\cdots$

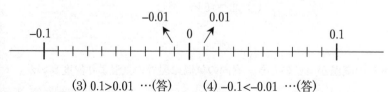

(3) 0.1>0.01 …(答)　　(4) –0.1<–0.01 …(答)

36 次の問いに答えなさい。

(1) 数値線上で3からの距離が6である数を答えなさい。　　　　　(　　　　　　)

(2) 数値線上で–5からの距離が3である数を答えなさい。　　　　　(　　　　　　)

(3) –9より7大きい数を答えなさい。　　　　　　　　　　　　　　(　　　　　　)

(4) 6より10小さい数を答えなさい。　　　　　　　　　　　　　　(　　　　　　)

(5) 絶対値が3の整数を答えなさい。　　　　　(6) 絶対値が0.5の数を答えなさい。

(7) –0.9より小さい整数のうちで, 最も
大きい整数を答えなさい。

(8) –0.9より大きい整数のうちで, 最も
小さい整数を答えなさい。

37 次の(　　　)に適切な不等号を入れなさい。

(1) 1 (　　　) –3　　　　　(2) –7 (　　　) –5　　　　　(3) –10 (　　　) –100

(4) $\dfrac{1}{5}$ (　　　) $\dfrac{1}{4}$　　　　　(5) $-\dfrac{1}{5}$ (　　　) $-\dfrac{1}{4}$　　　　　(6) $-\dfrac{3}{2}$ (　　　) –1

(7) 0.7 (　　　) 0.07　　　　　(8) –0.7 (　　　) –0.07　　　　　(9) –0.12 (　　　) –0.2

★章末問題★

38 次の(　　)にあてはまる言葉や数を答えなさい。

(1) +5や+8のような0より大きい数を(　　　　　　　)の数という。

(2) –3や–7のような0より小さい数を(　　　　　　　)の数という。

(3) 正の整数を(　　　　　　)という。

(4) 数直線で0が対応している点を(　　　　　　)という。

(5) –3.5の絶対値は(　　　　　　)である。

(6) 数の大小関係を表す記号を(　　　　　　)という。

39 次の数の中で、負の数、自然数をそれぞれ答えなさい。

$$0.7 ／ -2 ／ -\frac{3}{4} ／ 5 ／ 0 ／ -2.3 ／ -1$$

負の数：(　　　　　　　　　)　　　自然数：(　　　　　　　　　)

40 絶対値が9となる数をすべて答えなさい。(　　　　　　　　)

41 次の数直線上で、A, B, C, Dに対応する数を書きなさい。

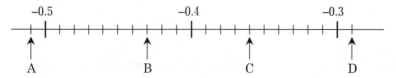

A：(　　　　)　B：(　　　　)　C：(　　　　)　D：(　　　　)

42 次の6つの数について、下の問いに答えなさい。

$$-5,\quad +0.4,\quad -2.5,\quad 0,\quad -\frac{1}{3},\quad +3$$

(1) 自然数をすべて答えなさい。(　　　　　　　　　　　)

(2) 負の数で最も大きい数はどれか。(　　　　　　　　　　)

(3) 絶対値がもっとも大きい数はどれか。(　　　　　　　　)

(4) 整数をすべて答えなさい。(　　　　　　　　　)

(5) この6つの数を小さいほうから順に不等号を使って書き表しなさい。
(　　　　　　　　　　　　　　　　　　　　　　　　)

43 次のことを(　　)内の言葉を使って表しなさい。

(1) 5人少ない（多い）　　　　　　　　(2) 3kg軽い　（重い）

(3) –2cm長い（短い）　　　　　　　　(4) –3だけ増える（減る）

44 次の(　　)に適切な不等号を入れなさい。

(1) -5 (　　) 0

(2) -9 (　　) -3

(3) -9 (　　) 3

(4) $\dfrac{17}{23}$ (　　) $-\dfrac{4}{5}$

(5) $-\dfrac{1}{2}$ (　　) -0.1

(6) $-\dfrac{2}{3}$ (　　) $-\dfrac{3}{2}$

45 次の問いに答えなさい。

(1) -4.7 と $+1.8$ の間に整数はいくつあるか。

(2) -4.7 と $+1.8$ の間に負の整数はいくつあるか。

(3) -3.7 より大きい数で最も小さい整数はいくらか。

(4) -3.7 にもっとも近い整数はいくらか。

46 次の数を求めなさい。

(1) $+7$ よりも -2 大きい数

(2) $+1$ よりも -6 大きい数

(3) -3 よりも -4 大きい数

(4) $+1$ よりも -6 小さい数

(5) -7 よりも -3 小さい数

(6) 0 よりも -1 小さい数

47 次の数のうち絶対値が一番大きい数と一番小さい数を記号で答えなさい。

ア. -2　　イ. 3.6　　ウ. $\dfrac{15}{4}$　　エ. -4　　オ. 0　　カ. -0.01　　キ. $-\dfrac{1}{10}$

絶対値が最も大きい : (　　　　)　　　絶対値が最も小さい : (　　　　　)

3章 ‖‖‖ 正負の数の加法・減法

●符号のルール

まずはルールを暗記しよう。

ルール1 　足し算(加法)・引き算(減法)は必ず0からスタート

ルール2 　＋の数…数直線上で右に進む

ルール3 　－の数…数直線上で左に進む

例1 ＋3－4 ＝? …符号と数字をセットにしてカードとみなす

+3	-4

最初のカードは +3 → 0からスタートして右へ3進む

次のカードは －4 …→ 次に左へ4進む

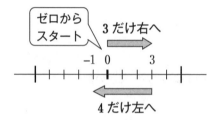

到着点は –1

したがって，＋3－4 ＝ －1 …(答)

例2 ＋3－4－2 ＝?

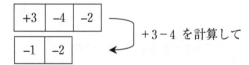

+3－4 を計算して

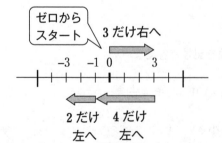

到着点は–3

したがって，＋3－4－2 ＝ － 3 …(答)

※符号がついていないときは＋と考えよう　　例3 　5－8 ＝ ＋5－8

※0は右にも左にも進まない　　　　　　　　例4 　－5＋0 ＝ －5

48 次の計算を数直線に矢印を書き入れて計算しなさい。

(1) $-2+3$

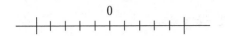

(2) $+0-5$

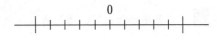

(3) $2-6$

(4) $-2+6$

(5) $-5+3$

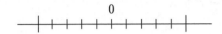

(6) $-5+5$

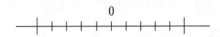

(7) $-1+4-6$

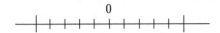

(8) $4+1-7$

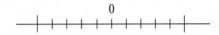

(9) $-4-1+5$

(10) $5-7+4$

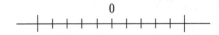

49 次の計算をしなさい。

(1) $+7-4$

(2) $+4-7$

(3) $-3+8$

(4) $+8-3$

(5) $-5-4$

(6) $-4-5$

(7) $+2-5+6$

(8) $-5+6+2$

●カッコを含む式のカッコの外し方

数学のカッコの外し方にはルールがある。そのルールを暗記しよう。

ルール 1　　＋と＋が並んでいるとき … 　2つ合わせて＋とする

例1　　$5 + (+\, 5) = 5 + 5$
　　　　　　　　$\downarrow$
　　　　　　　　$+$

ルール 2　　＋と－が並んでいるとき… 　2つ合わせて－とする

例2　　$(-6) + (-\, 2) = -6 - 2$
　　　　　　　　　　$\downarrow$
　　　　　　　　　　$-$

ルール 3　　－と＋が並んでいるとき… 　2つ合わせて－とする

例3　　$(-2) - (+\, 3) = -2 - 3$
　　　　　　　　　$\downarrow$
　　　　　　　　　$-$

ルール 4　　－と－が並んでいるとき… 　2つ合わせて＋とする

例4　　$(-4) - (-\, 3) = -4 + 3$
　　　　　　　　　$\downarrow$
　　　　　　　　　$+$

!注意　符号が並んでいるときはカッコをつけなければいけない

×**間違った書き方**　→　$-2 - +3$

○**正しい書き方**　　→　$(-2) - (+3)$　,　$-2 - (+3)$

●計算の書き方

式変形をするときはできるだけ縦に書こう。この方が間違いを発見しやすい。

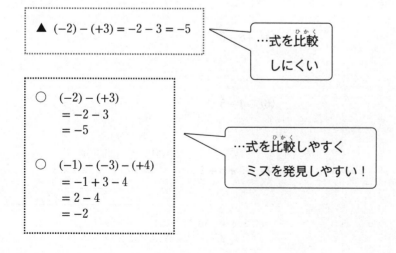

▲　$(-2) - (+3) = -2 - 3 = -5$

…式を比較
しにくい

○　$(-2) - (+3)$
　$= -2 - 3$
　$= -5$

○　$(-1) - (-3) - (+4)$
　$= -1 + 3 - 4$
　$= 2 - 4$
　$= -2$

…式を比較しやすく
ミスを発見しやすい！

50 次の等式で誤っているものを記号で選びなさい。

(1)　ア．$A+(+B)=A+B$　　イ．$A-(+B)=A-B$　　　（　　　）

　　ウ．$A+(-B)=A+B$　　エ．$A-(-B)=A+B$

(2)　ア．$-3+(-4)=-3-4$　　イ．$-3-(+4)=-3-4$　　　（　　　）

　　ウ．$3+(-4)=3-4$　　エ．$-3+(-4)=-3+-4$

51 次の式を，カッコを外して式変形をしてから計算しなさい。

　　（式は縦に書き，数直線に矢印を書いて計算すること）

(1) $(+2)+(+3)$

(2) $(-4)+(-1)$

(3) $(-3)-(+1)$

(4) $-2-(-1)$

(5) $(+5)-(-5)$

(6) $(-5)-(-5)$

(7) $(-2)+(+1)+(-3)$

(8) $+2-(-3)-(+5)$

(9) $-3+(-1)-(-3)$

(10) $(+4)-(+3)-(+5)$

●早く解くコツ

例1 $-7 - 12 = ?$

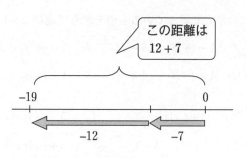

この距離は
$12 + 7$

①大まかな図を書く。

②原点から終点までの距離→ $12 + 7 = 19$

③図から答えは負なので，-19 となる。

重要　矢印が同じ方向に進んでいるときは，原点から終点までの距離
は絶対値（符号をとった数）を足せばよい。

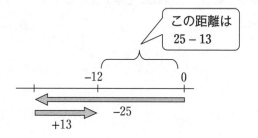

この距離は
$25 - 13$

例2 $-25 + 13 = ?$

①大まかな図を書く。

②原点から終点までの距離→ $25 - 13 = 12$

③図から答えは負なので，-12 となる。

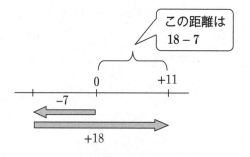

この距離は
$18 - 7$

例3 $-7 - (-18) = ?$

①カッコを外す→　$-7 + 18$

②大まかな図を書く。

③原点から終点までの距離→ $18 - 7 = 11$

④図から答えは正なので，11 となる。

重要　矢印が逆方向に進んでいるときは，原点から終点までの距離は
絶対値（符号をとった数）の大きい方から小さい方を引けばよい。

┌─ Advice ─
│ 初めのうちは大まかな図を書いて確認しながら解こう！
│ 慣れてくると図を書かなくても解けるようになる。
│ 慣れるにはとにかく練習あるのみ！
└

52 次の(　　)に当てはまる数値を答えなさい。

(1) -10 の絶対値と $+25$ の絶対値の和は①(　　　　)で，差は②(　　　　)である。

(2) -20 の絶対値と -50 の絶対値の和は①(　　　　)で，差は②(　　　　)である。

53 大まかな図を書いて次の計算をしなさい。

(1) $-3-2$

(2) $-4+6$

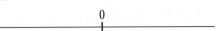

(3) $5-(+8)$

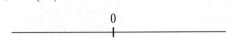

(4) $(-7)-(+3)$

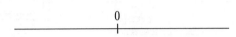

(5) $13-25$

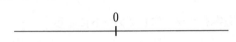

(6) $-16+(+14)$

(7) $-25-9$

(8) $(-19)-(-19)$

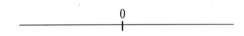

(9) $(-17)+(-17)$

(10) $(-21)-(-13)$

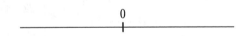

54 次の計算をしなさい。

(1) $-70-30$

(2) $-70+30$

(3) $+70+(-30)$

(4) $+70-(-30)$

(5) $-28-(+33)$

(6) $(-26)+(+18)$

(7) $-100-(-100)$

(8) $(+100)+(-50)$

(9) $(-87)+(+29)$

(10) $(+37)-(+104)$

3
章

●交換法則

　符号と数字をセットにしてカードとみなすとき，カードの並び順を
替えても答えは変わない法則がある。これを**交換法則**という。

$+2-5=-3$　　　　　$-5+2=-3$

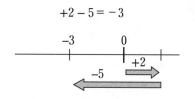

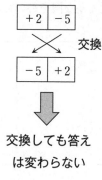

交換

交換しても答え
は変わらない

●交換法則の利用

例1　$+6-2-7+4-3+10$

+6	-2	-7	+4	-3	+10

符号と数字をセットにしてカードにする

+6	+4	+10	-2	-7	-3

カードを＋の数と－の数に分けて
並び替える。

$= (6+4+10)-(2+7+3)$
$= 20-12$
$= 8$　…(答)

$-2-7-3$　　数直線ですべて左に進むので
$2+7+3$ を計算して－をつければよい
これは $-(2+7+3)$ としても同じこと

例2　$(-4)+(-12)+(-7)-(-16)-(+13)+(+10)$

カッコを外す

$= -4-12-7+16-13+10$

並べ替える

$= 16+10-4-12-7-13$

式を足し算に直す

$= (16+10)-(4+12+7+13)$

$= 26-36$

$= -10$　…(答)

●小数の計算①　基本的に小数の計算も今までと同じやり方でよい。

例題1　次の計算をしなさい。

(1) $-0.7+(-0.9)$　　　(2) $(-2.3)+(+9)$　　※交換法則を利用してもよい

　　$= -0.7-0.9$　　　　　　$= -2.3+9$　　　　$(-2.3)+(+9)$　　交換法則を利用
　　　　　　　　　　　　　　　　　　　　　　　　$= +9-2.3$
　　$= -1.6$　…(答)　　　　$= 6.7$　…(答)　　　$= 6.7$

55 次の計算をしなさい。

(1) $-3 + 5 - (-7) - 4$

(2) $-8 - (-2) + 5 - (+3)$

(3) $-10 - 0 - (-6) + 7$

(4) $-35 - (-20) + 15 - 25$

(5) $(+24) + (-16) + (+35) + (-42)$

(6) $-40 + (-21) + 36 - (-10)$

(7) $+(3.2) + (-5.4)$

(8) $-3.2 - (-2)$

(9) $(-3.5) - (+9)$

(10) $-3 - (-1.3)$

●小数の計算②

例題 2　次の計算をしなさい。

(1) $(-3.2)-(-5.4)-(-2.8)+(-1.9)$
$= -3.2+5.4+2.8-1.9$
$= +5.4+2.8-3.2-1.9$
$= (+5.4+2.8)-(3.2+1.9)$
$= 8.2-5.1$
$= 3.1$　…(答)

(2) $3-1.4-(+0.14)$
$= 3-1.4-0.14$
$= 3-(1.4+0.14)$
$= 3-(+1.54)$
$= 3-1.54$
$= 1.46$　…(答)

●分数の計算

$-\dfrac{2}{3}=\dfrac{-2}{3}$　…マイナス（－）は横についても，分子についても同じであることに注意！

最終的には $-\dfrac{2}{3}$ のように，マイナス（－）は横につけておくこと。

例題 3　次の計算をしなさい。

(1) $\left(-\dfrac{5}{8}\right)+\left(+\dfrac{3}{8}\right)=-\dfrac{5}{8}+\dfrac{3}{8}$
$=\dfrac{-5+3}{8}$
$=\dfrac{-2}{8}$
$=-\dfrac{2}{8}$
$=-\dfrac{1}{4}$　…(答)

(2) $-2+\left(-\dfrac{1}{2}\right)=-\dfrac{4}{2}-\dfrac{1}{2}$
$=\dfrac{-4-1}{2}$
$=\dfrac{-5}{2}$
$=-\dfrac{5}{2}$　…(答)

(3) $-1.5-\left(-\dfrac{3}{4}\right)=-\dfrac{15}{10}+\dfrac{3}{4}$
$=-\dfrac{3}{2}+\dfrac{3}{4}$
$=-\dfrac{6}{4}+\dfrac{3}{4}$
$=\dfrac{-6+3}{4}$
$=\dfrac{-3}{4}$
$=-\dfrac{3}{4}$　…(答)

(4) $-\dfrac{1}{5}-1\dfrac{2}{3}=-\dfrac{1}{5}-\dfrac{5}{3}$
$=-\dfrac{3}{15}-\dfrac{25}{15}$
$=\dfrac{-3-25}{15}$
$=\dfrac{-28}{15}$
$=-\dfrac{28}{15}$　…(答)

56 次の計算をしなさい。

(1) $2.1 + (-3.5) - (-1.4)$

(2) $-2.6 + (+7.2) + (-3) + 4.2$

57 次の計算をしなさい。

(1) $\left(-\dfrac{3}{7}\right) + \dfrac{17}{7}$

(2) $\left(-\dfrac{3}{4}\right) - \left(-\dfrac{1}{6}\right)$

(3) $0.25 - \dfrac{1}{3}$

(4) $-1 - \left(+\dfrac{1}{3}\right)$

(5) $-2\dfrac{5}{6} + \left(+\dfrac{1}{3}\right)$

(6) $0.5 + \left(-\dfrac{5}{9}\right)$

3
章

★ 章 末 問 題 ★

58 次の計算をしなさい。

(1) $-6-5$

(2) $(-9)-(-2)$

(3) $4-9$

(4) $0-(-10)$

(5) $(-4)-(-4)$

(6) $(+5)+(+2)$

(7) $(-24)+13$

(8) $(-6)-(-32)$

(9) $(-30)+(-16)$

(10) $(+8.6)-(-4.9)$

(11) $(+2.4)+(-3.6)$

(12) $(-3)+(+2.6)$

(13) $\left(-\dfrac{1}{3}\right)+\left(-\dfrac{2}{3}\right)$

(14) $-2-\left(+\dfrac{1}{5}\right)$

(15) $\left(-\dfrac{3}{4}\right)+\left(+\dfrac{1}{3}\right)$

(16) $(+8)-(-5)+(-2)$

(17) $-7-3+5+2-4$

(18) $7-(-9)-(+5)-6$

(19) $(-1.7)+(+1.7)+(-3.9)+(+3.9)$

59 次の計算をしなさい。

(1) $-11 + 7$

(2) $(-4) - (-11)$

(3) $-14 - (-14)$

(4) $(+8) + (-24)$

(5) $(-15) - (+7)$

(6) $(-17) + 12$

(7) $(-9) - (+15)$

(8) $(-29) + (-37)$

(9) $(-67) + (+77)$

(10) $(+4.8) + (-5.2)$

(11) $(+10.3) - (-2.7)$

(12) $(-5) + (-3.2)$

(13) $\left(-1\dfrac{1}{5}\right) + \left(-\dfrac{4}{5}\right)$

(14) $\left(+\dfrac{2}{3}\right) - \left(+\dfrac{5}{6}\right)$

(15) $-0.2 + \dfrac{1}{5}$

(16) $-16 + 8 + 9 - 12$

(17) $15 - (-37) - 8 + (-52)$

(18) $(-8) + (+5) + (-3) + (-4) + (+8)$

(19) $-3.4 - (-0.4) - 1.3 + 2.7$

4章 ‖‖ 正負の数の乗法・除法

●正負の数の乗法のルール

$(+の数) \times (+の数) = (+の数)$ 　例　$(+6) \times (+5) = 6 \times 5 = +30$

$(-の数) \times (+の数) = (-の数)$ 　例　$(+5) \times (-9) = -(5 \times 9) = -45$

$(+の数) \times (-の数) = (-の数)$ 　例　$(-8) \times (+7) = -(7 \times 8) = -56$

$(-の数) \times (-の数) = (+の数)$ 　例　$(-3) \times (-4) = +(3 \times 4) = +12$

注意1　$(+3)$と3は同じ数と考えてよい　　例　$-2 \times (+3) = -2 \times 3 = -6$

注意2　カッコがついていなくても考え方は同じ

　　例1　$-1 \times 7 = -7$　　例2　$-5 \times (+4) = -20$　　例3　$-3 \times (-3) = 9$

注意3　0を掛ければ必ず0にする

　　例1　$0 \times (+8) = 0$　　例2　$(-10) \times 0 = 0$　　例3　$-9 \times 0 = 0$

注意4　×－や×＋と演算記号が並ぶときはカッコが必要

　　間違った式　　　$-3 \times -3 = 9$　　　　　$-5 \times +4 = -20$

　　正しい式　　　　$-3 \times (-3) = 9$　　　$-5 \times (+4) = -20$

例題1　次の計算をしなさい。

(1) $(-2) \times (-2) = 4$

(2) $(-2) \times (-2) \times (-2) = -8$

(3) $(-2) \times (-2) \times (-2) \times (-2) = 16$

(4) $(-2) \times (-2) \times (-2) \times (-2) \times (-2) = -32$

(5) $(-2) \times (-3) \times (-4)$
$= -2 \times 3 \times 4$
$= -24$

(6) $(-5) \times (-2) \times (-1) \times (-4)$
$= 5 \times 2 \times 1 \times 4$
$= 40$

【重要法則】

$(-の数)$を2回,4回,6回…と偶数回掛けていくと答えは$(+の数)$になる

$(-の数)$を3回,5回,7回…と奇数回掛けていくと答えは$(-の数)$になる

(7) $\frac{5}{9}_3 \times (-6)_2$
$= \frac{5}{3} \times \left(-\frac{2}{1}\right) = -\frac{10}{3}$

(8) $-\frac{2}{5} \times \left(-\frac{7}{4}\right)_2$
$= \frac{7}{10}$

(9) $-\frac{3}{2} \times \left(-\frac{5}{4}\right) \times \left(-\frac{1}{6}\right)_2$
$= -\frac{5}{16}$

60 次の計算をしなさい。ただし答えはすべて整数または分数で答えること。

(1) $(-6) \times (-7)$

(2) $5 \times (-3)$

(3) $(+10) \times (-9)$

(4) $(-3) \times (-3) \times (-3)$

(5) $-2 \times (+7) \times 0$

(6) $(-9) \times (-4)$

(7) $-1 \times (-2) \times (-3) \times (-4)$

(8) $(-2) \times (-4) \times (+5) \times (-3)$

(9) $-2 \times 5 \times (-1) \times (-4)$

(10) $-5 \times (-4) \times (+4) \times 2$

(11) $\dfrac{3}{2} \times \left(-\dfrac{5}{6}\right)$

(12) $-\dfrac{3}{8} \times (-4)$

(13) $-10 \times \left(-\dfrac{4}{15}\right)$

(14) $-\dfrac{4}{27} \times \left(+\dfrac{9}{8}\right)$

(15) $\dfrac{3}{8} \times \left(-\dfrac{4}{5}\right) \times \dfrac{16}{7}$

(16) $-\dfrac{14}{5} \times \left(-\dfrac{5}{2}\right) \times \dfrac{10}{7}$

●逆数

2つの数の積（掛け算の答え）が1になるとき，一方の数を他方の**逆数**という。

例1 　1の逆数 → 1　　　　例2 　2の逆数 → $\dfrac{1}{2}$　　　　例3 　3の逆数 → $\dfrac{1}{3}$

例4 　(-1)の逆数 → (-1)　　例5 　(-2) の逆数 → $\left(-\dfrac{1}{2}\right)$　　例6 　$\dfrac{5}{6}$ の逆数 → $\dfrac{6}{5}$

例7 　$\left(-\dfrac{3}{4}\right)$ の逆数 → $\left(-\dfrac{4}{3}\right)$　　　　例8 　0.3 の逆数　$0.3 = \dfrac{3}{10}$ なので逆数 → $\dfrac{10}{3}$

●分数式の乗法・除法

> **ポイント**
>
> $$\times A \to \times \dfrac{A}{1} \qquad \div A \to \times \dfrac{1}{A} \qquad \div \dfrac{B}{A} \to \times \dfrac{A}{B}$$

例題 2 　次の計算をしなさい。

(1) 　$4 \div (-3)$

$= \dfrac{4}{1} \times \left(-\dfrac{1}{3}\right)$

$= -\dfrac{4}{3}$

(2) 　$-1\dfrac{1}{3} \div \left(-2\dfrac{2}{5}\right)$

$= -\dfrac{4}{3} \div \left(-\dfrac{12}{5}\right)$

$= -\dfrac{\overset{1}{4}}{3} \times \left(-\dfrac{5}{\underset{3}{12}}\right)$

$= \dfrac{5}{9}$

(3) 　$-3 \div (+0.6)$

$= -3 \div \dfrac{6}{10}$

$= -\dfrac{\overset{1}{3}}{1} \times \dfrac{\overset{5}{10}}{\underset{2}{6}}$

$= -5$

(4) 　$(-2) \div (-3) \times (-4)$

$= -\dfrac{2}{1} \times \dfrac{1}{3} \times \dfrac{4}{1}$

$= -\dfrac{8}{3}$

(5) 　$(-2) \div (-3) \div (-4)$

$= -\dfrac{\overset{1}{2}}{1} \times \dfrac{1}{3} \times \dfrac{1}{\underset{2}{4}}$

$= -\dfrac{1}{6}$

(6) 　$\dfrac{4}{5} \div \left(-\dfrac{5}{3}\right) \div (-2)$

$= +\dfrac{\overset{2}{4}}{5} \times \dfrac{3}{5} \times \dfrac{1}{\underset{1}{2}}$

$= \dfrac{6}{25}$

(7) 　$(-6) \times \dfrac{4}{3} \div \left(-\dfrac{1}{2}\right)$

$= +\dfrac{\overset{2}{6}}{1} \times \dfrac{4}{\underset{1}{3}} \times \dfrac{2}{1}$

$= +\dfrac{16}{1}$

$= 16$

(8) 　$(-0.3) \times \left(-2\dfrac{2}{3}\right) \div (-0.7)$

$= -\dfrac{3}{10} \times \dfrac{8}{3} \div \dfrac{7}{10}$

$= -\dfrac{\overset{1}{3}}{\underset{1}{10}} \times \dfrac{8}{\underset{1}{3}} \times \dfrac{\overset{1}{10}}{7}$

$= -\dfrac{8}{7}$

61 次の計算をしなさい。ただし答えはすべて整数または分数で答えること。

(1) $(-2) \div 3$

(2) $(-6) \div (-18)$

(3) $-\dfrac{5}{6} \div \left(-\dfrac{5}{12}\right)$

(4) $-22 \div \left(-2\dfrac{3}{4}\right)$

(5) $-6 \div (-0.5)$

(6) $-\dfrac{5}{7} \div 10$

(7) $-2 \div (-5) \div (-3)$

(8) $(-21) \div (-35) \times (-10)$

(9) $-\dfrac{3}{5} \times 10 \div \left(-\dfrac{1}{2}\right)$

(10) $(-0.2) \div (-0.7) \times 3.5$

(11) $-1\dfrac{1}{3} \div \dfrac{5}{6} \div (-0.6)$

(12) $-1.2 \div (-9) \div \left(-1\dfrac{2}{3}\right)$

●累乗と指数

同じ数をいくつか掛け合わせたものを**累乗**という。

$$2^5$$

「2の5乗」と読む。これは2を連続で5回掛けるという意味。

つまり $2^5 = 2 \times 2 \times 2 \times 2 \times 2 = 32$　となる。

※累乗の右上の小さな数を**指数**という。

指数がカッコの外にあるか内にあるかで計算が全く異なる。以下の違いをしっかり理解しよう。

例1　$(-2)^4 = (-2) \times (-2) \times (-2) \times (-2) = 16$

例2　$-2^4 = -2 \times 2 \times 2 \times 2 = -16$

例3　$(-2^4) = (-2 \times 2 \times 2 \times 2) = -16$

例4　$\left(-\dfrac{2}{3}\right)^3 = \left(-\dfrac{2}{3}\right) \times \left(-\dfrac{2}{3}\right) \times \left(-\dfrac{2}{3}\right) = -\dfrac{8}{27}$

例5　$-\dfrac{2^3}{3} = -\dfrac{2 \times 2 \times 2}{3} = -\dfrac{8}{3}$

$(-2)^4$	→ (-2) を4回掛けるという意味
$\left.\begin{array}{l} -2^4 \\ (-2^4) \end{array}\right\}$	→ 2だけを4回掛けるという意味
$\left(-\dfrac{2}{3}\right)^3$	→ $\left(-\dfrac{2}{3}\right)$ を3回掛けるという意味
$-\dfrac{2^3}{3}$	→ 2だけを3回掛けるという意味

例題 3　次の累乗を計算しなさい。

(1)　3^4
　$= 3 \times 3 \times 3 \times 3$
　$= 81$

(2)　$(-3)^4$
　$= (-3) \times (-3) \times (-3) \times (-3)$
　$= 81$

(3)　-3^4
　$= -3 \times 3 \times 3 \times 3$
　$= -81$

(4)　$-(-3^4)$
　$= -(-3 \times 3 \times 3 \times 3)$
　$= 81$

---

62 次の等式で正しいものを選びなさい。

(1)　ア. $2^3 = 3 \times 3$
　　イ. $2^3 = 2 \times 3$
　　ウ. $2^3 = 2 \times 2 \times 2$

(2)　ア. $(-7)^2 = (-7) \times 2$
　　イ. $(-7)^2 = (-7) \times (-7)$
　　ウ. $(-7)^2 = -7 \times 7$

(3)　ア. $(-6^2) = (-6) \times (-6)$
　　イ. $(-6^2) = (-6 \times 6)$
　　ウ. $(-6^2) = (-6) \times 2$

(4)　ア. $(-5^4) = (-5)^4$
　　イ. $(-5^4) = -5^4$
　　ウ. $(-5^4) = (-4^5)$

(5)　ア. $\dfrac{9^3}{2} = \dfrac{9 \times 9 \times 9}{2}$
　　イ. $\dfrac{9^3}{2} = \dfrac{9}{2} \times \dfrac{9}{2} \times \dfrac{9}{2}$
　　ウ. $\dfrac{9^3}{2} = \dfrac{9 \times 3}{2}$

(6)　ア. $\left(-\dfrac{3}{4}\right)^2 = -\dfrac{3}{4} \times \dfrac{3}{4}$
　　イ. $\left(-\dfrac{3}{4}\right)^2 = \dfrac{(-3) \times (-3)}{4}$
　　ウ. $\left(-\dfrac{3}{4}\right)^2 = \left(-\dfrac{3}{4}\right) \times \left(-\dfrac{3}{4}\right)$

4章

63 次の累乗を計算しなさい。

(1) 4^3

(2) -1^4

(3) $(-2)^4$

(4) -10^3

(5) $-(-5^2)$

(6) $-(-1)^4$

(7) $-(+2)^3$

(8) -3^3

(9) (-5^2)

(10) $\dfrac{5^2}{3}$

(11) $\left(-\dfrac{5}{3}\right)^2$

(12) $\left(-\dfrac{5^2}{3}\right)$

(13) $\dfrac{3^3}{5}$

(14) $\left(-\dfrac{1}{2}\right)^4$

(15) $-\left(\dfrac{7}{2}\right)^2$

64 次の累乗を計算しなさい。

(1) $(-1)^2$

(2) $(-1)^3$

(3) $(-1)^4$

(4) $(-1)^5$

(5) $(-1)^{100}$

(6) (-1^{100})

●混合問題

例題 4 　次の計算をしなさい。

(1) $4 \times (-2) - (-3) \times 5$

$= -8 - (-15)$
$= -8 + 15$
$= 7$

> ×÷の計算
> が優先

(2) $7 \times (-2) - (-12) \div 6$

$= -14 - (-2)$
$= -14 + 2$
$= -12$

> ×÷の計算
> が優先

(3) $-\dfrac{1}{4} + \dfrac{1}{3} \div \dfrac{2}{5}$

> ×÷の計算
> が優先

$= -\dfrac{1}{4} + \dfrac{1}{3} \times \dfrac{5}{2}$
$= -\dfrac{1}{4} + \dfrac{5}{6}$
$= -\dfrac{3}{12} + \dfrac{10}{12} = \dfrac{7}{12}$

(4) $(-2^3) \times (-4)^2$

$= -8 \times 16$
$= -128$

> 累乗から先に計算
> $(-2^3) = (-2 \times 2 \times 2)$
> $= -8$
> $(-4)^2 = (-4) \times (-4)$
> $= 16$

(5) $5 - (-6)^2$

$= 5 - 36$
$= -31$

> 累乗から先に計算
> $(-6)^2 = (-6) \times (-6)$
> $= 36$

(6) $3 \times \{2 - (4 - 8)\}$

$= 3 \times \{2 - (-4)\}$
$= 3 \times (2 + 4)$
$= 3 \times 6$
$= 18$

> {　}の中の(　)
> を先に計算

(7) $(-2^2) \div \{-6 + (-3) \times 2\}$

$= (-4) \div (-6 - 6)$
$= (-4) \div (-12)$
$= \dfrac{-4^1}{1} \times \dfrac{1}{-12^3}$
$= \dfrac{1}{3}$

> 累乗と{　}の中
> の×を先に計算

(8) $-0.5 + \dfrac{7}{6} - \dfrac{2}{3}$

$= -\dfrac{5}{10} + \dfrac{7}{6} - \dfrac{2}{3}$
$= -\dfrac{1}{2} + \dfrac{7}{6} - \dfrac{2}{3}$
$= -\dfrac{3}{6} + \dfrac{7}{6} - \dfrac{4}{6}$
$= \dfrac{-3 + 7 - 4}{6}$
$= \dfrac{0}{6} = 0$

> 小数分数の混合
> は分数で計算

4章

65 次の計算をしなさい。

(1) $-4 \times 7 + (-3) \times (-8)$

(2) $12 \div (-6) + 8 \div (-4)$

(3) $15 - (-21) \div \left(-\dfrac{3}{4}\right)$

(4) $(-3)^2 \times (-3^2)$

(5) $10 - (-4^2)$

(6) $\{3 - (3 - 7)\} \times (-2)$

(7) $(-3)^2 \div \{3 + (-4) \times (-3)\}$

(8) $-1.7 + \dfrac{6}{5} - \dfrac{7}{10}$

例題 5　右の表は A, B, C, D, E の5
人の体重の記録である。次の
問いに答えなさい。

	A	B	C	D	E
体重（kg）	①	45	51	43	②
仮平均との違い	−4	0	+6	−2	+5

(1) ①, ②に入る数値を答えなさい。

実際の平均に近いであろうと予想される値を**仮平均**という。

Bの仮平均との違いが0であることから，基準はBの体重であると分かる。

よって，①：$45 - 4 = 41$ …(答)　　②：$45 + 5 = 50$ …(答)

(2) Bの体重を基準(仮平均)として，5人の体重の平均を求めなさい。

全体の平均＝(仮平均)＋(仮平均との違いの平均) で求められる。

$$45 + \frac{(-4) + 0 + (+6) + (-2) + (+5)}{5} = 45 + \frac{5}{5} = 46\,\text{kg} \cdots(答)$$

●素数と素因数分解

その数自身より小さい自然数の積で表すことができない自然数を**素数**という。

ただし数学の定義（ルール）では**1は素数にしない**と決められている。

【素数】：2, 3, 5, 7, 11, 13, 17, 19, 23, 29 ・・・

例　2 … 2より小さい数の積で表すことができない → 2は素数である

　　6 … 2×3と6より小さい数の積で表すことができる → 6は素数ではない

ある自然数の約数になる素数を**素因数**といい，自然数を素数の積で表すことを**素因数分解**という。

例　12を素因数分解すると，$2^2 \times 3$ となる。

　　　　　→ 必ず素数のみで表し，できる限り累乗の形で表す

　　　　　→ 2や3は12の素因数である

例題 6　次の自然数を素因数分解しなさい。

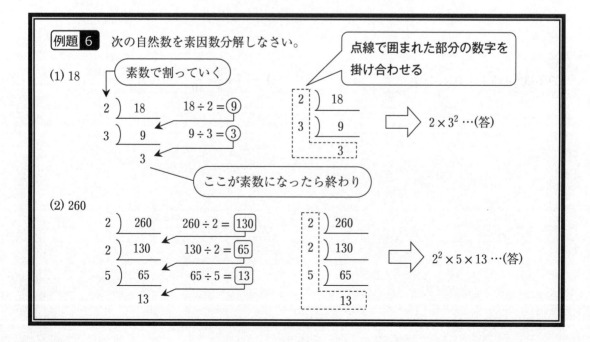

66 右の表はあるテストにおける A, B, C, D, E の点数を記録したものである。次の問いに答えなさい。

	A	B	C	D	E
点数	73	ア	70	イ	59
仮平均との違い	+3	−7	0	+5	−11

(1) ア, イ に当てはまる数値を答えなさい。

ア.(　　　　)　イ.(　　　　)

(2) 次の空欄に当てはまる値や式を答えなさい。(②, ④には式が入るものとする)

C の点数を仮平均として 5 人の平均を計算すると,

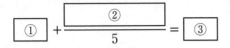

①(　　　　)

②(　　　　　　　　　　)

③(　　　　)

5 人の点数をすべて用いて 5 人の平均を計算すると,

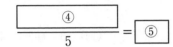

④(　　　　　　　　　　)

⑤(　　　　)

67 次の問いに答えなさい。

(1) 次の自然数の中で素数はどれか。すべて答えなさい。

0, 1, 2, 3, 4, 9, 10, 11, 26, 39, 41, 51

(2) 42 の素因数をすべて答えなさい。

(3) 次の数を素因数分解しなさい。

① 12

② 27

③ 72

④ 120

⑤ 300

⑥ 315

● ★ 章 末 問 題 ★

68 次の計算をしなさい。

(1) -5^2

(2) $(-5)^2$

(3) (-5^2)

(4) $\dfrac{3^2}{5}$

(5) $\left(\dfrac{3}{5}\right)^2$

(6) $(-5) \times (+8)$

(7) $(-6) \times (+8)$

(8) $(-8) \div (-7)$

(9) $\left(-\dfrac{2}{7}\right) \times \left(-\dfrac{1}{2}\right)$

(10) $\left(-\dfrac{2}{7}\right) - \left(-\dfrac{1}{2}\right)$

(11) $\left(-\dfrac{2}{7}\right) + 2$

(12) $-3 \div 6 \times (-4)$

(13) $-3 - (-3)^2 \times 4$

(14) $-3 - (-3^2) \times 4$

(15) $\left(-\dfrac{4}{3}\right) \div \left(-\dfrac{8}{9}\right)$

(16) $\left(-1\dfrac{2}{3}\right) \div (-10)$

(17) $\dfrac{6}{5} \div (-0.3)$

(18) $-\dfrac{5}{8} \times (-6) \div \left(-\dfrac{3}{4}\right)$

(19) $\{-32 - (-2)^2\} \times (-6)$

69 次の問いに答えなさい。

(1) 0以上20以下の素数をすべて答えなさい。

(2) 次の数を素因数分解しなさい。

① 45

② 32

③ 100

④ 102

70 次の計算をしなさい。

(1) $(-2)^4$

(2) (-2^4)

(3) $-\dfrac{5^2}{2}$

(4) $\left(-\dfrac{5}{2}\right)^2$

(5) $(-10) \div (-15) \div (-2)$

(6) $(-5) + (-4) \div (-3) - (-6)$

(7) $(-1)^3 - (5 - 2^3)$

(8) $-\dfrac{4}{3} \div \left(-3\dfrac{1}{3}\right) \div (-0.4)$

(9) $(-5)^2 - (-5^2) - 0 \div 5^2$

(10) $-2^2 \times (-5)^2 \div (-4^2)$

(11) $(-2^2) \div \{6 + (-14) \div (-7)\}$

(12) $(-2)^2 \times \left\{1\dfrac{1}{6} + \left(-\dfrac{2}{3}\right)\right\}$

71 右の表は，ある生徒5人の身長をAを基準にして記録したものである。Aの身長が155 cm であるとき，5人の身長の平均を求めなさい。

生徒	A	B	C	D	E
Aとの違い (cm)	0	+2	−6	−7	+9

| 5章 ||| 文字式Ⅰ |

●文字式の意味

具体的にわかっていない数を，文字を用いて表すことができる。

例　1個 a〔円〕のりんご　　1個 b〔円〕のりんご

例題 1　1個 a〔円〕のりんごと1個 b〔円〕のりんごの合計金額はいくらか。

$$a + b \text{〔円〕} \quad \cdots \text{(答)}$$

※ $a + b$〔円〕のように，数が文字の形で表されているものを**文字式**という。

●文字式のルール

ルール 1　×(掛ける)の記号は省略して書く。

例　$6 \times a = 6a$　　　$-3 \times b = -3b$　　　$x \times y = xy$

！注意　$1 \times a = a$（$1a$とは書かない）　　$(-1) \times b = -b$（$-1b$とは書かない）

ルール 2　積の部分は数字を先に書き，文字はアルファベット順にする。

例　$b \times 5 \times a = 5ab$　　　$y \times x \times (-2) = -2xy$　　　$(y + z) \times 8 = 8(y + z)$

ルール 3　同じ文字の積は指数を使って書く。（累乗の形にする）

例　$-3 \times x \times x = -3x^2$　　　$a \times a \times b \times b \times b = a^2 b^3$

ルール 4　÷（割る）の記号は使わず分数の形にする。

例　$\dfrac{x}{3}$　　　$\dfrac{a + b}{7}$

！注意　$\dfrac{x}{3} = \dfrac{1}{3}x$　　　$\dfrac{a + b}{7} = \dfrac{a}{7} + \dfrac{b}{7} = \dfrac{1}{7}(a + b)$　　※ $\dfrac{a + b}{7}$ は $\dfrac{(a + b)}{7}$ とカッコをつけない

ルール 5　＋や－の記号は省略できない。（ただし，できるだけ簡単な式にする）

例　$a + b \div 7 \ \rightarrow \ a + \dfrac{b}{7}$

$x \times 3 + y \times (-4) \ \rightarrow \ 3x + (-4y) \ \rightarrow \ 3x - 4y$

$a \div 2 - b \div (-6) \rightarrow \dfrac{a}{2} - \left(\dfrac{b}{-6}\right) \ \rightarrow \ \dfrac{a}{2} - \left(-\dfrac{b}{6}\right) \ \rightarrow \ \dfrac{a}{2} + \dfrac{b}{6}$

72 次の問いに答えなさい。

(1) 1冊 x〔円〕のノートと1冊 y〔円〕のノートを1冊ずつ買うと，合計でいくらになるか。

(2) 1000円を出して a〔円〕の本を1冊買うと，おつりはいくらか。

(3) A君の身長は x〔cm〕で，B君の身長はA君よりも5cm高い。B君の身長は何cmか。

73 次の文字式の計算において，結果が正しくない場合は訂正し，正しい場合は○をつけなさい。

(1) $2 \times b = 2b$

(　　　　　)

(2) $1 \times x = 1x$

(　　　　　)

(3) $x \times a = xa$

(　　　　　)

(4) $-10 \times c \times b \times x = -10bcx$

(　　　　　)

(5) $(a + c) \times 5 = (a + c)5$

(　　　　　)

(6) $a \times b \times c \times a = abca$

(　　　　　)

(7) $x \times (-1) \times y \times y = -1xy^2$

(　　　　　)

(8) $x \div y = \dfrac{x}{y}$

(　　　　　)

(9) $(x + y) \times \dfrac{1}{7} = \dfrac{1}{7}(x + y)$

(　　　　　)

(10) $\dfrac{1}{4} \times (a + b) = \dfrac{a + b}{4}$

(　　　　　)

(11) $(b - c) \div 3 = \dfrac{b - c}{3}$

(　　　　　)

(12) $b - c \div 3 = \dfrac{b - c}{3}$

(　　　　　)

(13) $x \times y + z \times z = xyz^2$

(　　　　　)

(14) $x \div y - z \times (-9) = \dfrac{x}{y} + 9z$

(　　　　　)

(15) $\dfrac{2}{5} \times (a + b) = \dfrac{2}{5}(a + b)$

(　　　　　)

(16) $\dfrac{2}{5} \times a + b = \dfrac{2}{5}(a + b)$

(　　　　　)

(17) $a \div b \times c = \dfrac{a}{bc}$

(　　　　　)

(18) $a \div (b \times c) = \dfrac{a}{bc}$

(　　　　　)

例題 2　次の文字式の計算をしなさい。

(1) $x \times (-5)$

$= -5x$ …(答)

(2) $-x \times (-x) \times (-1)$

$= x^2 \times (-1)$

$= -x^2$ …(答)

(3) $(-y) \times (-y) \times (-y)$

$= -y^3$ …(答)

(4) $(-y) \times (-y) \times (-y) \times (-y)$

$= y^4$ …(答)

(5) $(x + y) \times 6$

$= 6(x + y)$ …(答)

(6) $(x + y) \times (x + y) \times 2$

$= 2(x + y)^2$ …(答)

(7) $-n \div (-m)$

$= \dfrac{-n}{-m}$ 分母・分子に -1 を掛ける

$= \dfrac{n}{m}$ …(答)

(8) $(a + b) \div 3$

$= \dfrac{a + b}{3}$ …(答)

(9) $a - b \div c$

$= a - \dfrac{b}{c}$ …(答)

(10) $a \div \dfrac{c}{b}$

$= \dfrac{a}{1} \times \dfrac{b}{c}$

$= \dfrac{ab}{c}$ …(答)

(11) $a \div 7 \times b$

$= \dfrac{a}{1} \times \dfrac{1}{7} \times \dfrac{b}{1}$

$= \dfrac{ab}{7}$ …(答)

(12) $a \div (7 \times b)$

$= a \div 7b$

$= \dfrac{a}{7b}$ …(答)

(13) $x \times (-5) + 5 \div (-y)$

$= -5x + \dfrac{5}{-y}$

$= -5x - \dfrac{5}{y}$ …(答)

(14) $(a + b) \div \dfrac{2}{3}$

$= (a + b) \times \dfrac{3}{2}$

$= \dfrac{3}{2}(a + b)$ …(答)

(15) $a + b \div \dfrac{2}{3}$

$= a + b \times \dfrac{3}{2}$

$= a + \dfrac{3}{2}b$ …(答)

例題 3　次の式を×や÷の記号を使って表しなさい。ただし指数と分数は用いないこと。

(1) $-3xy$

$= -3 \times x \times y$ …(答)

(2) $7x^2$

$= 7 \times x \times x$ …(答)

(3) $\dfrac{2x}{5}$

$= 2 \times x \div 5$ …(答)

(4) $\dfrac{3x - 8}{4}$

$= (3 \times x - 8) \div 4$ …(答)

(5) $(x - y)^2$

$= (x - y) \times (x - y)$ …(答)

(6) $\dfrac{a^2}{3} - 2b$

$= a \times a \div 3 - 2 \times b$ …(答)

74 次の文字式の計算をしなさい。

(1) $a \times 3$

(2) $-1 \times y \times (-x)$

(3) $(-b) \times (-b) \times b$

(4) $b \times (-b) \times (-a) \times (-a)$

(5) $(a + b) \times (-5)$

(6) $(y - z) \times (y - z) \times (-1)$

(7) $-a \div (-3)$

(8) $(x - y) \div 4$

(9) $a + c \div 4$

(10) $y \div \left(-\dfrac{3}{z}\right)$

(11) $-y \div (x \times 3)$

(12) $-y \div x \times 3$

(13) $-b \div (-5) - a \times (-4)$

(14) $s - t \div \dfrac{7}{9}$

(15) $(s - t) \div \dfrac{7}{9}$

75 次の文字式と等しい式をすべて選び，記号で答えなさい。

(1) $(x - y)^3$　　（　　　　　　　　　）

　　ア．$3 \times (x - y)$　　　　　　　　　イ．$(x - y) \times (x - y) \times (x - y)$

　　ウ．$(x - y) + (x - y) + (x - y)$　　　エ．$x - y \times x - y \times x - y$

(2) $\dfrac{a - b}{2}$　　　（　　　　　　　）

　　ア．$a \div 2 - b$　　　イ．$a - b \div 2$　　　ウ．$(a - b) \div 2$　　　エ．$\dfrac{1}{2} \times (a - b)$

(3) $\dfrac{x^2}{ay}$　　　（　　　　　　　）

　　ア．$2 \times x \div (a \times y)$　　イ．$x \times x \div (a \times y)$　　ウ．$x \times x \div a \times y$　　エ．$x \times x \div a \div y$

● 文字式の乗法・除法

> 例題 4　次の計算をしなさい。
>
> (1) $4x \times (-3)$
>
> $= 4 \times x \times (-3)$
> $= 4 \times (-3) \times x$
> $= -12x$ …(答)
>
> (2) $-6x \div (-3)$
>
> $= \dfrac{-6x}{-3}$
> $= \dfrac{\overset{2}{-6}x \times (-1)}{\underset{1}{-3} \times (-1)} = 2x$ …(答)
>
> (3) $8x \div \left(-\dfrac{4}{3}\right)$
>
> $= \dfrac{\overset{2}{8}x}{1} \times \left(-\dfrac{3}{\underset{1}{4}}\right) = -6x$ …(答)

● 分配法則

$a(b+c)$ や $a(b-c)$ のような式は**分配法則**を使って（　）を外すことができる。

$$a(b+c) = ab + ac \qquad a(b-c) = ab - ac \qquad \dfrac{b+c}{a} = \dfrac{1}{a}(b+c) = \dfrac{b}{a} + \dfrac{c}{a}$$

次の式を見て分配法則が成り立つことを確かめてみよう。

$2 \times (4+6) = 2 \times 10 = 20$

$2 \times 4 + 2 \times 6 = 8 + 12 = 20$

よって，$2 \times (4+6) = 2 \times 4 + 2 \times 6$

$3 \times (4-6) = 3 \times (-2) = -6$

$3 \times 4 - 3 \times 6 = 12 - 18 = -6$

よって，$3 \times (4-6) = 3 \times 4 - 3 \times 6$

> 例題 5　分配法則を使って次の計算をしなさい。
>
> (1) $-3(2x-5)$
>
> $= -3 \times 2x - 3 \times (-5)$
> $= -6x + 15$ …(答)
>
> (2) $-(a-b+c)$
>
> $= -1 \times (a-b+c)$
> $= -a+b-c$ …(答)
>
> (3) $(10x-15) \div (-5)$
>
> $= (10x-15) \times \left(-\dfrac{1}{5}\right)$
> $= -\dfrac{\overset{2}{10}x}{\underset{1}{5}} + \dfrac{\overset{3}{15}}{\underset{1}{5}}$
> $= -2x + 3$ …(答)
>
> (4) $12 \times \dfrac{3x-5}{4}$
>
> $= \dfrac{\overset{3}{12}}{1} \times \dfrac{3x-5}{\underset{1}{4}}$
> $= \dfrac{3}{1} \times \dfrac{3x-5}{1}$
> $= 3 \times (3x-5)$
> $= 9x - 15$ …(答)
>
> (5) $-\dfrac{1}{2} \times (7x-8y)$
>
> $= -\dfrac{1}{2} \times 7x + \dfrac{1}{\underset{1}{2}} \times \overset{4}{8}y$
> $= -\dfrac{7}{2}x + 4y$ …(答)
>
> (6) $(9a-15) \div \dfrac{5}{2}$
>
> $= (9a-15) \times \dfrac{2}{5}$
> $= 9a \times \dfrac{2}{5} - \overset{3}{15} \times \dfrac{2}{\underset{1}{5}}$
> $= \dfrac{18}{5}a - 6$ …(答)

!注意 ここがミスしやすい！　$x = 5, y = 1$ だとすると…

誤　$\overset{3}{\cancel{9}} \times \dfrac{x-y}{\cancel{3}} = 3x - y$

正　$\overset{3}{\cancel{9}} \times \dfrac{x-y}{\cancel{3}} = 3(x-y)$　カッコを忘れないように！

左辺 $= 9 \times \dfrac{5-1}{3}$　　右辺 $= 3 \times 5 - 1$

$9 \times \dfrac{4}{3}$　　　　$15 - 1$

12　等しくない　14

76 次の計算をしなさい。

(1) $-3x \times (-7)$　　　　(2) $-2a \times 9$　　　　(3) $14x \div (-7)$

(4) $-24b \times \left(-\dfrac{1}{8}\right)$　　　　(5) $6x \div (-12)$　　　　(6) $9y \div \left(-\dfrac{3}{4}\right)$

77 分配法則を利用して次の計算をしなさい。

(1) $x(y+z)$　　　　(2) $x(a+b-c)$　　　　(3) $(y-z) \div x$

(4) $-3(-2x+4)$　　　　(5) $(4x-3) \times 7$　　　　(6) $-(2x-y+9)$

(7) $-\dfrac{2}{3}(6a-15)$　　　　(8) $(9a-15) \div 3$　　　　(9) $(6x-5y) \div \dfrac{3}{4}$

78 次の等式で正しい方を選びなさい。

(1) ア. $4 \times \dfrac{a+b}{2} = 2a + b$　　　　(2) ア. $\dfrac{4a-b}{2} = 2a - \dfrac{b}{2}$

　　イ. $4 \times \dfrac{a+b}{2} = 2(a+b)$　　　　　イ. $\dfrac{4a-b}{2} = 2a - b$

79 次の計算をしなさい。

(1) $(-5z - 25y) \times \left(-\dfrac{3}{5}\right)$　　　　(2) $15 \times \dfrac{2x-4}{3}$　　　　(3) $\dfrac{-4y+3}{8} \times (-16)$

●項と係数

$3x - y - 5$ を次のように区切って考えてみると…

$3x$	$-y$	-5
↓	↓	↓
項	項	項

四角で区切った部分を「項」という。

文字に掛けられている数を「係数」という。

!注意　$3x$ の係数は「3」　$-y$ の係数は「-1」　→　$-y$ は $-1y$ と考える

-5 の係数は「なし」　→　**文字を含まない項の係数は「なし」**

例題6　次の式の項をすべて答えなさい。

(1) $-2a + 3b$

$-2a, 3b$ …(答)

(2) $x^2 - \dfrac{1}{2}y^2$

$x^2, -\dfrac{1}{2}y^2$ …(答)

(3) $\dfrac{5m - 2n + 3}{5}$

$= \dfrac{5}{5}m - \dfrac{2}{5}n + \dfrac{3}{5} = m - \dfrac{2}{5}n + \dfrac{3}{5}$

$m, \ -\dfrac{2}{5}n, \ \dfrac{3}{5}$ …(答)

例題7　次の文字式の係数を答えなさい。

(1) a^2　係数は 1 …(答)　※ $1a^2$ と考える

(2) $\dfrac{x}{2}$　係数は $\dfrac{1}{2}$ …(答)　※ $\dfrac{x}{2} \to \dfrac{1}{2}x$ と考える

●文字式の加法・減法　　$x \times (3 + 4)$ を2通りの方法で計算してみる。

（　）内を先に計算してみると　　→　$x \times (3 + 4) = x \times 7 = 7x$ …①

分配法則を使って（　）を外すと　　→　$x \times (3 + 4) = 3x + 4x$ …②

重要　①と②より $3x + 4x = 7x$ となることがわかる。$3x$ と $4x$ のように，計算してまとめることができる項を互いに**同類項**という。

例題8　次の計算をしなさい。

(1) $8a + 4a = 12a$ …(答)

(2) $7x - 8x = -x$ …(答)

(3) $0.3x - 0.5x = -0.2x$ …(答)

(4) $\dfrac{3}{4}a + \dfrac{1}{4}a = \dfrac{4}{4}a$
$= a$ …(答)

(5) $\dfrac{1}{2}b - \dfrac{4}{3}b = \dfrac{3}{6}b - \dfrac{8}{6}b$
$= -\dfrac{5}{6}b$ …(答)

(6) $\dfrac{x}{5} + \dfrac{x}{10} = \dfrac{1}{5}x + \dfrac{1}{10}x$
$= \dfrac{2}{10}x + \dfrac{1}{10}x = \dfrac{3}{10}x$ …(答)

(7) $a + \dfrac{1}{2}a = \dfrac{1}{1}a + \dfrac{1}{2}a$
$= \dfrac{2}{2}a + \dfrac{1}{2}a$
$= \dfrac{3}{2}a$ …(答)

(8) $-3b + \dfrac{b}{5} = -\dfrac{3}{1}b + \dfrac{1}{5}b$
$= -\dfrac{15}{5}b + \dfrac{1}{5}b$
$= -\dfrac{14}{5}b$ …(答)

(9) $5x - 2x - 3x$
$= 0x$
$= 0$ …(答)

80 次の式の項をすべて答えなさい。

(1) $a^2 - 5b$

(2) $x - \dfrac{2}{3}y - 1$

(3) $\dfrac{6x^2 - 3x - 5}{6}$

81 次の文字式の係数を答えなさい。

(1) $-\dfrac{4}{9}x$

(2) $4ab$

(3) $-x^2$

(4) $\dfrac{b^3}{7}$

82 次の計算をしなさい。

(1) $3x + 6x$

(2) $2a - 7a$

(3) $-5t - 4t$

(4) $6y - 5y$

(5) $-9b + 9b$

(6) $2a + 4a + 3a$

(7) $0.3x + 0.4x$

(8) $0.7a - 2a$

(9) $-y + 1.4y$

(10) $\dfrac{3}{7}a - \dfrac{17}{7}a$

(11) $x - \dfrac{1}{3}x$

(12) $\dfrac{1}{2}x - \dfrac{1}{3}x$

(13) $3x - \dfrac{1}{4}x$

(14) $\dfrac{7}{6}m - \dfrac{3}{2}m$

(15) $\dfrac{9}{2}h - 5h + \dfrac{h}{4}$

5章

例題 9　次の計算をしなさい。

(1) $(3a + 4b) - (a + 7b)$

$= 3a + 4b - a - 7b$

$= 3a - 1a + 4b - 7b$

$= 2a - 3b$ …(答)

(2) $5a + 4(a - 1)$

$= 5a + 4a - 4$

$= 9a - 4$ …(答)

※ $2a - 3b$ や $9a - 4$ となっている
場合はこれ以上計算できないので
注意しよう！

(3) $(x + y) + (x - y)$

$= x + y + x - y$

$= x + x + y - y$

$= 2x$ …(答)

(4) $\dfrac{1}{5}x - 2(x - 7)$

$= \dfrac{1}{5}x - 2x + 14$

$= \dfrac{1}{5}x - \dfrac{10}{5}x + 14$

$= -\dfrac{9}{5}x + 14$ …(答)

(5) $3a + 8a \times \left(-\dfrac{1}{4}\right)$

$= 3a + \dfrac{\overset{2}{8a}}{1} \times \left(-\dfrac{1}{\underset{1}{4}}\right)$

$= 3a - 2a$

$= a$ …(答)

(6) $-5x + 12 \times \dfrac{x-1}{4}$

$= -5x + \overset{3}{12} \times \dfrac{x-1}{\underset{1}{4}}$

$= -5x + 3 \times (x - 1)$

$= -5x + 3x - 3$

$= -2x - 3$ …(答)

(7) $-6a - (10a - 20) \div (-5)$

$= -6a - (10a - 20) \times \left(-\dfrac{1}{5}\right)$

$= -6a - \left(-\dfrac{\overset{2}{10}}{\underset{1}{5}}a + \dfrac{\overset{4}{20}}{\underset{1}{5}}\right)$

$= -6a - (-2a + 4)$

$= -6a + 2a - 4$

$= -4a - 4$ …(答)

(8) $-\dfrac{1}{2}(x - 3) + \dfrac{2}{3}(x - 6)$

$= -\dfrac{1}{2}x + \dfrac{3}{2} + \dfrac{2}{3}x - \dfrac{2}{3} \times 6$

$= -\dfrac{1}{2}x + \dfrac{2}{3}x + \dfrac{3}{2} - 4$

$= -\dfrac{3}{6}x + \dfrac{4}{6}x + \dfrac{3}{2} - \dfrac{8}{2}$

$= \dfrac{1}{6}x - \dfrac{5}{2}$ …(答)

次の2通りの計算の仕方を理解しよう

$\dfrac{1}{6}y - \dfrac{8}{3}y = \dfrac{1}{6}y - \dfrac{16}{6}y$

$= \left(\dfrac{1}{6} - \dfrac{16}{6}\right)y$

$= -\dfrac{\overset{5}{15}}{\underset{2}{6}}y$

$= -\dfrac{5}{2}y$ …(答)

$= \dfrac{y}{6} - \dfrac{16y}{6}$

$= \dfrac{1y - 16y}{6}$

$= -\dfrac{\overset{5}{15}y}{\underset{2}{6}} = -\dfrac{5}{2}y$ …(答)

83 次の計算をしなさい。

(1) $(2x - 5) + (3x + 4)$

(2) $7a - b - (7b + 6a)$

(3) $2(3x - y) - 3(2x - 4y)$

(4) $3(4x - 5) + 2(-3x + 5)$

(5) $4(b - 1) - 3(2b + 3)$

(6) $4(0.5x - 1) - 3(0.7x - 0.1)$

(7) $(x - 3) - (3 - x) + 2(x - 1)$

(8) $-5y - 21y \times \left(-\dfrac{2}{7}\right)$

(9) $9a - 6 \times \dfrac{2a - 5}{3}$

(10) $b - (18b - 9) \div (-9)$

(11) $\dfrac{5}{2}x + y - (x + 2y)$

(12) $\dfrac{1}{4}(2a - 1) - \dfrac{3}{5}(a - 10)$

5章

★ 章 末 問 題 ★

84 次の式の項をすべて答えなさい。

(1) $x - 2y + 3$

(3) $\dfrac{-3s + t + 24}{6}$

(2) $a^2 - 2ab - 8b^2$

85 次の文字式の係数を答えなさい。

(1) $10x^2 y^2$ 　　　(2) $-abc$ 　　　(3) $\dfrac{z^2}{4}$ 　　　(4) $-\dfrac{2}{5}a^2 b$ 　　　(5) mn

86 次の計算をしなさい。（答えに×÷の記号は使わないこと）

(1) $a \times a \times 7 - a$

(2) $b \times b \times a \times (-2)$

(3) $(x - y) \div 3$

(4) $x - y \div 3$

(5) $x \times 4 \times a - y \times 3 \times b$

(6) $x \times 4 - y \div 3$

(7) $3x + 2x$ 　　　(8) $3x \times 2x$ 　　　(9) $a + a + a$ 　　　(10) $a \times a \times a$

(11) $-5y \times 4y$ 　　　(12) $-5y + 4y$ 　　　(13) $-4b + b + 3b$ 　　　(14) $-4b \times b \times 3b$

(15) $-(7x - 11)$ 　　　(16) $-3(2a + 9)$ 　　　(17) $(15x - 27y) \div 3$

(18) $a \div b \times c$ 　　　(19) $a \div bc$ 　　　(20) $3 \div x + y$ 　　　(21) $3 \div (x + y)$

87 次の計算をしなさい。

(1) $(-9x + y) + (10x - 2y)$

(2) $(5x + 9) - (8x - 15)$

(3) $\dfrac{5c - 8}{7} \times (-14)$

(4) $\dfrac{3}{8}(2k - 16)$

(5) $(12z - 18) \div \dfrac{6}{7}$

(6) $\dfrac{5}{4}y - 3y + \dfrac{y}{2}$

(7) $10 \times \dfrac{2x - 1}{5} - 9 \times \dfrac{2 - x}{3}$

(8) $2y \div 3 - y \div \dfrac{2}{3}$

(9) $2(7x - 3y - 1) - 3(-x - 2y - 6)$

(10) $\dfrac{1}{6}(12a - b) - \dfrac{1}{2}(a + b)$

5章

6章 ‖‖‖ 文字式Ⅱ

例題 1　次の計算をしなさい。

(1) $(2a - 7) + (5a + 4)$
$= 2a + 5a - 7 + 4$
$= 7a - 3$ …(答)

(2)
$$\begin{array}{r} 2a - 7 \\ +)\ \underline{5a + 4} \\ 7a - 3 \end{array}$$ …(答)

※(1)と(2)はまったく同じ計算であることに注意しよう。

(3) $(-5x + 3) - (2x - 1)$
$= -5x + 3 - 2x + 1$
$= -5x - 2x + 3 + 1$
$= -7x + 4$ …(答)

(4)
$$\begin{array}{r} -5x + 3 \\ -)\ \underline{2x - 1} \\ -7x + 4 \end{array}$$ …(答)

※(3)と(4)はまったく同じ計算であることに注意しよう。

(5)
$$\begin{array}{r} x - 3 \\ +)\ \underline{-7x + 1} \\ -6x - 2 \end{array}$$ …(答)

(6)
$$\begin{array}{r} x - 3 \\ -)\ \underline{-7x + 1} \\ 8x - 4 \end{array}$$ …(答)

例題 2　次の2式の和を求めなさい。また，左の式から右の式を引いた差を求めなさい。

$4x - 7,\ -2x + 6$

$(4x - 7) + (-2x + 6)$
$= 4x - 7 - 2x + 6$
$= 4x - 2x - 7 + 6$
$= 2x - 1$ …(答)

!別解
$$\begin{array}{r} 4x - 7 \\ +)\ \underline{-2x + 6} \\ 2x - 1 \end{array}$$

カッコを忘れずに！

$(4x - 7) - (-2x + 6)$
$= 4x - 7 + 2x - 6$
$= 4x + 2x - 7 - 6$
$= 6x - 13$ …(答)

!別解
$$\begin{array}{r} 4x - 7 \\ -)\ \underline{-2x + 6} \\ 6x - 13 \end{array}$$

88 次の計算をしなさい。

(1) $(2y - 5) + (-3y + 4)$

(2)
$$\begin{array}{r} 2y - 5 \\ +)\underline{-3y + 4} \end{array}$$

(3) $(7x + 9) - (-2x - 5)$

(4)
$$\begin{array}{r} 7x + 9 \\ -)\underline{-2x - 5} \end{array}$$

(5)
$$\begin{array}{r} -5x + 1 \\ +)\underline{-4x - 3} \end{array}$$

(6)
$$\begin{array}{r} -5x + 1 \\ -)\underline{-4x - 3} \end{array}$$

(7)
$$\begin{array}{r} 2a - b \\ +)\underline{5a + b} \end{array}$$

(8)
$$\begin{array}{r} 2a - b \\ -)\underline{5a + b} \end{array}$$

(9)
$$\begin{array}{r} 3x - y \\ +)\underline{-3x - 8y} \end{array}$$

(10)
$$\begin{array}{r} 3x - y \\ -)\underline{-3x - 8y} \end{array}$$

(11)
$$\begin{array}{r} -2a + b - c \\ +)\underline{5a - 6b + 2c} \end{array}$$

(12)
$$\begin{array}{r} 8x - 7y - 9 \\ -)\underline{-5x - 7y + 9} \end{array}$$

89 次の式の和を求めなさい。また，左の式から右の式を引いた差を求めなさい。

(1) $5a - 9, \ -6a + 4$　　和：(　　　　　　　　)　差：(　　　　　　　　)

(2) $-12x + 10y, \ 7x - 21y$　　和：(　　　　　　　　)　差：(　　　　　　　　)

● 間違いやすい計算

> !注意　ここがミスしやすい！
>
> 誤　$-\dfrac{x-y}{5} = \dfrac{-x-y}{5}$　→　$x=2, y=1$ だとすると… →　左辺 $= -\dfrac{2-1}{5}$　　右辺 $= \dfrac{-2-1}{5}$
>
> 正　$-\dfrac{x-y}{5} = \dfrac{-(x-y)}{5} = \dfrac{-x+y}{5}$　　　　　　　　　　$= -\dfrac{1}{5}$　　　　$= \dfrac{-3}{5}$
>
> 誤　$\dfrac{a+b}{5} - 2 \times \dfrac{c-d}{5} = \dfrac{a+b-2c-d}{5}$　　カッコが必要　　　　等しくない！
>
> 正　$\dfrac{a+b}{5} - 2 \times \dfrac{c-d}{5} = \dfrac{a+b-2(c-d)}{5} = \dfrac{a+b-2c+2d}{5}$

例題 3　次の計算をしなさい。

(1) $8\left(\dfrac{5x+2}{4} - \dfrac{3x+9}{8}\right)$

$= \overset{2}{8} \times \dfrac{5x+2}{\underset{1}{4}} - \overset{1}{8} \times \dfrac{3x+9}{\underset{1}{8}}$

$= 2(5x+2) - (3x+9)$

$= 10x+4-3x-9$

$= 10x-3x+4-9$

$= 7x-5$ …(答)

(2) $\dfrac{4x+3}{2} + \dfrac{3x-4}{3}$

$= \dfrac{3(4x+3)}{3 \times 2} + \dfrac{2(3x-4)}{2 \times 3}$

$= \dfrac{3(4x+3) + 2(3x-4)}{6}$

$= \dfrac{12x+9+6x-8}{6}$

$= \dfrac{12x+6x+9-8}{6}$

$= \dfrac{18x+1}{6}$ …(答)　→　$= \dfrac{18x}{6} + \dfrac{1}{6} = 3x + \dfrac{1}{6}$

としてもよい

(3) $\dfrac{5x-4}{3} - \dfrac{x-8}{5}$

$= \dfrac{5(5x-4)}{5 \times 3} - \dfrac{3(x-8)}{3 \times 5}$

$= \dfrac{5(5x-4) - 3(x-8)}{15}$

$= \dfrac{25x-20-3x+24}{15}$

$= \dfrac{25x-3x-20+24}{15}$

$= \dfrac{22x+4}{15}$ …(答)

!別解

$= \dfrac{25x-20}{15} - \dfrac{3x-24}{15}$

$= \dfrac{25x-20-(3x-24)}{15}$

(4) $2x+3 - \dfrac{7x+2}{2}$

$= \dfrac{2x+3}{1} - \dfrac{7x+2}{2}$

$= \dfrac{2(2x+3)}{2 \times 1} - \dfrac{7x+2}{2}$

$= \dfrac{4x+6}{2} - \dfrac{7x+2}{2}$

$= \dfrac{4x+6-(7x+2)}{2}$

$= \dfrac{4x+6-7x-2}{2}$

$= \dfrac{4x-7x+6-2}{2}$

$= \dfrac{-3x+4}{2}$ …(答)

6章

90 次のうち正しい等式を記号で選びなさい。

(1) ア．$-\dfrac{2x+3}{8}=\dfrac{-2x+3}{8}$

　　イ．$-\dfrac{2x+3}{8}=\dfrac{-2x-3}{8}$

　　ウ．$-\dfrac{2x+3}{8}=\dfrac{2x-3}{8}$

(2) ア．$-\dfrac{-4x+y}{2}=\dfrac{4x-y}{2}$

　　イ．$-\dfrac{-4x+y}{2}=\dfrac{4x+y}{2}$

　　ウ．$-\dfrac{-4x+y}{2}=\dfrac{-4x+y}{2}$

(3) ア．$-3\times\dfrac{a-2b}{7}=\dfrac{-3a-2b}{7}$

　　イ．$-3\times\dfrac{a-2b}{7}=\dfrac{-3a+6b}{7}$

　　ウ．$-3\times\dfrac{a-2b}{7}=\dfrac{-3a+2b}{7}$

(4) ア．$\dfrac{a-2b}{4}-\dfrac{3a-b}{4}=\dfrac{a-2b+3a-b}{4}$

　　イ．$\dfrac{a-2b}{4}-\dfrac{3a-b}{4}=\dfrac{a-2b-3a-b}{4}$

　　ウ．$\dfrac{a-2b}{4}-\dfrac{3a-b}{4}=\dfrac{a-2b-3a+b}{4}$

(5) ア．$\dfrac{5a+b}{5}-6\times\dfrac{2a+b}{5}=\dfrac{5a+b-12a+b}{5}$

　　イ．$\dfrac{5a+b}{5}-6\times\dfrac{2a+b}{5}=\dfrac{5a+b-12a-6b}{5}$

　　ウ．$\dfrac{5a+b}{5}-6\times\dfrac{2a+b}{5}=\dfrac{5a+b-12a+6b}{5}$

91 次の計算をしなさい。

(1) $-10\left(\dfrac{6-4x}{5}-\dfrac{x+8}{10}\right)$

(2) $-\dfrac{2}{5}x+\dfrac{6x-5}{15}$

(3) $\dfrac{-x+8}{6}-\dfrac{3x-6}{4}$

(4) $x-4-\dfrac{3-x}{5}$

●式の値

文字の中に数値を当てはめることを「**代入する**」といい，代入して求めた結果を**式の値**という。

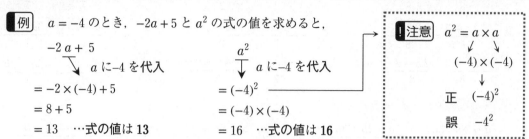

例　$a = -4$ のとき，$-2a + 5$ と a^2 の式の値を求めると，

$$-2a + 5$$
a に-4 を代入

$$= -2 \times (-4) + 5$$
$$= 8 + 5$$
$$= 13 \quad \cdots 式の値は 13$$

$$a^2$$
a に-4 を代入

$$= (-4)^2$$
$$= (-4) \times (-4)$$
$$= 16 \quad \cdots 式の値は 16$$

!注意　$a^2 = a \times a$
$(-4) \times (-4)$
正　$(-4)^2$
誤　-4^2

例題 4　$a = -3$ のとき，次の式の値を求めなさい。

(1) $2a$
$$= 2 \times a$$
$$= 2 \times (-3)$$
$$= -6 \quad \cdots (答)$$

(2) $a^2 - 3a$
$$= a^2 - 3 \times a$$
$$= (-3)^2 - 3 \times (-3)$$
$$= 9 + 9$$
$$= 18 \quad \cdots (答)$$

(3) $\dfrac{12}{a}$
$$= \dfrac{\overset{4}{\cancel{12}}}{\underset{1}{\cancel{-3}}}$$
$$= \dfrac{4}{-1} = -4 \quad \cdots (答)$$

例題 5　$x = 2, y = -3$ のとき，次の値を求めなさい。

(1) $5x - 4y$
$$= 5 \times 2 - 4 \times (-3)$$
$$= 10 + 12$$
$$= 22 \quad \cdots (答)$$

(2) $3x^2 - 2y^2$
$$= 3 \times 2^2 - 2 \times (-3)^2$$
$$= 3 \times 2 \times 2 - 2 \times (-3) \times (-3)$$
$$= 12 - 18$$
$$= -6 \quad \cdots (答)$$

例題 6　$x = -\dfrac{3}{2}$ のとき，次の式の値を求めなさい。

(1) $-10x$
$$= -10 \times \left(-\dfrac{3}{2}\right)$$
$$= -\dfrac{\overset{5}{\cancel{10}}}{1} \times \left(-\dfrac{3}{\underset{1}{\cancel{2}}}\right)$$
$$= \dfrac{15}{1} \quad \cdots (答)$$
$$= 15 \quad \cdots (答)$$

(2) $2x^2$
$$= 2 \times \left(-\dfrac{3}{2}\right)^2$$
$$= \overset{1}{\cancel{2}} \times \dfrac{9}{\underset{2}{\cancel{4}}}$$
$$= \dfrac{9}{2} \quad \cdots (答)$$

(3) $-x^3$
$$= -\left(-\dfrac{3}{2}\right)^3$$
$$= -\left(-\dfrac{27}{8}\right)$$
$$= \dfrac{27}{8} \quad \cdots (答)$$

92 $a = -2, b = \dfrac{2}{5}$ であるとき，正しい等式を記号で選びなさい。

(1) ア．$-a = -(-2)$

　　イ．$-a = -2$

(2) ア．$a^4 = -2 \times 2 \times 2 \times 2$

　　イ．$a^4 = (-2) \times (-2) \times (-2) \times (-2)$

　　ウ．$a^4 = (-2) \times 4$

(3) ア．$b^3 = \dfrac{2^3}{5}$

　　イ．$b^3 = \left(\dfrac{2}{5}\right)^3$

93 $x = -3$ のとき，次の式の値を求めなさい。

(1) $7x$

(2) $3x + 2$

(3) $5 - 2x$

(4) $\dfrac{18}{x}$

(5) x^2

(6) $4 - x^3$

94 $a = 5, b = -4$ のとき，次の式の値を求めなさい。

(1) $3a - 2b$

(2) $2a^2 - b^2$

(3) $ab - b$

(4) $-2b - a$

(5) $\dfrac{1}{2}b - a^2$

(6) $\dfrac{1}{a} - \dfrac{1}{b}$

95 $x = -\dfrac{3}{4}$ のとき，次の式の値を求めなさい。

(1) $-12x$

(2) $-5x^2$

(3) $4x^3$

(4) $-\dfrac{24}{5}x^3$

★ 章 末 問 題 ★

96 次の計算をしなさい。

(1)
$$
\begin{array}{r}
5x - y \\
+)\ \underline{-3x - y}
\end{array}
$$

(2)
$$
\begin{array}{r}
-4x - 6y \\
-)\ \underline{-4x + 6y}
\end{array}
$$

(3)
$$
\begin{array}{r}
-2x + y - z \\
+)\ \underline{+3x - 5y - z}
\end{array}
$$

(4)
$$
\begin{array}{r}
-9s - 2t \\
-)\ \underline{-3s - 6t}
\end{array}
$$

(5)
$$
\begin{array}{r}
-8a + 2b \\
+)\ \underline{+3a - 6b}
\end{array}
$$

(6)
$$
\begin{array}{r}
+a - b + 2c \\
-)\ \underline{-a - b + 3c}
\end{array}
$$

97 $x = -3$, $y = \dfrac{1}{2}$ のとき，次の式の値を求めなさい。

(1) $6y + x$

(2) $-y^2$

(3) $(-y)^2$

(4) x^4

(5) $xy - 4y$

(6) $x^2 - y^2$

98 次の式の和を求めなさい。また，左の式から右の式を引いた差を求めなさい。

(1) $x - y$, $x + y$　　和：(　　　　　　　　　)　差：(　　　　　　　　　　)

(2) $-a + 2b - 7c$, $a - 9b - c$　　和：(　　　　　　　　　)　差：(　　　　　　　　　　)

99 次のうち正しい等式を記号で選びなさい。

(1) ア．$-\dfrac{4-5}{3}=\dfrac{4-5}{3}$

　　イ．$-\dfrac{4-5}{3}=\dfrac{-4+5}{3}$

　　ウ．$-\dfrac{4-5}{3}=\dfrac{-4-5}{3}$

(2) ア．$\dfrac{3a+2b}{20}-\dfrac{4(-a+2b)}{20}=\dfrac{3a+2b+4a+2b}{20}$

　　イ．$\dfrac{3a+2b}{20}-\dfrac{4(-a+2b)}{20}=\dfrac{3a+2b+4a+8b}{20}$

　　ウ．$\dfrac{3a+2b}{20}-\dfrac{4(-a+2b)}{20}=\dfrac{3a+2b+4a-8b}{20}$

100 次の計算をしなさい。

(1) $\dfrac{2x-5}{3}-\dfrac{x-1}{2}$

(2) $15\left(\dfrac{-2x+3}{3}\right)-2\left(-5x+\dfrac{15}{2}\right)$

(3) $\dfrac{3x-1}{2}-\dfrac{4x-3}{5}$

(4) $\dfrac{x-2}{3}+x+1$

7章 ‖‖‖ 文字式Ⅲ

● 文字式を使った数量の表し方①

例題 1 次の問いに答えなさい。

(1) 50円切手6枚の代金はいくらか。

式：$50 \times 6 = 300$　　300 円 …(答)

(2) 50円切手 c〔枚〕の代金はいくらか。

式：$50 \times c = 50c$　　　$50c$〔円〕…(答)

(3) 3Lの牛乳を5人で等しく分けたとき，1人分の量は何Lか。

式：$3 \div 5 = \dfrac{3}{5}$　　$\dfrac{3}{5}$ L $(0.6\,\text{L})$ …(答)

(4) a〔L〕の牛乳を5人で等しく分けたとき，1人分の量は何Lか。

式：$a \div 5 = \dfrac{a}{5}$　　$\dfrac{a}{5}$〔L〕…(答)

(5) 1本30円の鉛筆を5本と1つ90円の消しゴムを2個買うときの合計金額はいくらか。

式：$30 \times 5 + 90 \times 2 = 150 + 180 = 330$　　330 円 …(答)

(6) 1本 x〔円〕の鉛筆を5本と1つ y〔円〕の消しゴムを2個買うときの合計金額はいくらか。

式：$x \times 5 + y \times 2 = 5x + 2y$　　　$5x + 2y$〔円〕 …(答)

(7) 1個90円のりんごと1個120円のりんごをそれぞれ1つずつ買うとき，1000円を出すとおつりはいくらか。

式：$1000 - (90 + 120) = 1000 - 210 = 790$　　790 円 …(答)

(8) 1個 a〔円〕のりんごと1個 b〔円〕のりんごをそれぞれ1つずつ買うとき，1000円を出すとおつりはいくらか。

式：$1000 - (a + b) = 1000 - a - b$　　$1000 - a - b$〔円〕 …(答)

(9) 数学のテストで，A君の点が65点，B君の点が70点，C君が90点のときの3人の平均点を求めなさい。

式：(平均点)＝(合計点)÷(人数)
$= (65 + 70 + 90) \div 3 = 225 \div 3 = 75$　　75 点 …(答)

(10) 数学のテストで，A君の点が a〔点〕，B君の点が b〔点〕，C君が c〔点〕のときの3人の平均点を求めなさい。

式：(平均点)＝(合計点)÷(人数)
$= (a + b + c) \div 3 = \dfrac{a + b + c}{3}$　　$\dfrac{a + b + c}{3}$〔点〕…(答)

101 次の問いに答えなさい。（×÷の記号は用いないものとする）

(1) 1個40円のレモンを12個買ったときの代金はいくらか。

(2) 1個 a〔円〕のレモンを12個買ったときの代金はいくらか。

(3) 72gの食塩を6人で等しく分けたときの1人分の食塩の重さはいくらか。

(4) x〔g〕の食塩を6人で等しく分けたときの1人分の食塩の重さはいくらか。

(5) 50円切手を5枚と80円切手を3枚買った。このときの代金の合計はいくらか。

(6) 50円切手を x〔枚〕と80円切手を y〔枚〕買った。このときの代金の合計はいくらか。

(7) 1枚30円の画用紙を9枚買うとき，1000円を出すとおつりはいくらか。

(8) 1枚 x〔円〕の画用紙を9枚買うとき，1000円を出すとおつりはいくらか。

(9) 英語のテストでA君は65点，B君は60点，C君は75点，D君は80点であった。4人の平均点はいくらか。

(10) 英語のテストでA君は w〔点〕，B君は x〔点〕，C君は y〔点〕，D君は z〔点〕であった。4人の平均点はいくらか。

7
章

●文字式を使った数量の表し方②

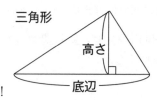

【公式の復習】

(三角形の面積) = (底辺)×(高さ)÷2 = (底辺)×(高さ)×$\frac{1}{2}$

　　　　　　　　= $\frac{1}{2}$×(底辺)×(高さ)　→この式を覚えること！

(正方形／長方形／平行四辺形の面積) = (底辺)×(高さ)

(立方体／直方体の体積) = (縦)×(横)×(高さ)

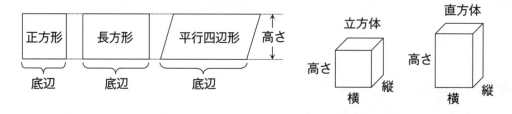

例題 2　次の数量を文字式で表しなさい。

(1) 底辺 a〔cm〕, 高さ b〔cm〕の三角形の面積はいくらか。

(三角形の面積) = $\frac{1}{2}$×(底辺)×(高さ)

　　　　　　　 = $\frac{1}{2}$×a×b = $\frac{1}{2}ab$　　　　$\frac{1}{2}ab$〔cm²〕…(答)

(2) 1辺が x〔cm〕の正三角形の周の長さはいくらか。(辺の合計の長さはいくらか。)

(正三角形の周の長さ) = (1辺の長さ)×3

　　　　　　　　　　 = x×3 = $3x$　　　　　　$3x$〔cm〕…(答)

(3) 周りの長さ (辺の合計) が y〔cm〕の正三角形の1辺の長さを求めなさい。

3辺の長さの合計が y〔cm〕なので, y÷3 = $\frac{y}{3}$　　　$\frac{y}{3}$〔cm〕…(答)

(4) 1辺の長さが n〔cm〕の立方体 (サイコロ形) の体積を求めなさい。

(立方体の体積) = (縦)×(横)×(高さ) = n×n×n = n^3　　　n^3〔cm³〕…(答)

例題 3　十の位が x, 一の位が y である2桁の自然数を式で表しなさい。

!注意　例えば, 十の位が2, 一の位が5である数は25だが,

十の位が x, 一の位が y である数を xy とするのは誤り …xy は x×y を表す

25 は 2×10+5 と表すことができる。…(十の位の数)×10+(一の位)

よって, x×10+y = $10x+y$　　　　　　　　$10x+y$ …(答)

102 次の数量を文字式で表しなさい。(×÷の記号は用いないものとする)

(1) 底辺が 5 cm，高さが 3 cm の三角形の面積はいくらか。

(2) 底辺が x〔cm〕，高さが h〔cm〕の三角形の面積はいくらか。

(3) 縦の長さが 3 cm，横の長さが 5 cm の長方形の周りの長さを求めよ。

(4) 縦の長さが a〔cm〕，横の長さが b〔cm〕の長方形の周りの長さを求めよ。

(5) 1辺が 3 cm の正方形の周りの長さはいくらか。

(6) 1辺が b〔cm〕の正方形の周りの長さはいくらか。

(7) 1辺 5 cm の正方形の面積はいくらか。

(8) 1辺 a〔cm〕の正方形の面積はいくらか。

103 次の問いに答えなさい。

(1) 次の(　)に入る適切な整数を答えなさい。

$35 = 3 \times ($　　　$) + 5$

$259 = 2 \times ($　　　$) + 5 \times ($　　　$) + 9$

(2) 十の位が a，一の位が b である数を式で表しなさい。

(3) 百の位が x，十の位が y，一の位が z である数を式で表しなさい。

●文字式を使った数量の表し方③

「はじき」と覚えよう！

[復習]

距離＝速さ×時間　　速さ＝距離÷時間＝$\dfrac{距離}{時間}$　　時間＝距離÷速さ＝$\dfrac{距離}{速さ}$

[例題 4]　次の数量を文字式で表しなさい。

(1) 時速3kmで y〔km〕の距離を進むと，時間はいくらかかるか。

　　時間＝距離÷速さ＝$y÷3=\dfrac{y}{3}$　　　　　　　　$\dfrac{y}{3}$〔時間〕　…(答)

(2) 分速5mで a 分進むときの距離はいくらか。

　　距離＝速さ×時間＝$5×a=5a$　　　　　　　$5a$〔m〕…(答)

(3) x〔km〕の道のりを6時間で進むにはどれくらいの速さで進めばよいか。

　　速さ＝距離÷時間＝$x÷6=\dfrac{x}{6}$　　　　　　　時速$\dfrac{x}{6}$〔km〕…(答)

(4) x〔km〕の道のりを，時速5kmで t 時間歩いたときの残りの距離はいくらか。

　　時速5〔km〕で t 時間歩くと，（距離＝速さ×時間）なので $5t$〔km〕進むことになる。

　　　　　　　x〔km〕

　　　$5t$〔km〕　$x-5t$〔km〕　　よって，残りの距離は，$x-5t$〔km〕…(答)

(5) a に3を加えて4で割った数を式で表しなさい。

　　　　$(a+3)÷4=\dfrac{a+3}{4}$　…(答)

[!注意]　$a+3÷4$ は誤り。$a+3÷4=a+\dfrac{3}{4}$ なので a に $\dfrac{3}{4}$ を加えた数になってしまう！

　　　　　足し算が優先される場合は必ず(　　)をつけること。

【割合の復習】

$1\%=\dfrac{1}{100}=0.01$　1 割 $=10\%=\dfrac{1}{10}=0.1$　1 分 $=1\%=\dfrac{1}{100}=0.01$　5 割 3 分 $=53\%=\dfrac{53}{100}=0.53$

[例題 5]　次の割合を分数で表しなさい。

　　(1) 9 割 ＝（　　　　　）　　(2) 9% ＝（　　　　　）

　　(3) 3 割 1 分 ＝（　　　　　）　　(4) 50% ＝（　　　　　）

　　答え：(1) $\dfrac{9}{10}$　　(2) $\dfrac{9}{100}$　　(3) $\dfrac{31}{100}$　　(4) $\dfrac{50}{100}$ を約分して $\dfrac{1}{2}$

104 速さ，距離，時間の関係を，言葉を用いて式で表しなさい。(÷の記号は使わないこと)

速さ ＝ 　　　　　　　　　　　時間 ＝ 　　　　　　　　　　　距離 ＝

105 次の問いに答えなさい。(×÷の記号は用いないものとする)

(1) 時速 50 km で 250 km の距離を進むと時間はいくらかかるか。

(2) 時速 80 km で x〔km〕の距離を進むと時間はいくらかかるか。

(3) 分速 100 m で 25 分進むときの距離はいくらか。

(4) 分速 35 m で t〔分〕進むときの距離はいくらか。

(5) 40 km の道のりを 2 時間で進むにはどれくらいの速さで進めばよいか。

(6) y〔km〕の道のりを 3 時間で進むにはどれくらいの速さで進めばよいか。

(7) 1500 m の道のりを，分速 70 m で 10 分歩いたときの残りの距離はいくらか。

(8) 1500 m の道のりを，分速 70 m で x〔分〕歩いたときの残りの距離はいくらか。

(9) 3 を 2 倍して 5 を加えた数はいくらか。

(10) x を 2 倍して 5 を加えた数を式で表しなさい。

(11) 3 に 2 を加えて 5 倍した数はいくらか。

(12) x に 2 を加えて 5 倍した数を式で表しなさい。

106 次の割合を小数または整数で表しなさい。

(1) 7% ＝ (　　　　　) 　(2) 3 割 ＝ (　　　　　) 　(3) 20% ＝ (　　　　　) 　(4) 5分 ＝ (　　　　　)

(5) 2 割 3 分 ＝ (　　　　　) 　　(6) 100% ＝ (　　　　　) 　　(7) 108% ＝ (　　　　　)

●文字式を使った数量の表し方④

例題 6 　次の問いに答えなさい。

(1) 200 円の 13%はいくらか。

$$200 \times \frac{13}{100} = 26 \ 円 \quad \cdots (答)$$

別解 $200 \times 0.13 = 26 \ 円$

(2) x 〔円〕の 13%はいくらか。

$$x \times \frac{13}{100} = \frac{13}{100}x \ 〔円〕 \cdots (答)$$

別解 $x \times 0.13 = 0.13x \ 〔円〕$

(3) 150 人の 2 割は何人か。

$$150 \times \frac{2}{10} = 30 \ 人 \quad \cdots (答)$$

別解 $150 \times 0.2 = 30 \ 人$

(4) y 〔人〕の 2 割は何人か。

$$y \times \frac{2}{10} = \frac{1}{5}y \ 〔人〕 \cdots (答)$$

別解 $y \times 0.2 = 0.2y \ 〔人〕$

(5) 500 円の 3%引きはいくらか。

※500 円の 3%引きは 500 円の 97%と同じ

$$500 \times \frac{97}{100} = 5 \times 97 = 485 \ 円 \quad \cdots (答)$$

別解 $500 \times 0.97 = 485 \ 円$

(6) x 〔円〕の 3%引きはいくらか。

※x 〔円〕の 3%引きは x 〔円〕の 97%と同じ

$$x \times \frac{97}{100} = \frac{97}{100}x \ 〔円〕 \cdots (答)$$

別解 $x \times 0.97 = 0.97x \ 〔円〕$

(7) 100 円の 3 割引きはいくらか。

※100 円の 3 割引きは 100 円の 7 割と同じ

$$100 \times \frac{7}{10} = 70 \ 円 \quad \cdots (答)$$

別解 $100 \times 0.7 = 70 \ 円$

(8) y 〔円〕の 3 割引きはいくらか。

※y 〔円〕の 3 割引きは y 円の 7 割と同じ

$$y \times \frac{7}{10} = \frac{7}{10}y \ 〔円〕 \cdots (答)$$

別解 $y \times 0.7 = 0.7y \ 〔円〕$

(9) 100 人が 3 割増加すると何人になるか。

※100 人の 3 割増加は 100 人の 13 割と同じ

$$100 \times \frac{13}{10} = 130 \ 人 \quad \cdots (答)$$

別解 $100 \times 1.3 = 130 \ 人$

(10) a 〔人〕が 3 割増加すると何人になるか。

※a 〔人〕の 3 割増加は a 〔人〕の 13 割と同じ

$$a \times \frac{13}{10} = \frac{13}{10}a \ 〔人〕 \cdots (答)$$

別解 $a \times 1.3 = 1.3a \ 〔人〕$

(11) 300 円の 7%増しはいくらか。

※300 円の 7%増しは 300 円の 107%と同じ

$$300 \times \frac{107}{100} = 321 \ 円 \quad \cdots (答)$$

別解 $300 \times 1.07 = 321 \ 円$

(12) b 〔円〕の 7%増しはいくらか。

※b 〔円〕の 7%増しは b 〔円〕の 107%と同じ

$$b \times \frac{107}{100} = \frac{107}{100}b \ 〔円〕 \cdots (答)$$

別解 $b \times 1.07 = 1.07b \ 〔円〕$

107 次の問いに答えなさい。（×÷の記号は用いないものとする）

(1) 1200円の5%はいくらか。

(2) x〔円〕の5%はいくらか。

(3) 3000円の4割はいくらか。

(4) y〔円〕の4割はいくらか。

(5) 5000円の9%引きはいくらか。

(6) a〔円〕の9%引きはいくらか。

(7) 2000円の2割引きはいくらか。

(8) b〔円〕の2割引きはいくらか。

(9) 30人が1割増加すると何人になるか。

(10) x〔人〕が1割増加すると何人になるか。

(11) 200人が15%増加すると何人になるか。

(12) y〔人〕が15%増加すると何人になるか。

7章

●等式と不等式

　2つの数量が等しいことを，等号（＝）を使って表した式を**等式**という。2つの数量の大小関係を，不等号（＞，＜，≧，≦）を使って表した式を**不等式**という。

等式，不等式	読み方	意味	意味が同じ式
$a = b$	a イコール b	a は b と等しい	$b = a$
$a > b$	a 大なり b	a は b より大きい	$b < a$
$a < b$	a 小なり b	a は b より小さい（a は b 未満である）	$b > a$
$a \geqq b$	a 大なりイコール b	a は b 以上である	$b \leqq a$
$a \leqq b$	a 小なりイコール b	a は b 以下である	$b \geqq a$

!注意 a 以上，a 以下は a を含む。a より大きい，a より小さい，a 未満は a を含まない。

例題 7　次の数量の関係を等式や不等式で表しなさい。

(1) 1冊 x 円のノートを3冊と1個 y 円の消しゴムを2個買うと，合計は z 円であった。

　ノート3冊の代金は $3x$ 円，消しゴム2個の代金は $2y$ 円であるので，　$\boldsymbol{3x + 2y = z}$ …(答)

(2) 1学年の1組の英語の平均点 a は全クラスの平均点 m よりも8点高かった。

　a は m よりも8だけ大きいので，$\boldsymbol{a = m + 8}$ …(答)　　※ $a - m = 8$ などでも正解

(3) x の3倍から4を引くと y より大きい。　$\boldsymbol{3x - 4 > y}$ …(答)

(4) m に3を加え，4倍すると n 以下になる。

　$(m + 3) \times 4 \leqq n$ → $\boldsymbol{4(m + 3) \leqq n}$ …(答)

(5) 一辺が a cm の立方体の体積は 100 cm³ 未満である。　$\boldsymbol{a^3 < 100}$ …(答)

(6) 整数 x を a で割ると商が b で余りが c であった。

　$3\overline{)7}$ $\frac{2...1}{}$ ⇨ $7 = 3 \times 2 + 1$　　　　$a\overline{)x}$ $\frac{b...c}{}$ ⇨ $\boldsymbol{x = ab + c}$ …(答)

(7) 一の位が m，十の位が n の2桁の整数は10以上100未満である。

　一の位が m，百の位が n の2桁の整数は $10n + m$ であるので，

　$\boldsymbol{10 \leqq 10n + m < 100}$ …(答)

(8) 時速 40 km で x km の道のりを進むと y 時間以上かかった。

　時間 ＝ $\dfrac{距離}{速さ}$ であるので，$\dfrac{\boldsymbol{x}}{\boldsymbol{40}} \geqq \boldsymbol{y}$ …(答)

108 次の文のうち，内容が正しいものを記号ですべて選びなさい。

　　ア．x は 20 より小さいとき，$x = 20$ である可能性はある。

　　イ．y は 100 以上であるとき，$y = 100$ である場合もある。

　　ウ．a は -3 未満であるとき，$a = -3$ である可能性はある。

　　エ．b は 50 より大きいとき，$b = 50$ である場合もある。

　　オ．c は -60 以下であるとき，$c = -60$ である可能性はある。

109 次の数量の関係を不等式で表しなさい。

(1) x は 10 より大きい。

(2) y は -5 以下である。

(3) a は 3 未満である。

(4) b は 9 より小さい。

(5) 自然数 n は 1 以上 9 以下である。

110 次の数量の関係を等式や不等式で表しなさい。（×÷の記号は用いないものとする）

(1) x は y を 2 で割った数よりも 5 だけ小さい。

(2) a から b を引いて 4 倍した数は 7 より大きい。

(3) ある博物館の入館料は大人が x〔円〕，子供が y〔円〕で，大人 2 人と子供 10 人の入館料の合計は 8000 円未満であった。

(4) 兄の体重 a〔kg〕は弟の体重 b〔kg〕の 2 倍よりも 3 kg だけ軽い。

(5) 100 cm のテープから a〔cm〕のテープを 3 本切り取ると，b〔cm〕以上残った。

(6) 毎分 x〔分〕の速さで 40 分歩くと，y〔m〕より多く歩くことができた。

(7) 3 人のテストの点数 a, b, c の平均は 70 点以上 75 点未満であった。

(8) 一の位が x，十の位が y の 2 桁の自然数を 5 で割ると，商が m で余りが 3 であった。

7章

★ 章 末 問 題 ★

111 次の数量を文字式で表しなさい。(×÷の記号は用いないものとする)

(1) x〔円〕の3割はいくらか。

(2) x〔円〕の3%はいくらか。

(3) x〔円〕の3割引きはいくらか。

(4) x〔円〕の3割増しはいくらか。

(5) x〔円〕の3%引きはいくらか。

(6) x〔円〕の3%増しはいくらか。

(7) x〔L〕の水を7人で等しく分けるとき，1人分は何Lになるか。

(8) 底辺が x〔cm〕，高さが h〔cm〕の平行四辺形の面積はいくらか。

(9) 10円玉 a〔枚〕と50円玉 b〔枚〕と100円玉 c〔枚〕の合計金額はいくらか。

(10) 分速50mで x〔m〕進むと，かかる時間は何分か。

(11) a〔m〕の道のりを30分で進むには分速何mで進めばよいか。

(12) ある30人の体重の平均が m〔kg〕であった。その30人の体重の合計は何kgか。

(13) 車で高速道路を時速80kmで x〔時間〕走り，さらに時速100kmで y〔時間〕走った。走った距離の合計はいくらか。

(14) ある商品をA店で買うと x〔円〕で買えるが，B店で買うとA店よりも5%安く買えるという。この商品をB店ではいくらで買えるか。

(15) ある商品は定価が a〔円〕で，仕入れ値は定価の6割5分であるという。この商品の仕入れ値はいくらか。

(16) ある中学の去年の全校生徒は y〔人〕で，今年の全校生徒は去年よりも2%増加したという。今年の全校生徒は何人か。

112 次の数量の関係を等式や不等式で表しなさい。（×÷の記号は用いないものとする）

(1) 姉の所持金 x〔円〕は妹の所持金 y〔円〕よりも500円多い。

(2) y は x から6を引いて7で割った数である。

(3) 底辺 x〔cm〕，高さ y〔cm〕の三角形の面積は k〔cm²〕以下である。

(4) 自然数 n を a で割ると商が b で余りが c である。

(5) 1辺の長さが x〔cm〕の立方体の体積は V〔cm³〕未満である。

(6) x〔km〕の道のりを時速90kmで進むと y〔時間〕以上かかる。

(7) 縦が a〔cm〕，横が b〔cm〕の長方形の周りの長さは x〔cm〕である。

(8) 1本 a〔円〕の鉛筆と，1つ b〔円〕の消しゴムをそれぞれ k 個ずつ，1000円を出して買うと，おつりは150円以下であった。

(9) 一の位が a，十の位が b，百の位が c の3桁の整数は100以上1000未満である。

8章 方程式Ⅰ

例題 1　次の□に入る数を答えなさい。

(1) $3 + \boxed{} = 10$　(2) $3 \times \boxed{} = 15$　(3) $\boxed{} \div 2 = 5$　(4) $\dfrac{3}{7} \times \boxed{} = 1$

答え　(1) 7　(2) 5　(3) 10　(4) $\dfrac{7}{3}$

●方程式とは

上記の例題の□の部分を x などの文字に書き換えたものを方程式という。方程式の文字に当てはまる値を「解」といい，その解を求めることを，「方程式を解く」という。

例題 2　次の方程式を解きなさい。　　　　　答え

(1) $3 + x = 10$　(2) $3 \times a = 15$　　　(1) $x = 7$　　(2) $a = 5$

(3) $y \div 2 = 5$　(4) $\dfrac{3}{7} \times b = 1$　　(3) $y = 10$　(4) $b = \dfrac{7}{3}$

●等式とは

$\underset{\text{左辺}}{\underset{\downarrow}{30}} = \underset{\text{右辺}}{\underset{\downarrow}{20 + 10}}$

等式とは「＝」（イコール）を含む式のこと。

イコールより左側の式を「左辺」，右側の式を「右辺」という。

左辺と右辺の両方を「両辺」という。

●等式の性質

等式の両辺に同じ数を加えても，引いても，掛けても，割っても等式は成り立つ。

① $30 = 20 + 10$ の両辺に 6 を加えると … $30 + 6 = 20 + 10 + 6$

② $30 = 20 + 10$ の両辺から 3 を引くと … $30 - 3 = 20 + 10 - 3$

③ $30 = 20 + 10$ の両辺に 2 を掛けると … $2 \times 30 = 2 \times (20 + 10)$

④ $30 = 20 + 10$ の両辺を 5 で割ると　 … $30 \div 5 = (20 + 10) \div 5$

※③と④は（　　）をつけなければ等式が成り立たないことを確認しよう。

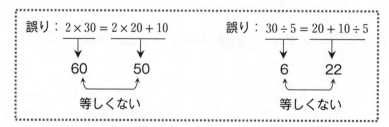

113 解を予想して次の□に入る数を答えなさい。

(1) $4 + \boxed{} = 7$　　(2) $2 \times \boxed{} = 14$　　(3) $10 \div \boxed{} = 2$　　(4) $8 - \boxed{} = 3$

(5) $\boxed{} \div 3 = 3$　　(6) $\boxed{} - 2 = 7$　　(7) $\dfrac{6}{5} \times \boxed{} = 1$　　(8) $0.1 \times \boxed{} = 5$

114 解を予想して次の方程式を解きなさい。

(1) $x + 3 = 5$　　　　　(2) $a \times 6 = 54$　　　　　(3) $30 \div b = 6$

(4) $6 - c = 4$　　　　　(5) $y \div 2 = 5$　　　　　(6) $t - 3 = 2$

(7) $\dfrac{x+3}{7} = \dfrac{8}{7}$　　　　(8) $3y = -27$　　　　(9) $\dfrac{3}{4}a = 1$

115 $a = b + c$ が成り立っているとき，等式として誤っているものをすべて選びなさい。

　　　ア．$a - 2 = b + c - 2$　　　　　イ．$6 + a = 6 + b + c$

　　　ウ．$9a = 9(b + c)$　　　　　　エ．$3a = 3b + c$

　　　オ．$a \times 4 = b + c \times 4$　　　　カ．$a \div 5 = b + c \div 5$

　　　キ．$\dfrac{a}{2} = \dfrac{b+c}{2}$　　　　　　ク．$-a = -(b + c)$

8章

●等式変形を利用した方程式の解き方

一般に方程式は，両辺に同じ数を加えても，引いても，掛けても，割っても等式が成り立つことから式変形をして解く。

例題 3　次の方程式を解きなさい。

(1)　$x + 14 = 9$

$$+) \quad \underline{\quad -14 \quad -14 \quad} \longrightarrow \text{両辺に} -14 \text{を加える}$$
$$x \qquad = -5 \ \cdots\text{(答)}$$

[検算]　$x + 14 = 9$ の x に -5 を代入して，合っているか確かめてみよう。

(2)　$4 = -3 + x$

$$-3 + x = 4 \longrightarrow x \text{が右辺にあるので，右辺と左辺を入れかえる}$$
$$+) \quad \underline{\quad 3 \qquad 3 \quad} \longrightarrow \text{両辺に} 3 \text{を加える}$$
$$x = 7 \ \cdots\text{(答)}$$

[検算] $4 = -3 + x$ の x に 7 を代入して，合っているか確かめてみよう。

(3)　$4x = 12$

$$\frac{1}{4} \times 4x = \frac{1}{4} \times 12 \longrightarrow \text{両辺に} \frac{1}{4} \text{を掛ける}$$
$$\frac{1}{{}_1\cancel{4}} \times \cancel{4}x = \frac{1}{\cancel{4}_1} \times \overset{3}{\cancel{12}} \longrightarrow \text{約分}$$
$$x = 3 \ \cdots\text{(答)}$$

[検算] $4x = 12$ の x に 3 を代入して，合っているか確かめてみよう。

(4)　$10 = -6x$

$$-6x = 10 \longrightarrow x \text{が右辺にあるので，右辺と左辺を入れかえる}$$
$$(-1) \times (-6x) = (-1) \times 10 \longrightarrow \text{両辺に} -1 \text{を掛ける}$$
$$6x = -10$$
$$\frac{1}{{}_1\cancel{6}} \times \overset{1}{\cancel{6}}x = \frac{1}{\cancel{6}_3} \times (-\overset{5}{\cancel{10}}) \longrightarrow \text{両辺に} \frac{1}{6} \text{を掛けて約分}$$
$$x = -\frac{5}{3} \ \cdots\text{(答)}$$

[検算] $10 = -6x$ の x に $-\dfrac{5}{3}$ を代入して，合っているか確かめてみよう。

116 次の方程式を解きなさい。

(1) $11 + x = 8$

(2) $x - 6 = 15$

(3) $5 + x = -8$

(4) $-7 = x - 13$

(5) $0 = 14 + x$

(6) $-12 = -8 + x$

117 次の方程式を解きなさい。

(1) $4x = 28$

(2) $3x = -1$

(3) $8x = 0$

(4) $-9 = -3x$

(5) $-6 = 12x$

(6) $-3 = -15x$

118 次の方程式を解きなさい。

(1) $5 + a = 15$

(2) $5a = 15$

(3) $6 + b = 14$

(4) $6b = 14$

例題 4   次の方程式を解きなさい。

(1) $-\dfrac{x}{3} = 5$

$\quad -1 \times \left(-\dfrac{x}{3}\right) = -1 \times 5$ $\quad\longrightarrow$ 両辺に -1 を掛ける

$\quad \dfrac{x}{3} = -5$

$\quad 3 \times \dfrac{x}{3} = 3 \times (-5)$ $\quad\longrightarrow$ 両辺に 3 を掛ける

$\quad x = -15$ …(答)

[検算] $-\dfrac{x}{3} = 5$ の左辺の x に -15 を代入してみると,

$\quad$ 左辺 $= -\dfrac{-15}{3} = 5 =$ 右辺　となり，成り立っていることがわかる。

(2) $0.2x = 6$

$\quad 10 \times 0.2x = 10 \times 6$ $\quad\longrightarrow$ 両辺に 10 を掛ける

$\quad 2x = 60$

$\quad \dfrac{1}{2} \times 2x = \dfrac{1}{2} \times 60$ $\quad\longrightarrow$ 両辺に $\dfrac{1}{2}$ を掛ける

$\quad x = 30$ …(答)

[検算] $0.2x = 6$ の左辺の x に 30 を代入してみると,

$\quad$ 左辺 $= 0.2 \times 30 = 6 =$ 右辺　となり，成り立っていることがわかる。

(3) $\dfrac{3}{5}x = -6$

$\quad \dfrac{5}{3} \times \dfrac{3}{5}x = \dfrac{5}{3} \times (-6)$ $\quad\longrightarrow$ 両辺に $\dfrac{5}{3}$ を掛ける

$\quad x = -10$ …(答)

[検算] $\dfrac{3}{5}x = -6$ の左辺の x に -10 を代入してみると,

$\quad$ 左辺 $= \dfrac{3}{5} \times (-10) = 3 \times (-2) = -6 =$ 右辺

となり，成り立っていることがわかる。

8章

119 次の方程式を解きなさい。

(1) $\dfrac{x}{5} = 4$

(2) $\dfrac{1}{2}x = -9$

(3) $-3 = -\dfrac{x}{9}$

(4) $0.1x = 8$

(5) $-0.5 = -0.3x$

(6) $-0.7x = 0$

(7) $-\dfrac{2}{5}x = 6$

(8) $\dfrac{8}{3}x = -2$

(9) $\dfrac{9}{4} = -\dfrac{3}{2}x$

120 次の方程式を解きなさい。

(1) $-3a = 4$

(2) $-\dfrac{1}{3}a = 4$

(3) $-3 + a = 4$

121 次の方程式を解きなさい。

(1) $5 + x = 3$

(2) $5x = 3$

(3) $-5 = x - 3$

(4) $18 = -2x$

(5) $0.3x = 1$

(6) $-\dfrac{x}{5} = 5$

(7) $\dfrac{4}{7}x = 36$

(8) $4x = -\dfrac{1}{4}$

(9) $0.2 + x = -0.8$

(10) $0.2x = -0.8$

122 次の方程式を解きなさい。

(1) $-x = 30$

(2) $-5t = 100$

(3) $1 = \dfrac{3}{4}y$

(4) $\dfrac{b}{7} = -1$

(5) $15a = 0$

(6) $15 + a = 0$

(7) $-2 = z + 59$

(8) $2 = -0.5c$

(9) $20x = 1$

(10) $20 + x = 1$

例題 5　　次の方程式を解きなさい。

(1) $2x - 3 = 5$

$$\begin{array}{rl} 2x - 3 &= 5 \\ +)\quad\quad +3 &+3 \\ \hline 2x\quad\; &= 8 \end{array}$$
$\longrightarrow$ 両辺に 3 を加える

$\dfrac{1}{2} \times 2x = \dfrac{1}{2} \times 8$　$\longrightarrow$ 両辺に $\dfrac{1}{2}$ を掛ける

$x\; = 4$ …(答)

[検算]

$2x - 3 = 5$ の左辺の x に 4 を代入すると

左辺 $= 2 \times 4 - 3 = 8 - 3 = 5 =$ 右辺

となり，成り立っていることがわかる。

※先に両辺に $\dfrac{1}{2}$ を掛けると

$\dfrac{1}{2}(2x - 3) = \dfrac{1}{2} \times 5$

$x - \dfrac{3}{2} = \dfrac{5}{2}$

さらに両辺に $\dfrac{3}{2}$ を加えると

$x - \dfrac{3}{2} + \dfrac{3}{2} = \dfrac{5}{2} + \dfrac{3}{2}$

$x = \dfrac{8}{2} = 4$

と求めることもできるが，
分数が多く出てくるので
一般的な解き方ではない。

(2) $-x - 12 = 5x - 9$

!Point　左辺には x を含む項だけ，右辺には x を含まない項だけにする。

　　　　つまり，左辺の -12，右辺の $5x$ を消すようにすればよい。

$$\begin{array}{rl} -x - 12 &= 5x - 9 \\ +)\quad -5x + 12 &-5x + 12 \\ \hline -6x\quad\quad &= \quad\; 3 \end{array}$$
$\longrightarrow$ 両辺に $-5x + 12$ を加える

$(-1) \times (-6x) = (-1) \times 3$　$\longrightarrow$ 両辺に -1 を掛ける

$\dfrac{1}{6} \times 6x = \dfrac{1}{6} \times (-3)$　$\longrightarrow$ 両辺に $\dfrac{1}{6}$ を掛ける

$x = -\dfrac{1}{2}$ …(答)

(3) $5 = x + 6 + 2x$　$\longrightarrow$ 左辺または右辺の同類項の計算ができれば先にする

$5 = 3x + 6$　$\longrightarrow$ 左辺と右辺を入れかえた方が解きやすい

$3x + 6 = 5$

$$\begin{array}{rl} +)\quad -6 &-6 \\ \hline 3x\quad\; &= -1 \end{array}$$
$\longrightarrow$ 両辺に -6 を加える

$\dfrac{1}{3} \times 3x = \dfrac{1}{3} \times (-1)$　$\longrightarrow$ 両辺に $\dfrac{1}{3}$ を掛ける

$x = -\dfrac{1}{3}$ …(答)

8章

123 次の方程式を解きなさい。

(1) $7x - 17 = 4$

(2) $8x + 3 = 2x$

(3) $7 = 6 - x$

(4) $89 = 11x - 10$

(5) $0 = -2x - 4 + 3x$

(6) $5x - 4 = 2x - 6$

(7) $6x + 4 - x = 4 - 3x$

(8) $43x + 34 = -7x + 17 - x$

8
章

★ 章 末 問 題 ★

124 次の方程式を解きなさい。

(1) $x + 12 = 5$

(2) $\dfrac{1}{3}x = -5$

(3) $2x = -2x + 12$

(4) $-8x = 4$

(5) $3x + 3 = -2x + 3$

(6) $5 + 2x = -7 + 9x$

(7) $-6x + 4x + 3 = -15x + 29$

(8) $-10x + 9 = 5x + 5 - 3x$

125 次の方程式を解きなさい。

(1) $-2y + 12 = 5y - 9$

(2) $\dfrac{z}{100} = -0.6$

(3) $-5 - 7t = -12t - 20$

(4) $5 = -2s + s - 7$

(5) $19 + 38a = 0$

(6) $12b - 3b - 19 = 9b - 20 - b$

(7) $-0.9c = 18$

(8) $\dfrac{3}{4}x = -1$

8 章

9章 ‖‖ 方程式Ⅱ

●カッコを含む方程式

例題 1　次の方程式を解きなさい。

(1) $3(x+4) = 5x - 6$

$3x + 12 = 5x - 6$

$+) \quad \underline{-5x - 12 \quad -5x - 12}$

$\quad -2x \quad = \quad -18$

$-2x \times (-1) = -18 \times (-1)$

$\quad 2x = 18$

$\dfrac{1}{2} \times 2x = \dfrac{1}{2} \times 18$

$\quad x = 9 \ \cdots(答)$

(2) $3(2x-4) - (x-13) = 0$

$6x - 12 - x + 13 = 0$

$6x - x - 12 + 13 = 0$

$5x + 1 = 0$

$+) \quad \underline{\quad -1 \ -1 \quad}$

$5x \quad = -1$

$\dfrac{1}{5} \times 5x = \dfrac{1}{5} \times (-1)$

$\quad x = -\dfrac{1}{5} \ \cdots(答)$

●小数を含む方程式

例題 2　次の方程式を解きなさい。

(1) $0.3x + 0.4 = 0.3 + 0.1x$

$10(0.3x + 0.4) = 10(0.3 + 0.1x)$

$3x + 4 = 3 + x$

$+) \quad \underline{-x - 4 \quad -4 - x}$

$\quad 2x \quad = -1$

$\dfrac{1}{2} \times 2x = \dfrac{1}{2} \times (-1)$

$\quad x = -\dfrac{1}{2} \ \cdots(答)$

(2) $0.16x - 1 = 0.3x + 1.1$

$100(0.16x - 1) = 100(0.3x + 1.1)$

$16x - 100 = 30x + 110$

$+) \quad \underline{-30x + 100 = -30x + 100}$

$-14x \quad = \quad 210$

$-\dfrac{1}{\overset{1}{14}} \times (-\overset{1}{14}x) = -\dfrac{1}{\overset{1}{14}} \times \overset{15}{\underset{}{210}}$

$\quad x = -15 \ \cdots(答)$

(3) $0.3(x-4) - 0.2(x-2) = 1$

$10\{0.3(x-4) - 0.2(x-2)\} = 10 \times 1$

$3(x-4) - 2(x-2) = 10$

$3x - 12 - 2x + 4 = 10$

$3x - 2x - 12 + 4 = 10$

$x - 8 = 10$

$+) \quad \underline{\quad +8 \ +8 \quad}$

$\quad x = 18 \ \cdots(答)$

┌─ ミス注意 ─

$10\{0.3(x-4) - 0.2(x-2)\} = 10 \times 1$　{ }を外して

$3(10x - 40) - 2(10x - 20) = 10$　とするのは誤り！

例えば $3(5-2) = 9$ の両辺を10倍すると，

$10 \times \{3(5-2)\} = 10 \times 9$　　{ }を外すと，

$30(50 - 20) = 90$ →この左辺は900なので誤り！

$30(5-2) = 90$ →これなら成り立っている。

126 次の方程式を解きなさい。

(1) $5 + 2(x - 1) = x + 1$

(2) $4(x - 8) - 7(2x + 5) = 5 - x$

(3) $6y + 3(-y - 8) = -24$

(4) $-2(a + 3) = 4 - (8a - 5)$

127 次の方程式を解きなさい。

(1) $0.2x + 4 = 0.4 - 0.1x$

(2) $0.34x + 2.82 = 3 - 0.38x$

(3) $0.4(3y - 8) - (4y - 6) = 0.7$

(4) $-0.01(t + 2) = 0.02t - 0.03$

9章

●分数を含む方程式

例題 3　次の方程式を解きなさい。

(1) $\dfrac{5}{6}x + \dfrac{1}{2} = \dfrac{1}{3}x - 1$

$6\left(\dfrac{5}{6}x + \dfrac{1}{2}\right) = 6\left(\dfrac{1}{3}x - 1\right)$

$\overset{1}{\underset{1}{6}} \times \dfrac{5}{\underset{1}{6}}x + \overset{3}{\underset{1}{6}} \times \dfrac{1}{\underset{1}{2}} = \overset{2}{\underset{1}{6}} \times \dfrac{1}{\underset{1}{3}}x - 6 \times 1$

$5x + 3 = 2x - 6$

$\begin{array}{r} +)\ \underline{-2x - 3\quad -2x - 3} \\ 3x\quad\ =\quad -9 \end{array}$

$\dfrac{1}{\underset{1}{3}} \times \overset{1}{3}x = \dfrac{1}{\underset{1}{3}} \times \overset{3}{(-9)}$

$x = -3\ \cdots(答)$

(2) $\dfrac{1}{2}x - 1 = \dfrac{3}{4}x$

$4\left(\dfrac{1}{2}x - 1\right) = 4 \times \dfrac{3}{4}x$

$\overset{2}{\underset{1}{4}} \times \dfrac{1}{\underset{1}{2}}x - 4 \times 1 = \overset{1}{\underset{1}{4}} \times \dfrac{3}{\underset{1}{4}}x$

$2x - 4 = 3x$

$\begin{array}{r} +)\ \underline{-3x + 4\quad -3x + 4} \\ -x\quad =\quad 4 \end{array}$

$(-1) \times (-x) = -1 \times 4$

$x = -4\ \cdots(答)$

例題 4　次の方程式を解きなさい。

(1) $\dfrac{x-2}{5} = \dfrac{x+4}{3}$

$\overset{3}{\underset{1}{15}} \times \dfrac{x-2}{\underset{1}{5}} = \overset{5}{\underset{1}{15}} \times \dfrac{x+4}{\underset{1}{3}}$

$3(x-2) = 5(x+4)$

$3x - 6 = 5x + 20$

$\begin{array}{r} +)\ \underline{-5x + 6\quad -5x + 6} \\ -2x\quad =\quad 26 \end{array}$

$-\dfrac{1}{\underset{1}{2}} \times (-\overset{1}{2}x) = -\dfrac{1}{\underset{1}{2}} \times \overset{13}{26}$

$x = -13\ \cdots(答)$

(2) $\dfrac{2x-1}{3} - \dfrac{x-1}{2} = 1$

$6\left(\dfrac{2x-1}{3} - \dfrac{x-1}{2}\right) = 6 \times 1$

$\overset{2}{\underset{1}{6}} \times \dfrac{2x-1}{\underset{1}{3}} - \overset{3}{\underset{1}{6}} \times \dfrac{x-1}{\underset{1}{2}} = 6 \times 1$

$2(2x-1) - 3(x-1) = 6$

$4x - 2 - 3x + 3 = 6$

$x + 1 = 6$

$\begin{array}{r} +)\ \underline{-1\quad -1} \\ x\quad\ =\ 5\ \cdots(答) \end{array}$

(3) $\dfrac{1}{3}(2x-1) - \dfrac{1}{2}(x-1) = 1$

$6\left\{\dfrac{1}{3}(2x-1) - \dfrac{1}{2}(x-1)\right\} = 6 \times 1$

$\overset{2}{\underset{1}{6}} \times \dfrac{1}{\underset{1}{3}}(2x-1) - \overset{3}{\underset{1}{6}} \times \dfrac{1}{\underset{1}{2}}(x-1) = 6 \times 1$

$2(2x-1) - 3(x-1) = 6$

$4x - 2 - 3x + 3 = 6$

$x + 1 = 6$

$\begin{array}{r} +)\ \underline{-1\ -1} \\ x\quad\ =\ 5\ \cdots(答) \end{array}$

128 次の方程式を解きなさい。

(1) $\dfrac{5}{8}x - \dfrac{1}{2} = \dfrac{3}{4}$

(2) $\dfrac{1}{5}x - 1 = \dfrac{1}{6}x$

129 次の方程式を解きなさい。

(1) $\dfrac{2x+5}{3} = \dfrac{x-5}{4}$

(2) $\dfrac{2x-3}{5} - \dfrac{x+2}{10} = 1$

(3) $\dfrac{1}{2}(x+5) - \dfrac{1}{3}(2x-1) = 3$

130 次の方程式を解きなさい。

(1) $5x - 8 = 2(x - 1)$

(2) $3(x - 1) + 2(x - 4) = -11$

(3) $0.7 + 2.5x = 1.8x - 0.7$

(4) $0.1(a - 1) = 0.04(a + 5)$

(5) $5 - \dfrac{2}{7}x = 9$

(6) $x - \dfrac{1}{4}(x - 2) = 5$

131 次の方程式を解きなさい。

(1) $3x - 2 = 2(x + 3)$

(2) $4 - 3(x - 2) = 4 - 3(4 - x)$

(3) $0.12x - 0.2 = -0.18x + 1$

(4) $0.7x = 0.8(x - 3) + 2.3$

(5) $\dfrac{5}{6}x + 1 = \dfrac{x - 3}{4}$

(6) $\dfrac{2x + 5}{3} - \dfrac{3x - 1}{2} = 0$

●比例式の性質と方程式の応用

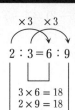
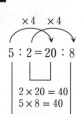

×2　×2
$2:3 = 4:6$

$3 \times 4 = 12$
$2 \times 6 = 12$

×3　×3
$2:3 = 6:9$

$3 \times 6 = 18$
$2 \times 9 = 18$

×4　×4
$5:2 = 20:8$

$2 \times 20 = 40$
$5 \times 8 = 40$

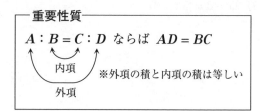

重要性質

$A:B = C:D$ ならば $AD = BC$

内項
外項

※外項の積と内項の積は等しい

例題 5 　次の方程式を解きなさい。

(1) $x:10 = 4:5$

$x \times 5 = 10 \times 4$

$5x = 40$

$\dfrac{1}{5} \times 5x = \dfrac{1}{5} \times 40$

$x = 8$ …(答)

(2) $6:5 = 4:x$

$6 \times x = 5 \times 4$

$6x = 20$

$\dfrac{1}{6} \times 6x = \dfrac{1}{6} \times 20$

$x = \dfrac{10}{3}$ …(答)

(3) $5:3 = 2x:(x+1)$

$5(x+1) = 3 \times 2x$

$5x + 5 = 6x$

$\begin{array}{r} +) \quad -6x - 5 \quad -6x - 5 \\ \hline -x \quad = \quad -5 \end{array}$

$(-1) \times (-x) = (-1) \times (-5)$

$x = 5$ …(答)

例題 6 　x についての方程式 $2x - (ax + 7) = 5$ の解が $x = 4$ のとき a の値を求めなさい。

$x = 4$ が解なら x に 4 を代入して成立するので，

$2x - (ax + 7) = 5$

代入

$2 \times 4 - (a \times 4 + 7) = 5$

$8 - (4a + 7) = 5$

$8 - 4a - 7 = 5$

$1 - 4a = 5$

$\begin{array}{r} +) \quad -1 \quad\quad -1 \\ \hline -4a = 4 \end{array}$

$-\dfrac{1}{4} \times (-4a) = -\dfrac{1}{4} \times 4$

$a = -1$ …(答)

例題 7 　ある数に 12 を加えて 2 を掛けると 30 になるとき，ある数を求めなさい。

ある数を x とする

ある数に 12 を加えて 2 を掛ける と 30

$(x + 12) \times 2 = 30$

$2(x + 12) = 30$ となり，これを解くと $x = 3$ …(答)

※3 に 12 を加えて 2 を掛けると 30 になる
ことを最後に確認しよう。

ミス注意

$x + 12 \times 2 = 30$ とするのは間違い！

＜考えてみよう＞

5 に 3 を加えて 4 を掛けると 32

これを式にすると…

① $5 + 3 \times 4 = ($ 　　　 $)$

② $(5 + 3) \times 4 = ($ 　　　 $)$

32 になるのはどちらの式か？

9
章

132 次の方程式を解きなさい。

(1) $x : 2 = 5 : 1$

(2) $5 : 8 = x : 4$

(3) $x : (14 - x) = 3 : 4$

(4) $(2x + 6) : 0.5 = (10 - x) : 0.4$

133 次の問いに答えなさい。

(1) x についての方程式 $4x - a = x - 1$
　の解が $x = 3$ のとき a の値を求めなさい。

(2) x についての方程式 $3(x - a) = 4x + a$
　の解が $x = -4$ のとき a の値を求めなさい。

134 次の問いに答えなさい。

(1) ある数に5を掛けて15を加えると
　60になるとき，ある数を求めなさい。

(2) ある数に5を加えて15を掛けると
　60になるとき，ある数を求めなさい。

★ 章 末 問 題 ★

135 次の方程式を解きなさい。

(1) $3(x-4) - 2(x-2) = 0$

(2) $6x + 3(-x-8) = -24$

(3) $0.25x + 0.5x = 1$

(4) $1.3x - 1.2(x-1.5) = 1.5$

(5) $2x + 4 = \dfrac{5-x}{2}$

(6) $3x - \dfrac{2}{3}(2x-1) = 4$

(7) $\dfrac{3x-1}{2} = \dfrac{1}{3}x - 4$

(8) $\dfrac{2x-1}{3} - \dfrac{x+2}{2} = 1 - x$

(9) $(10 - x) : 2x = 1 : 2$

(10) $x : (x-1) = \dfrac{1}{2} : \dfrac{1}{3}$

136 次の方程式を解きなさい。

(1) x についての方程式 $-5x - 3k = -6x + 55$ の解が $x = 4$ のとき k の値を求めなさい。

(2) 10 からある数を引いて 7 を掛けると 28 になるとき，ある数を求めなさい。

10章 ‖‖ 方程式Ⅲ

●指数計算（復習）

!復習　和・差・積・商

和…足し算の計算結果　　差…引き算の計算結果　　例　5と4の和→9

積…掛け算の計算結果　　商…割り算の計算結果　　　　5と4の積→20

例題 1　ある数 x の4倍から6を引いた差が，x に10を足して2倍した数に等しいとき x を求めなさい。

ある数 x の4倍から6を引いた数 が，x に10を足して2倍した数 に等しい

$$x \times 4 - 6 = (x+10) \times 2$$

誤り：$x + 10 \times 2$

$$4x - 6 = 2(x+10)$$
$$4x - 6 = 2x + 20$$
$$\begin{array}{r} 4x - 6 = 2x + 20 \\ +)\ -2x + 6\ \ -2x + 6 \\ \hline 2x\ \ =\ \ \ \ 26 \end{array}$$

$$\frac{1}{2} \times 2x = \frac{1}{2} \times 26$$
$$x = 13 \ \cdots（答）$$

例題 2　ある数 x から4を引いて5倍すると，x より12大きい数になった。ある数を求めなさい。

ある数 x から4を引いて5倍する と，x より12大きい数 になった

$$(x-4) \times 5 = x + 12$$
$$5(x-4) = x + 12 \quad これを解くと，\quad x = 8 \cdots（答）$$

例題 3　図の天秤が釣り合っているとき，●のおもりは何 g か。ただし●はすべて等しい重さとする。

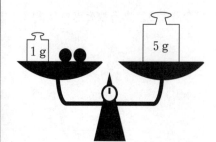

●を x〔g〕とすると，
左の皿には $2x+1$〔g〕，右の皿には5gのおもりが載っている。これらが釣り合っているので，
$$2x + 1 = 5 \quad これを解くと，$$
$$x = 2 \ (g) \cdots（答）$$

137 次の問いに答えなさい。

(1) ある数 x の7倍に10を加えた数が，x に35を足して2倍した数に等しいとき，x を求めなさい。

(2) ある数 x から4を引いた差の7倍が，x の5倍と2との和に等しいとき，x を求めなさい。

138 次の問いに答えなさい。

(1) ある数から3を引いて2倍すると，もとの数の3倍より4小さい数になった。ある数を求めなさい。

(2) 9からある数を引くと，もとの数の4倍より4大きい数になった。ある数を求めなさい。

139 図の天秤（てんびん）が釣（つ）り合っているとき，●のおもりは何gか。ただし●はすべて等しい重さとする。

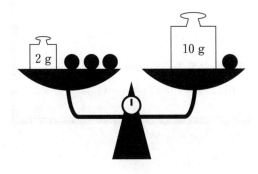

例題 4　1本80円のボールペンを何本かと120円の修正テープ1個を買い500円玉を出したら，おつりが140円だった。買ったボールペンの本数を求めなさい。

買ったボールペンの本数を x 本とする。

80円のボールペンを x 本買うと，ボールペンの代金は $80x$ 円

500円出しておつりが140円なので，代金の合計は $500 - 140 = 360$ 円

<u>ボールペンの代金</u> ＋ <u>修正テープの代金</u> ＝ <u>代金の合計</u>　なので，

$$80x + 120 = 360$$

$$+)\quad \underline{-120\ -120}$$

$$80x \qquad = 240$$

$$\frac{1}{80} \times 80x = \frac{1}{80} \times 240 \qquad x = 3\ (本)\ \cdots(答)$$

例題 5　1個50円のお菓子と1個80円のお菓子を合わせて30個買ったら，合計2010円になった。50円のお菓子と，80円のお菓子をそれぞれ何個買ったか。

50円のお菓子を x 個買ったとする。

合わせて30個買ったので，80円のお菓子は $30 - x$ 個買ったことになる。

50円のお菓子の代金 $= 50x$〔円〕　　　80円のお菓子の代金 $= 80(30 - x)$〔円〕

<u>**50円のお菓子の代金**</u> ＋ <u>**80円のお菓子の代金**</u> ＝ <u>**代金の合計**</u>

$$50x + 80(30 - x) = 2010$$

$$50x + 2400 - 80x = 2010$$

$$-30x + 2400 = 2010$$

$$+)\quad \underline{-2400\ -2400}$$

$$-30x \qquad = -390$$

$$30x = 390$$

$$\frac{1}{30} \times 30x = \frac{1}{30} \times 390$$

$$x = 13$$

80円のお菓子は $30 - x = 30 - 13 = 17$

50円のお菓子：13（個）…(答)

80円のお菓子：17（個）…(答)

10章

140 次の問いに答えなさい。

(1) 鉛筆9本と150円のノートを買い，1000円払ったら，おつりは220円だった。このとき鉛筆1本の値段を求めなさい。

(2) 2000円で1個200円のケーキをいくつかと，1個250円のケーキを3つ買うと，おつりは450円だった。200円のケーキをいくつ買ったか。

141 次の問いに答えなさい。

(1) 1個60円のみかんと，1個130円のりんごを合わせて17個買ったところ，代金は1440円であった。買ったみかんの個数はいくらか。

(2) 1冊120円のノートと1冊150円のノートを合わせて9冊買い，さらに100円の消しゴムを1つ買うと全部で1240円だった。120円のノートと150円のノートをそれぞれ何冊買ったか。

例題 6　兄は900円, 弟は700円持っていて, それぞれ同じ博物館のチケットを1枚買うと, 兄の残金は弟の残金の2倍になった。博物館のチケットの値段はいくらか。

チケット1枚の値段を x 円とすると,

兄の残金：$900 - x$〔円〕　　　弟の残金：$700 - x$〔円〕

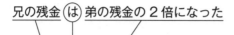

$$900 - x = 2(700 - x)$$
$$900 - x = 1400 - 2x$$
$$\underline{+)\quad -900 + 2x \quad -900 + 2x\quad\quad}$$
$$x = 500 \ (円) \ \cdots(答)$$

例題 7　鉛筆を10本と色鉛筆を5本買ったときの代金の合計は1300円だった。1本の値段は, 色鉛筆の方が鉛筆より20円高いという。鉛筆1本の値段と色鉛筆1本の値段をそれぞれ求めなさい。

鉛筆1本の値段を x 円とすると, 色鉛筆1本は $x + 20$ 円

<u>鉛筆10本の代金</u>　+　<u>色鉛筆を5本の代金</u>　= 1300 円

$$10x \ + \ 5(x + 20) = 1300$$
$$10x \ + \ 5x + 100 = 1300$$
$$15x + 100 \ = \ 1300$$
$$\underline{+)\quad\quad -100 \quad\quad -100\quad\quad}$$
$$15x \ = \ 1200$$
$$\frac{1}{15} \times 15x = \frac{1}{15} \times 1200$$
$$x = 80$$

色鉛筆1本の値段は $x + 20 = 80 + 20 = 100$

鉛筆1本：80円 …(答)

色鉛筆1本：100円 …(答)

142 次の問いに答えなさい。

(1) 姉は600円，妹は500円持っていて，それぞれ同じ雑誌を買うと，姉の残金は妹の残金の3倍になった。この雑誌の値段はいくらか。

(2) 鉛筆5本と110円のノート1冊の代金は，鉛筆2本と80円の消しゴム1個の値段の2倍になった。この鉛筆1本の値段はいくらか。

143 次の問いに答えなさい。

(1) 鉛筆を8本とボールペンを3本買ったときの代金の合計は750円だった。1本の値段は，ボールペンの方が鉛筆より30円高いという。鉛筆1本の値段とボールペン1本の値段をそれぞれ求めなさい。

(2) ある美術館の大人の入場券2枚と子供の入場券3枚を買うと，合計で2300円だった。子供の入場券は大人の入場券よりも300円安いという。大人と子供のそれぞれの入場券はいくらか。

10章

例題 8　鉛筆を何人かの子供に分けるのに，1 人に 6 本ずつ分けると 5 本足りず，1 人に 4 本ずつ分けると 13 本余るという。このとき次の問いに答えなさい。

(1) 子供の人数は何人か。　　　　(2) 鉛筆は何本あったか。

(1) 子供の人数を x〔人〕とする。

・1 人に 6 本ずつ分けた場合（5 本足りない）

実際に配ってみると…

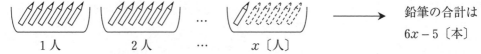

鉛筆の合計は
$6x - 5$〔本〕

・1 人に 4 本ずつ分けた場合（13 本余る）

実際に配ってみると…

鉛筆の合計は
$4x + 13$〔本〕

どちらの場合も鉛筆の本数は変わらないので

$6x - 5 = 4x + 13$　これを解くと，$x = 9$　よって，子供の数は 9 人 …(答)

(2) 鉛筆の本数は，$6x - 5$ または $4x + 13$ となっている。

(1)より $x = 9$ を代入すると，$6x - 5 = 6 \times 9 - 5 = 49$　　$4x + 13 = 4 \times 9 + 13 = 49$

いずれの場合でも 49 本となる。よって，鉛筆の数は 49 本 …(答)

例題 9　体育館に長いすがある。生徒全員を座らせるのに，長いす 1 脚に 4 人ずつ座ると 8 人が座れず，1 脚に 6 人ずつ座ると最後のいすは 4 人かけただけで，長いすがちょうど 4 脚余った。長いすの数と生徒の数はそれぞれいくらか。

重要　分配の問題では分配されるものの数を x とおいた方が簡単！

長いすの数を x〔脚〕とする。実際に座ってもらうと…

・1 脚に 4 人ずつ座る場合（8 人が座れない）

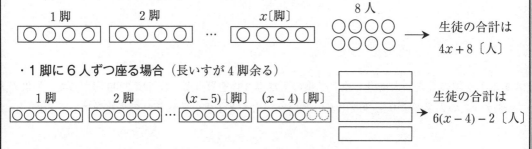

生徒の合計は
$4x + 8$〔人〕

・1 脚に 6 人ずつ座る場合（長いすが 4 脚余る）

生徒の合計は
$6(x - 4) - 2$〔人〕

どちらの場合も生徒の人数は変わらないので，$4x + 8 = 6(x - 4) - 2$

これを解くと $x = 17$　よって，長いすの数は 17 脚 …(答)

$x = 17$ をいすの数の $4x + 8$ と $6(x - 4) - 2$ にそれぞれ代入すると，

$4x + 8 = 4 \times 17 + 8 = 76$　　$6(x - 4) - 2 = 6(17 - 4) - 2 = 6 \times 13 - 2 = 76$

よって，生徒の人数は 76 人 …(答)

144 何冊かのノートを生徒に配るのに，1人3冊ずつ配ると22冊余り，1人4冊ずつ配ると6冊不足する。生徒の人数とノートの冊数を求めなさい。

145 体育館に長いすがある。1脚に4人ずつかけると，6人の生徒がかけられなかった。そこで5人ずつかけたら，長いすがちょうど3脚が余った。長いすの数と生徒の人数を求めなさい。

●速さの公式（復習）

次の公式はすぐに書けるようにしておこう。

$$距離＝速さ×時間 \quad 速さ＝距離÷時間＝\frac{距離}{時間} \quad 時間＝距離÷速さ＝\frac{距離}{速さ}$$

●単位の変換（復習）

$$1時間＝60分 \quad 1分＝\frac{1}{60}時間 \quad 1km＝1000m \quad 1m＝\frac{1}{1000}km$$

例　$2時間＝120分 \quad 30分＝\frac{30}{60}時間＝\frac{1}{2}時間 \quad a時間＝60a〔分〕 \quad b〔分〕＝\frac{b}{60}〔時間〕$

$0.5km＝500m \quad 700m＝\frac{700}{1000}km＝\frac{7}{10}km \quad x〔km〕＝1000x〔m〕 \quad y〔m〕＝\frac{y}{1000}〔km〕$

例題10　次の問いに答えなさい。

(1) 時速50kmでx〔km〕進むには何時間必要か。

$$時間＝\frac{距離}{速さ}＝\frac{x}{50}〔時間〕 \quad \cdots（答）$$

(2) 分速60mでa〔分〕歩くと何m進むか。

$$距離＝速さ×時間$$
$$＝60×a＝60a〔m〕 \cdots（答）$$

(3) 家から学校までx〔m〕の距離を往復するのに，行きは分速120mで走り，帰りは分速60mで歩いた。行きと帰りにかかる時間をそれぞれ求めなさい。

$$行きの時間＝\frac{距離}{速さ}＝\frac{x}{120}〔分〕 \quad \cdots（答）$$

分速120m ⟶

x〔km〕

家　　　　　　　学校

$$帰りの時間＝\frac{距離}{速さ}＝\frac{x}{60}〔分〕 \quad \cdots（答）$$

⟵ 分速60m

(4) 家から学校まで歩くのに，兄はx分かかったが，弟は分速50mで歩いて兄よりも5分多くかかった。家から学校までの距離は何mか。

兄のかかった時間：x〔分〕　　弟のかかった時間：$x＋5$〔分〕

弟が歩いた距離＝速さ×時間

$$＝50×（x＋5）$$
$$＝50(x＋5)〔m〕 \cdots（答）$$

146 次の問いに答えなさい。

(1) 速さの公式を書きなさい。ただし÷は使わないこと。

速さ =　　　　　　　　　　時間 =　　　　　　　　　　距離 =

(2) 次の数量を（　　）内の単位に変換しなさい。

① 5 時間 =　　　　　　（分）　② 40 分 =　　　　　　（時間）　③ h〔時間〕=　　　　　　（分）

④ m〔分〕=　　　　　　（時間）　⑤ 0.25 km =　　　　　　（m）　⑥ 50 m =　　　　　　（km）

⑦ a〔km〕=　　　　　　（m）　⑧ b〔m〕=　　　　　　（km）

147 次の問いに答えなさい。

(1) 時速 80 km で x〔時間〕進んだときの進む
距離を求めなさい。

(2) 時速 80 km で x〔分〕進んだときの進む距離
を求めなさい。

(3) 分速 90 m で x〔m〕進むには何分かかるか。

(4) 分速 90 m で x〔km〕進むには何分かかる
か。

(5) 家から S 駅までの 10 km の道のりを，家から x〔km〕離れた A 地点までは時速 40 km で進み，
残りは時速 50 km で進んだ。家から A 地点までと A 地点から S 駅までにかかる時間をそれぞれ
求めなさい。

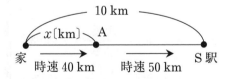

家から A 地点（　　　　　　　　　　）　A 地点から S 駅（　　　　　　　　　　）

(6) 家から学校まで歩くのに，弟は x〔分〕かかったが，兄は分速 65 m で歩いて弟よりも 7 分早く
着いた。家から学校までの距離は何 m か。

例題 **11**　妹は 1200 m 離れた学校に向かって家を出発した。妹が出発して 4 分後に姉が家を出発して妹を追いかけた。妹の歩く速さは毎分 50 m，姉の歩く速さは毎分 70 mである。このとき，姉は妹に追いつくことができるか。追いつける場合は家から何 m 離れた地点で追いつくか答えなさい。

!Point　姉が家を出発して x〔分〕後に追いついたと仮定する。

・姉が x〔分〕歩くと，妹は姉よりも 4 分前に出発しているので $x+4$〔分〕歩いたことになる。

・姉が妹に追いついた地点までの 2 人の歩いた距離は等しい。

　　姉…分速 70 m で x〔分〕歩くと，進む距離＝速さ×時間＝$70x$〔m〕

　　妹…分速 50 m で $x+4$〔分〕歩くと，進む距離＝速さ×時間＝$50(x+4)$〔m〕

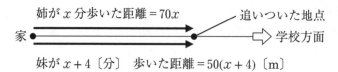

2 人が歩いた，家から追いついた地点までの距離は等しいので，

$70x = 50(x+4)$　これを解くと $x = 10$ 分後　　このとき，

　　姉が歩いた距離 $= 70x = 70 \times 10 = 700$ m < 1200 m

　　妹が歩いた距離 $= 50(x+4) = 50(10+4) = 50 \times 14 = 700$ m < 1200 m

700 m は家から学校までの距離 1200 m より短いので，

家から 700 m の地点で姉は妹に追いつくことができる …(答)

例題 **12**　ある山のふもとの A 地点から頂上の B 地点までを往復した。行きは時速 3 km で登り，帰りは時速 5 km で下ったところ，登りにかかった時間は下りにかかった時間よりも 40 分多くかかった。A，B 間の距離を求めなさい。

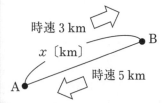

AB 間の距離を x〔km〕とすると，

時速 3 km で x〔km〕進むと，かかる時間 $= \dfrac{距離}{速さ} = \dfrac{x}{3}$〔時間〕

時速 5 km で x〔km〕進むと，かかる時間 $= \dfrac{距離}{速さ} = \dfrac{x}{5}$〔時間〕

40 分 $= \dfrac{40}{60} = \dfrac{2}{3}$ (時間)

【行きにかかった時間】－【帰りにかかった時間】$= \dfrac{2}{3}$ 時間　より，

$\dfrac{x}{3} - \dfrac{x}{5} = \dfrac{2}{3}$　両辺を 15 倍して，

$15\left(\dfrac{x}{3} - \dfrac{x}{5}\right) = 15 \times \dfrac{2}{3}$

$15 \times \dfrac{x}{3} - 15 \times \dfrac{x}{5} = 10$

$5x - 3x = 10$

$2x = 10$

$x = 5$ (km) …(答)

148 弟が 1 km 離れた駅に向かって家を出発した。それから 6 分後に兄が自転車で同じ道を追いかけた。弟の歩く速さは分速 70 m，兄の自転車の速さは分速 210 m とすると，兄は弟が駅に着くまでに追いつけるか。追いつける場合は家から何 m 離れた地点で追いつくか答えなさい。

149 ある山のふもとの A 地点から頂上の B 地点までを往復した。行きは分速 40 m で登り，帰りは分速 80 m で下ると，行きと帰りでかかる時間は 1 時間 10 分違っていた。AB 間の距離は何 m か。

★ 章 末 問 題 ★

150 ある数から2を引いて5倍した数は，もとの数の3倍から2を引いた数に等しくなる。ある数を求めなさい。

151 1個50円のお菓子と1個80円のお菓子を合わせて20個買ったら，合計1240円になった。50円のお菓子と，80円のお菓子をそれぞれ何個買ったか。

152 兄は1000円，弟は800円持っていて，それぞれ同じ動物園のチケットを1枚買うと，兄の残金は弟の残金の3倍になった。動物園のチケットの値段はいくらか。

10章

153 ボールペンを3本と，修正テープを1つ買い，500円玉を出すと，おつりは230円だった。修正テープの値段はボールペン1本の値段より110円高いという。ボールペンと修正テープの値段をそれぞれ求めなさい。

154 鉛筆を何人かの子供に分けるのに，1人に3本ずつ分けると7本余り，1人に4本ずつ分けると5本足りないという。子供の人数と鉛筆の本数を求めなさい。

155 家から学校までの道のりを自転車で往復するのに，行きは時速15km，帰りは時速10kmで走り，合計で20分かかった。家から学校までの道のりを求めなさい。

156 妹は1000m離れた学校に向かって家を出発した。妹が出発して3分後に姉が家を出発して妹を追いかけた。妹の歩く速さは毎分50m，姉の歩く速さは毎分60mである。このとき姉は妹に追いつくことができるか。追いつける場合は家から何m離れた地点で追いつくか答えなさい。

10章

11章 ‖‖‖ 比例・反比例Ⅰ

●変数と定数

いろいろな値をとる文字を**変数**といい，決まった数のことを**定数**という。

また，変数のとる値の範囲を**変域**という。

●関数

$y = -3x$ や $y = \dfrac{2}{x}$ のように2つの変数 x，y に関係があって，x の値を決めると，それに応じて y の値が1つに決まるとき，y は x の**関数**であるという。

●不等号の意味（復習）

$1 \leqq x \leqq 5$ …x は1以上5以下の数を表す。（1と5は含む）

$1 < x < 5$ …x は1より大きく5より小さい数を表す。（1と5は含まない）

$x \geqq 3$ … x は3以上の数を表す。$3 \leqq x$ と書いても同じ。（3は含む）

$x > 3$ … x は3より大きい数を表す。$3 < x$ と書いても同じ。（3は含まない）

$y \leqq 0$ … y は0以下の数を表す。$0 \geqq y$ と書いても同じ。（0は含む）

$y < 0$ … y は0より小さい数を表す。$0 > y$ と書いても同じ。（0は含まない）

!注意 「…以上」「…以下」はイコールを含む。「より…」「…未満」はイコールを含まない。

例題 1　変数 x が次の範囲をとるとき，x の変域を式で表しなさい。

(1) −1 以上 2 未満

$\qquad -1 \leqq x < 2$ …(答)

(2) −5 より大きく 0 以下

$\qquad -5 < x \leqq 0$ …(答)

●等式変形

例題 2　次の等式を a について解きなさい。

(1) $a + b = 3$

両辺に $-b$ を加えると

$$a + b = 3$$
$$+) \quad \underline{-b \ -b}$$
$$a = 3 - b \text{ …(答)}$$

(2) $ab = 3$

両辺に $\dfrac{1}{b}$ を掛けると

$$\dfrac{1}{b} \times ab = \dfrac{1}{b} \times 3$$
$$a = \dfrac{3}{b} \text{ …(答)}$$

(3) $\dfrac{a}{b} = 3$

両辺に b を掛けると

$$b \times \dfrac{a}{b} = b \times 3$$
$$a = 3b \text{ …(答)}$$

11章

157 次の問いに答えなさい。

(1) 次の空欄に入る言葉を答えなさい。

いろいろな値をとる文字を①(　　　　　　)といい，決まった数のことを②(　　　　　　)
という。変数のとる値の範囲を③(　　　　　　)という。

変数 x，y に関係があって，x の値を決めると，それに応じて y の値が1つに決まるとき，
y は x の④(　　　　　　)であるという。

下のア〜ウの記述のうち，y が x の(④)でないものは⑤(　　　)である。

　　ア．1辺の長さが x〔cm〕の正方形の面積が y〔cm²〕であるとき

　　イ．1000円を出して1個 x〔円〕の商品を5個買ったときのおつりが y〔円〕であるとき

　　ウ．身長が x〔cm〕の人の体重が y〔kg〕であるとき

(2) 変数 x が次の範囲をとるとき，x の変域を式で表しなさい。

　　① −3 以上 6 以下　　　　　　　　　　② −7 より大きく−2 より小さい

　　③ 10 以上 20 未満　　　　　　　　　　④ 30 以下

158 次の x はどのような値の範囲をとるか答えなさい。

(1) $0 < x \leqq 100$　　　　　　　　　(2) $150 \leqq x < 170$

(3) $x \geqq 20$　　　　　　　　　　　(4) $15 < x$

159 次の等式を y について解きなさい。

(1) $y - x = 3$　　　　　(2) $\dfrac{y}{x} = -5$　　　　　(3) $xy = 10$

(4) $x + y = -6$　　　　(5) $2y = 3x$　　　　(6) $\dfrac{y}{2} = -x$

11章

●座標と比例のグラフ

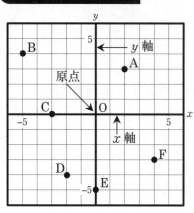

左の図は横軸の数直線（x軸）と縦軸の数直線（y軸）で表されている。両軸を合わせて**座標軸**という。

座標とは左図にある点の位置を表す。

座標の表し方・・・（ **x座標** , **y座標** ）

A（2 , 3）… 原点から右へ2，上へ3移動した点

B（–5 , 4）… 原点から左へ5，上へ4移動した点

C（–3 , 0）… 原点から左へ3移動した点

D（–2 , –4）… 原点から左へ2，下へ4移動した点

E（0 , –5）… 原点から下へ5移動した点

F（4 , –3）… 原点から右へ4，下へ3移動した点

重要　　比例の式の形：$y = ax$　※このときの a を**比例定数**という

例題 3　　関数 $y = 2x$ について次の問いに答えなさい。

(1) 比例定数はいくらか。　比例定数：2 …(答)

(2) 下の表を埋めて，この関数のグラフをかきなさい。

x	–3	–2	–1	0	1	2	3
y							

x に–3を代入…$y = 2 \times (-3) = -6$　　　　　x に1を代入…$y = 2 \times 1 = 2$

x に–2を代入…$y = 2 \times (-2) = -4$　　　　　x に2を代入…$y = 2 \times 2 = 4$

x に–1を代入…$y = 2 \times (-1) = -2$　　　　　x に3を代入…$y = 2 \times 3 = 6$

x に0を代入…$y = 2 \times 0 = 0$　　　　　　　　よって，以下のようになる。

x	–3	–2	–1	0	1	2	3
y	–6	–4	–2	0	2	4	6

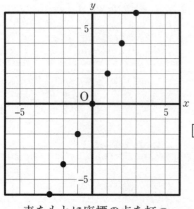

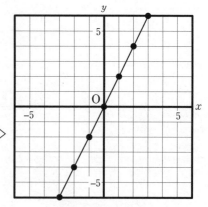

表をもとに座標の点を打つ　　　　　　　　　　　点を結べば完成

※比例のグラフは必ず原点を通る直線になることを覚えておこう。

160 次の問いに答えなさい。

(1) A〜F及び原点の座標を答えなさい。

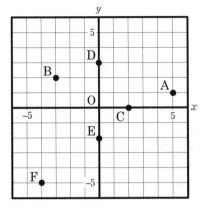

(2) A〜Fの座標をかき入れなさい。

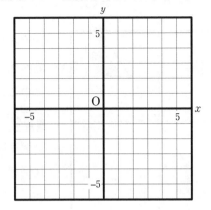

A（　　，　　） B（　　，　　）

C（　　，　　） D（　　，　　）

E（　　，　　） F（　　，　　）

原点（　　，　　）

A（ –1 , 3 ）　　　B（ 3 , 5 ）

C（ –3 , –3 ）　　D（ 0 , –4 ）

E（ –4 , 0 ）　　　F（ 2 , –3 ）

161 関数 $y = -2\cdots①$，$y = \dfrac{1}{2}x\cdots②$ について，次の問いに答えなさい。

(1) 比例定数はそれぞれいくらか。①（　　　　　）　②（　　　　　）

(2) 下の表を埋めて，この関数のグラフをかきなさい。

$y = -2x\cdots①$

x	–3	–2	–1	0	1	2	3
y							

$y = \dfrac{1}{2}x\cdots②$

x	–6	–4	–2	0	2	4	6
y							

①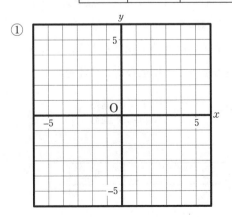

②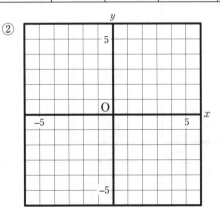

11章

●グラフを素早くかくコツ

関数 $y = \frac{3}{2}x$ のグラフをかくために，まずは表を作ってみる。

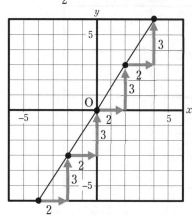

比例定数が $\frac{3}{2}$ のとき，グラフは原点を通り

右へ2，上へ3進んだ点を通っている。

このことを利用して簡単にグラフをかくことができる。

重要

比例定数の分母…左右へ進む数（＋→右，－→左）

比例定数の分子…上下へ進む数（＋→上，－→下）

　　　　　　　　　　　　を表している。

例題 4   次の関数のグラフをかきなさい。

(1) $y = 3x$ (2) $y = -0.5x$

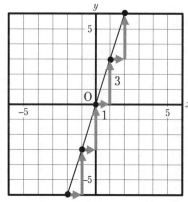

(1) 比例定数が $3 = \frac{3}{1}$ なので，グラフは原点から

右へ1，上へ3進んだ点を打って，これらの点を結ぶ。

※分母がないときは分母を1にして考える。

比例定数：$\dfrac{3}{1}$　…上に3進む
　　　　　　…右に1進む

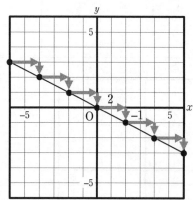

(2) 比例定数が $-0.5 = -\dfrac{1}{2} = \dfrac{-1}{2}$ なので，グラフ

は原点から右へ2，下へ1進んだ点を打って，

これらの点を結ぶ。

※－（マイナス）は分子につけるようにしよう。

※分子が負のときは下に進むことに注意。

比例定数：$\dfrac{-1}{2}$　…下に1進む
　　　　　　…右に2進む

x	−6	−4	−2	0	2	4	6
y	−9	−6	−3	0	3	6	9

11章

162 次の（　　）に入る適切な数を入れて，関数のグラフをかきなさい。ただし分母にある（　　）は
できるだけ小さい自然数を入れること。

(1) $y = -3x$

比例定数は（　　　　）$= \dfrac{(\qquad)}{(\qquad)}$

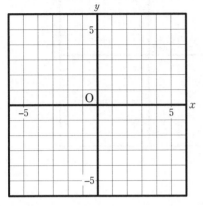

(2) $y = \dfrac{1}{3}x$

比例定数は $\dfrac{(\qquad)}{(\qquad)}$

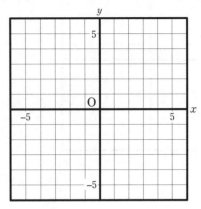

(3) $y = x$

比例定数は（　　　　）$= \dfrac{(\qquad)}{(\qquad)}$

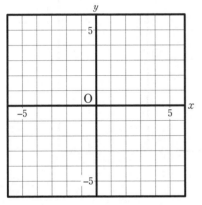

(4) $y = -x$

比例定数は（　　　　）$= \dfrac{(\qquad)}{(\qquad)}$

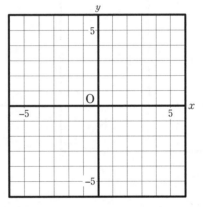

(5) $y = \dfrac{2}{3}x$

比例定数は $\dfrac{(\qquad)}{(\qquad)}$

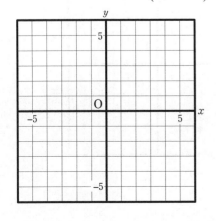

(6) $y = -1.5x$

比例定数は（　　　　）$= \dfrac{(\qquad)}{(\qquad)}$

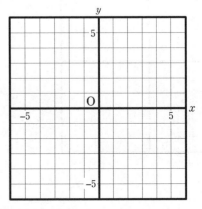

163 次の関数のグラフをかきなさい。

(1) $y = \dfrac{3}{4}x$

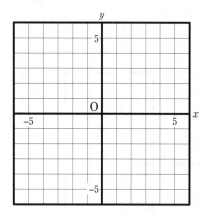

(2) $y = 4x$

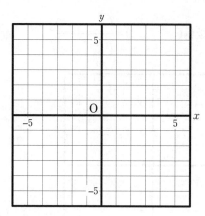

(3) $y = -\dfrac{4}{3}x$

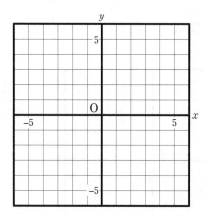

(4) $y = -2x$

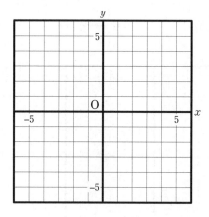

(5) $y = 0.4x$

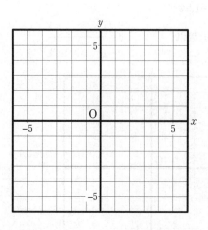

(6) $y = -\dfrac{5}{2}x$

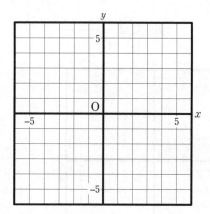

164 次のグラフの式を求めなさい。

(1)

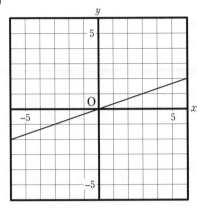

〔　　　　　　　　　〕

(2)

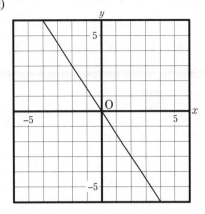

〔　　　　　　　　　〕

(3)

〔　　　　　　　　　〕

(4)

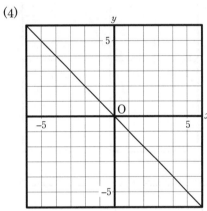

〔　　　　　　　　　〕

(5)

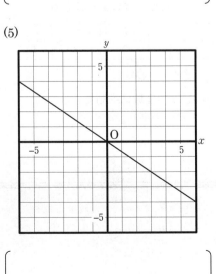

〔　　　　　　　　　〕

(6)

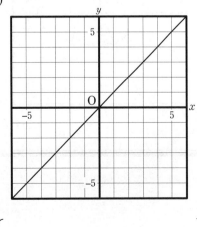

〔　　　　　　　　　〕

11
章

●変域

$1 \leqq x \leqq 5$ … x は **1以上5以下**の数を表す。

$x \geqq 3$ … x は **3以上**の数を表す。$3 \leqq x$ と書いても同じ。

$y \leqq 0$ … y は **0以下**の数を表す。$0 \geqq y$ と書いても同じ。

例題 5　関数 $y = 2x$ について，x の変域が $-1 \leqq x \leqq 2$ のとき，次の問いに答えなさい。

(1) 下の表を埋めなさい。

x	-1	0	1	2
y				

⇒

x	-1	0	1	2
y	-2	0	2	4

(2) この関数のグラフをかきなさい。

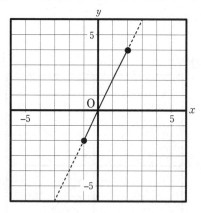

x の変域が -1 以上 2 以下なので
左のようなグラフになる。

※点線部分はグラフが存在しないことを示す。
　点線部分はかいてもかかなくてもよい。

(3) この関数の y の変域を求めなさい。

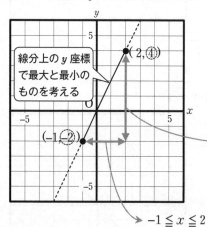

線分上の y 座標で最大と最小のものを考える

$(2, ④)$

$(-1, -2)$

$-1 \leqq x \leqq 2$

表やグラフからもわかるように，y の値は
最大で 4，最小で -1 までとることができる。
よって，y の変域は次のようになる。

x	-1	0	1	2
y	-2	0	2	$④$

$-2 \leqq y \leqq 4$ …(答)

※表からも y の変域は推測できる。

165 x の変域が(　　)内で与えられているとき，以下の表を埋めて，次の関数のグラフをかきなさい。また y の変域を求めなさい。

(1) $y = -2x$ 　$(-2 \leqq x \leqq 1)$

x	-2	-1	0	1
y				

(2) $y = \dfrac{1}{2}x$ 　$(-4 \leqq x \leqq 2)$

x	-4	-2	0	2
y				

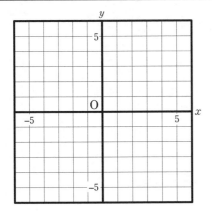

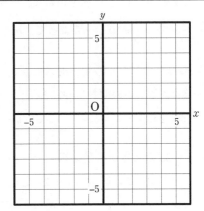

y の変域 $\left[\right]$　　　　　　y の変域 $\left[\right]$

166 x の変域が(　　　)内で与えられているとき，次のグラフをかきなさい。また y の変域を求めなさい。

(1) $y = x$ $(-5 \leqq x \leqq -1)$ 　　　(2) $y = -\dfrac{3}{5}x$ $(-5 \leqq x \leqq 0)$ 　　　(3) $y = \dfrac{1}{2}x$ $(x \geqq 2)$

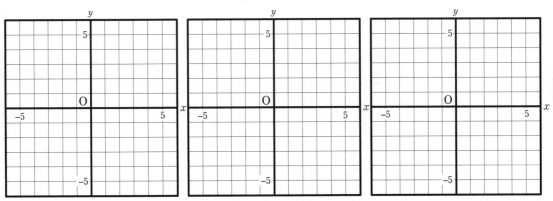

y の変域　　　　　　　　　　　y の変域　　　　　　　　　　　y の変域

$\left[\right]$ 　　　$\left[\right]$ 　　　$\left[\right]$

11章

例題 6 　関数 $y = ax$ は $x = 5$ のとき，$y = 10$ となる。このとき次の問いに答えなさい。

(1) a の値を求めなさい。

$\quad y = ax$ に $x = 5$，$y = 10$ を代入すると，

$\quad 10 = a \times 5$ となる。左辺と右辺を逆にすると，

$\quad 5a = 10$ 　両辺に $\dfrac{1}{5}$ を掛けて，

$\quad \dfrac{1}{5} \times 5a = \dfrac{1}{5} \times 10$ 　　　よって，$a = 2$ …(答)

(2) $x = -2$ のとき y の値を求めなさい。

$\quad$ (1)より，この関数は $y = 2x$ となるので，x に-2 を代入して，

$\quad y = 2 \times (-2) = -4$ 　　よって，$y = -4$ …(答)

(3) $y = 30$ のとき x の値を求めなさい。

$\quad$ (1)より，この関数は $y = 2x$ となるので，y に 30 を代入して，

$\quad 30 = 2x$ 　左辺と右辺を逆にすると，

$\quad 2x = 30$ 　両辺に $\dfrac{1}{2}$ を掛けて，

$\quad \dfrac{1}{2} \times 2x = \dfrac{1}{2} \times 30$ 　　　よって，$x = 15$ …(答)

例題 7 　y は x に比例し，$x = -6$ のとき $y = 18$ となる。このとき次の問いに答えなさい。

(1) x , y の関係式を表しなさい。

$\quad$ **y は x に比例するので，式の形は $y = ax$ となる。**

$\quad x = -6$，$y = 18$ を代入すると，

$\quad 18 = a \times (-6)$ となる。a について解くと，$a = -3$ 　よって，$y = -3x$ …(答)

(2) $x = \dfrac{1}{6}$ のとき y の値を求めなさい。

$\quad$ (1)よりこの関数は $y = -3x$ となるので，x に $\dfrac{1}{6}$ を代入して，

$\quad y = -3 \times \dfrac{1}{6} = -\dfrac{1}{2}$ 　　　よって，$y = -\dfrac{1}{2}$ …(答)

(3) $y = -2$ のときの x の値を求めなさい。

$\quad$ (1)よりこの関数は $y = -3x$ となるので，y に-2 を代入して，

$\quad -2 = -3x$ 　両辺に-1 を掛けて，左辺と右辺を逆にすると，

$\quad 3x = 2$ 両辺に $\dfrac{1}{3}$ を掛けて，

$\quad \dfrac{1}{3} \times 3x = \dfrac{1}{3} \times 2$ 　　　よって，$x = \dfrac{2}{3}$ …(答)

11章

167 関数 $y = ax$ は $x = -6$ のとき，$y = 18$ となる。このとき次の問いに答えなさい。

(1) a の値を求めなさい。

(2) $x = -5$ のとき y の値を求めなさい。

(3) $y = 21$ のとき x の値を求めなさい。

168 y は x に比例し，$x = -15$ のとき，$y = 5$ となる。このとき次の問いに答えなさい。

(1) x, y の関係式を表しなさい。

(2) $x = 24$ のとき y の値を求めなさい。

(3) $y = -10$ のときの x の値を求めなさい。

169 y は x に比例し，$x = 6$ のとき，$y = 8$ となる。$x = -9$ のとき y の値を求めなさい。

170 次の問いに答えなさい。

(1) 次の空欄に当てはまる言葉や数値を答えなさい。

　x 軸と y 軸が交わる点を①(　　　　　　)といい，

　その座標は②(　　，　　)となる。

(2) A～F の座標を答えなさい。

　A (　　，　　) B (　　，　　)

　C (　　，　　) D (　　，　　)

　E (　　，　　) F (　　，　　)

(3) 次の空欄に入る言葉を答えなさい。

　$y = -5x$ のように，y が x の式で表されているとき，y は x の①(　　　　　　)であるという。

　この式の中の x や y のように，いろいろな値をとる文字を②(　　　　)といい，

　決まった数のことを定数という。この式の -5 は特に③(　　　　)定数という。

　(①)のとる値の範囲を④(　　　　　)という。

★ 章 末 問 題 ★

171 次の関数のグラフをかきなさい。

(1) $y = 3x$

(2) $y = -\dfrac{1}{3}x$

(3) $y = \dfrac{3}{4}x$

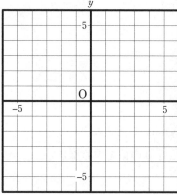

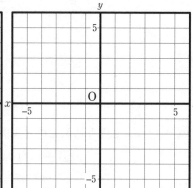

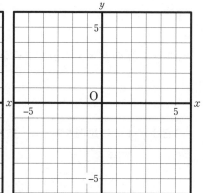

172 次のグラフの式を求めなさい。

① (　　　　　　　　　　)

② (　　　　　　　　　　)

③ (　　　　　　　　　　)

173 次の問いに答えなさい。

(1) 変数 x が次の範囲をとるとき，x の変域を式で表しなさい。

　① −8 より大きく 7 以下　　　② −6 以上 0 より小さい　　　③ 9 未満

(2) 次のア〜オのうち y が x の関数になっているものをすべて選びなさい。

　ア．時速 6 km で x〔km〕の距離を歩いたときにかかる時間を y〔時間〕とするとき

　イ．年齢差が x〔歳〕である二人の年齢の和を y〔歳〕とするとき

　ウ．直径が x〔cm〕の円の周の長さを y〔cm〕とするとき

　エ．長方形の周の長さを x〔cm〕，面積を y〔cm²〕とするとき

　オ．平均点が 56 点であった 20 人のテストの最高点を x〔点〕，最低点を y〔点〕とするとき

（　　　　　　　　　　）

174 $y = x \cdots$① , $y = -\dfrac{2}{3}x \cdots$② , $y = -3x \cdots$③ について次の問いに答えなさい。

(1) 比例定数はそれぞれいくらか。① (　　　　　) ② (　　　　) ③ (　　　　)

(2) ①〜③の x の変域が次の(　　)内で与えられているとき，それぞれのグラフをかきなさい。
　またそれぞれの y の変域も求めなさい。

① $-2 \leqq x \leqq 3$　　　　② $0 \leqq x \leqq 3$　　　　③ $x \leqq 0$

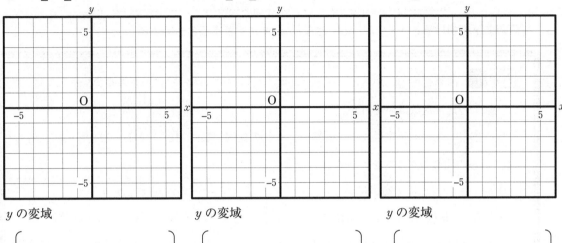

y の変域　　　　　　　　　y の変域　　　　　　　　　y の変域

[　　　　　　　　　] [　　　　　　　　　] [　　　　　　　　　]

175 y は x に比例し，$x = 5$ のとき，$y = -4$ となるとき，次の問いに答えなさい。

(1) y を x の式で表しなさい。　　　　(2) $y = 8$ のときの x の値を求めなさい。

176 次の等式を y について解きなさい。

(1) $xy = 5$　　　　　　(2) $y + x = 5$　　　　　(3) $\dfrac{y}{x} = 5$

11章

12章 ‖ 比例・反比例Ⅱ

●反比例のグラフ

重要 反比例の式の形：$y = \dfrac{a}{x}$　　※このときの a を比例定数という

※両辺に x を掛けると $x \times y = x \times \dfrac{a}{x}$ となり $xy = a$ と表すこともできる。

例題 1　関数 $y = \dfrac{18}{x}$ …① 　 $y = -\dfrac{12}{x}$ …② について次の問いに答えなさい。

(1) ①,②の比例定数はいくらか。

①の比例定数：18 …(答)　　　　②の比例定数：−12 …(答)

(2)これらの関数のグラフをかきなさい。

① $y = \dfrac{18}{x}$ の両辺に x を掛けると，　　　② $y = -\dfrac{12}{x}$ の両辺 x を掛けると，

$xy = 18$ …掛けて 18 になる座標は？　　　　$xy = -12$ …掛けて−12 になる座標は？

$1 \times 18 \rightarrow (1, 18)$　$-1 \times (-18) \rightarrow (-1, -18)$	$1 \times (-12) \rightarrow (1, -12)$　$-1 \times 12 \rightarrow (-1, 12)$
$2 \times 9 \rightarrow (2, 9)$　$-2 \times (-9) \rightarrow (-2, -9)$	$2 \times (-6) \rightarrow (2, -6)$　$-2 \times 6 \rightarrow (-2, 6)$
$3 \times 6 \rightarrow (3, 6)$　$-3 \times (-6) \rightarrow (-3, -6)$	$3 \times (-4) \rightarrow (3, -4)$　$-3 \times 4 \rightarrow (-3, 4)$
$6 \times 3 \rightarrow (6, 3)$　$-6 \times (-3) \rightarrow (-6, -3)$	$6 \times (-2) \rightarrow (6, -2)$　$-6 \times 2 \rightarrow (-6, 2)$
$9 \times 2 \rightarrow (9, 2)$　$-9 \times (-2) \rightarrow (-9, -2)$	$12 \times (-1) \rightarrow (12, -1)$　$-12 \times 1 \rightarrow (-12, 1)$
$1 \times 18 \rightarrow (1, 18)$　$-1 \times (-18) \rightarrow (-1, -18)$	

これらの座標に点を打って，なめらかな曲線で結べば完成。

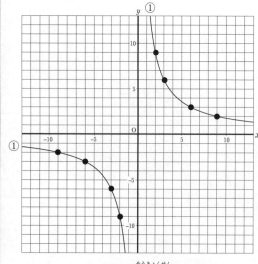 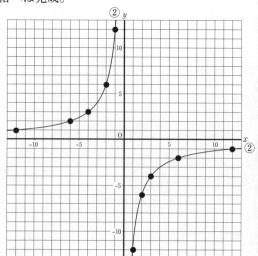

※上記のような曲線を**双曲線**という。

177 次の反比例の式の比例定数を答え，グラフをかきなさい。

(1) $y = \dfrac{20}{x}$

比例定数：(　　　　　)

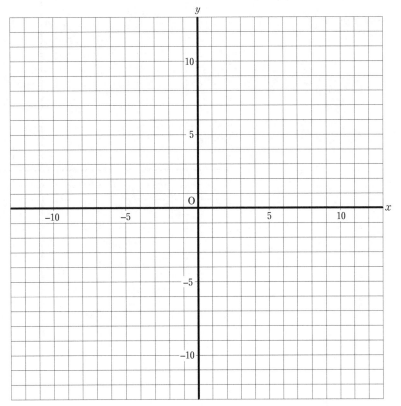

(2) $y = -\dfrac{16}{x}$

比例定数：(　　　　　)

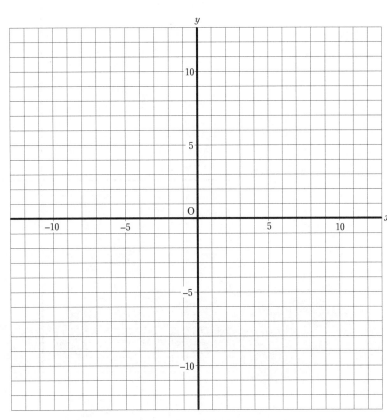

(3) $y = \dfrac{6}{x}$

比例定数：（　　　　　）

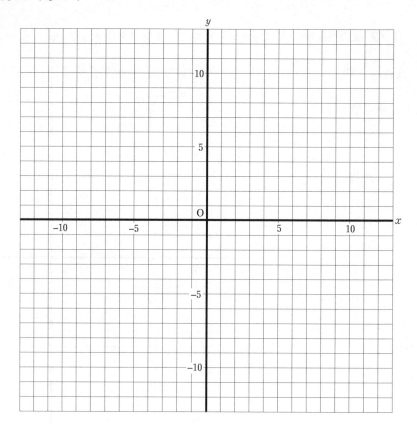

(4) $y = -\dfrac{10}{x}$

比例定数：（　　　　　）

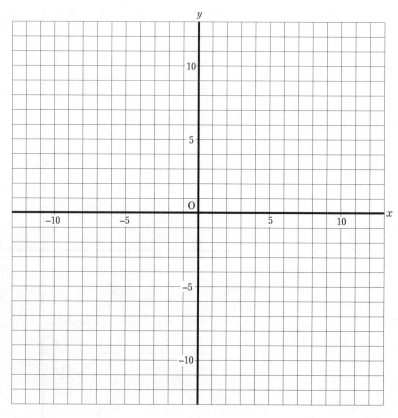

(5) $y = \dfrac{12}{x}$

比例定数：(　　　　　)

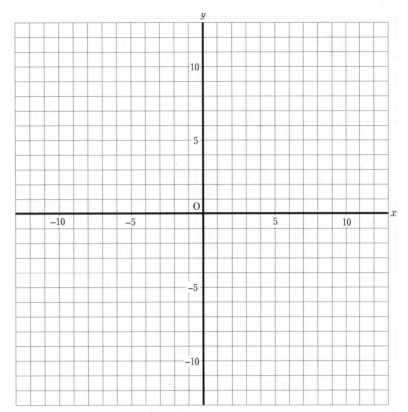

(6) $y = -\dfrac{36}{x}$

比例定数：(　　　　　)

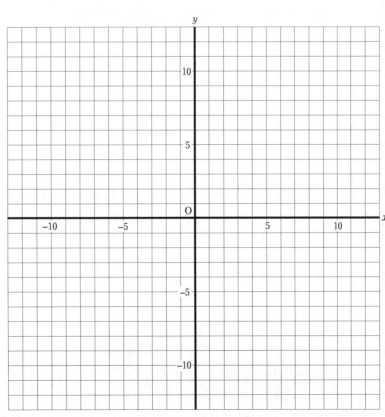

12章

例題 2　　次の問いに答えなさい。

(1) 次の反比例のグラフの式を求めなさい。

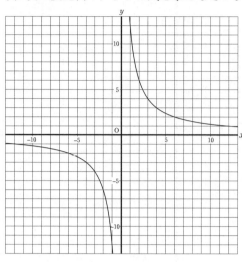

グラフが通っている座標をいくつか見つけると，$(2,6)(3,4)(4,3)(6,2)$などがある。

x	2	3	4	6
y	6	4	3	2

(x座標)×(y座標) = 12 となることに注目する

$2×6=12$
$3×4=12$
$4×3=12$
$6×2=12$

両辺に $×\dfrac{1}{x}$

$xy = 12 \longrightarrow \dfrac{1}{x}×xy = \dfrac{1}{x}×12$

$y = \dfrac{12}{x}$

反比例の式は

(x座標)×(y座標)＝(比例定数)

※答えは必ず $y =\cdots$ の形に直すこと

(2) (1)で求めた式をもとに以下の表を完成させなさい。

x	−4	−3	−2	−1	0	1	2	3	4
y					×				

$y = \dfrac{12}{x}$ に x の値を代入していくと，

$x = -4$ のとき，$y = \dfrac{12}{-4} = -3$　　　　$x = 1$ のとき，$y = \dfrac{12}{1} = 12$

$x = -3$ のとき，$y = \dfrac{12}{-3} = -4$　　　　$x = 2$ のとき，$y = \dfrac{12}{2} = 6$

$x = -2$ のとき，$y = \dfrac{12}{-2} = -6$　　　　$x = 3$ のとき，$y = \dfrac{12}{3} = 4$

$x = -1$ のとき，$y = \dfrac{12}{-1} = -12$　　　　$x = 4$ のとき，$y = \dfrac{12}{4} = 3$

よって，以下のようになる。

x	−4	−3	−2	−1	0	1	2	3	4
y	−3	−4	−6	−12	×	12	6	4	3

※ $x = 0$ のとき，y は無限に大きい，または無限に小さい値になるため求めることができない。

178 次の問いに答えなさい。

(1) 次の①,②の反比例の式を求めなさい。

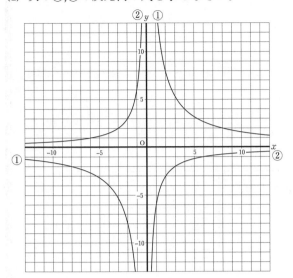

①〔　　　　　　　　〕

②〔　　　　　　　　〕

(2) (1)で求めた式をもとに以下の表を完成させなさい。

①

x	−4	−3	−2	−1	0	1	2	3	4
y					×				

②

x	−4	−3	−2	−1	0	1	2	3	4
y					×				

179 次の反比例のグラフについて次の問いに答えなさい。

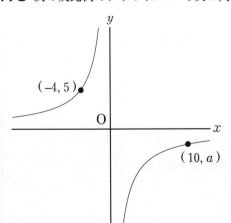

(1) このグラフの式を求めなさい。

(2) 図の a の値を求めなさい。

例題 3   関数 $y = \dfrac{16}{x}$ について，x の変域が $2 \leqq x \leqq 4$ のとき，次の問いに答えなさい。

(1) 下の表を埋めなさい。

x	2	3	4
y			

$x = 2$ のとき，$y = \dfrac{16}{2} = 8$

$x = 3$ のとき，$y = \dfrac{16}{3}$

$x = 4$ のとき，$y = \dfrac{16}{4} = 4$

x	2	3	4
y	8	$\dfrac{16}{3}$	4

※ $\dfrac{16}{3} = 5.333\cdots$

(2) この関数の y の変域を求めなさい。

(1)の表より $4 \leqq y \leqq 8$ …(答)

(3) この関数のグラフをかきなさい。

変域を考えてかくと以下のようになる。

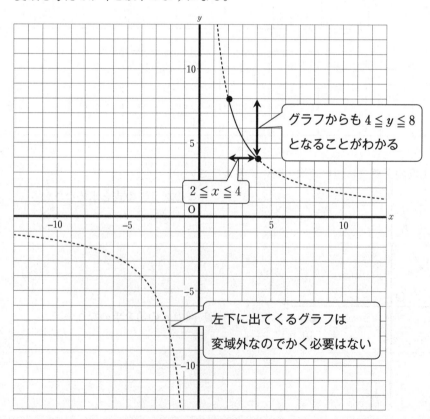

グラフからも $4 \leqq y \leqq 8$ となることがわかる

$2 \leqq x \leqq 4$

左下に出てくるグラフは変域外なのでかく必要はない

180 関数 $y = \dfrac{12}{x}$ について，x の変域が $-6 \leqq x \leqq -2$ のとき，次の問いに答えなさい。

(1) この関数についての下の表を埋めなさい。

x	-6	-5	-4	-3	-2
y					

(2) この関数の y の変域を求めなさい。

(3) この関数のグラフをかきなさい。

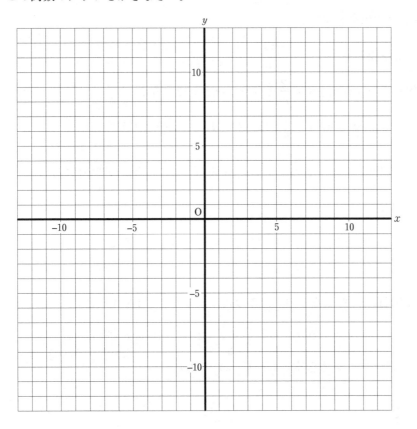

181 関数 $y = -\dfrac{24}{x}$ について，x の変域が $2 \leqq x \leqq 6$ のとき，y の変域を求めなさい。

12
章

例題 **4**　y が x に反比例し，比例定数は 12 である。このとき次の問いに答えなさい。

(1) y を x の式で表しなさい。

反比例の式は $y = \dfrac{a}{x}$ （a は比例定数）　　※または $xy = a$ とすることもできる。

よって，$y = \dfrac{12}{x}$ …(答)

(2) $x = 3$ のとき，y の値を求めなさい。

$y = \dfrac{12}{x}$ の x に 3 を代入して，$y = \dfrac{12}{3} = 4$　よって，$y = 4$ …(答)

(3) $y = -6$ のとき，x の値を求めなさい。

$y = \dfrac{12}{x}$ の y に -6 を代入すると，$-6 = \dfrac{12}{x}$

両辺に x を掛けて，$x \times (-6) = x \times \dfrac{12}{x}$ となり，$-6x = 12$ となる。

両辺に $-\dfrac{1}{6}$ を掛けて $-\dfrac{1}{6} \times (-6x) = -\dfrac{1}{6} \times 12$　よって，$x = -2$ …(答)

例題 **5**　y は x に反比例し，$x = 8$ のとき $y = 3$ である。このとき次の問いに答えなさい。

(1) 比例定数を求めなさい。

反比例の式は $xy = a$ となるので，この式に $x = 8$，$y = 3$ を代入して，

$8 \times 3 = a$　より $a = 24$　よって，24…(答)

!**別解**　反比例の式は $y = \dfrac{a}{x}$ となるので，この式に $x = 8$，$y = 3$ を代入して，

$3 = \dfrac{a}{8}$ となり，左辺と右辺を入れ換えると $\dfrac{a}{8} = 3$　さらに両辺に 8 を掛けて，

$8 \times \dfrac{a}{8} = 8 \times 3$ となり，$a = 24$ となる。よって，24 …(答)

(2) y を x の式で表しなさい。

(1)より比例定数は 24 となるので，$y = \dfrac{24}{x}$ …(答)

(3) $x = 10$ のとき，y の値を求めなさい。

$y = \dfrac{24}{x}$ の x に 10 を代入すると，

$y = \dfrac{24}{10} = \dfrac{12}{5}$　よって，$y = \dfrac{12}{5}$ …(答)

182 y が x に反比例し，比例定数は-36 である。このとき次の問いに答えなさい。

(1) y を x の式で表しなさい。　　　　　　(2) $x = -12$ のとき，y の値を求めなさい。

(3) $y = 2$ のとき，x の値を求めなさい。

183 y が x に反比例し，$x = -5$ のとき $y = 4$ である。このとき次の問いに答えなさい。

(1) 比例定数を求めなさい。　　　　　　(2) y を x の式で表しなさい。

(3) $x = -6$ のとき，y の値を求めなさい。

184 y が x に反比例し，$x = 9$ のとき $y = 2$ である。$x = -3$ のとき，y の値を求めなさい。

12
章

●比例の性質

比例の関数 $y = 5x$ を表にすると以下のようになる。

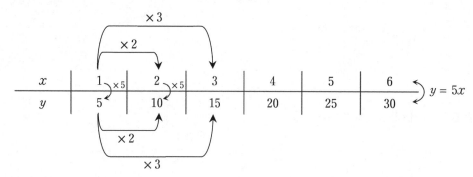

性質① x の値が2倍，3倍…となると y の値も2倍，3倍…となる。

性質② $\dfrac{y}{x} = \dfrac{5}{1} = \dfrac{10}{2} = \dfrac{15}{3} = \cdots \dfrac{30}{6} = 5$ となり，$\dfrac{y}{x}$ の値は一定(常に同じ)となっている。

※これは $y = 5x$ の両辺に $\dfrac{1}{x}$ を掛けると，$\dfrac{1}{x} \times y = \dfrac{1}{x} \times 5x$　つまり $\dfrac{y}{x}$
$= 5$ となることからもわかる。

●反比例の性質

比例の関数 $y = \dfrac{24}{x}$ を表にすると以下のようになる。

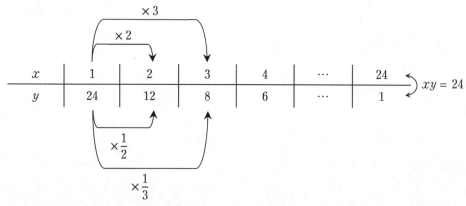

性質① x の値が2倍，3倍…となると y の値は $\dfrac{1}{2}$ 倍，$\dfrac{1}{3}$ 倍…となる。

性質② $xy = 1 \times 24 = 2 \times 12 = 3 \times 8 = \cdots 1 \times 24 = 24$ となり，xy の値は一定となっている。

※これは $y = \dfrac{24}{x}$ の両辺に x を掛けると，$x \times y = x \times \dfrac{24}{x}$　つまり，

$xy = 24$ となることからもわかる。

185 y が x に比例しているとき，次の問いに答えなさい。

(1) x と y の値の表は以下のようになる。空欄を埋めて表を完成させなさい。

x	–4	–3	–2	–1	0	1	2	3	4
y			4					–6	

(2) y を x の式で表しなさい。

(3) x の値が2倍，3倍…となると y の値はどうなるか。

(4) $\dfrac{y}{x}$ の値はいくらか。

186 y が x に反比例しているとき，次の問いに答えなさい。

(1) x と y の値の表は以下のようになる。空欄を埋めて表を完成させなさい。

x	–4	–3	–2	–1	0	1	2	3	4
y			6		×			–4	

(2) y を x の式で表しなさい。

(3) x の値が2倍，3倍…となると y の値はどうなるか。

(4) xy の値はいくらか。

187 次のア～エの中で比例しているものと反比例しているものを選びなさい。
　　また選んだ表について y を x の式で表しなさい。

ア

x	1	2	3	4
y	3	5	7	9

イ

x	–4	–3	–2	–1
y	9	12	18	36

ウ

x	1	2	3	4
y	–4	–8	–12	–16

エ

x	–4	–3	–2	–1
y	16	9	4	1

比例：（　　　　）式：[　　　　　　　　]　　反比例：（　　　　）式：[　　　　　　　　]

188 関数 $y = -\dfrac{1}{3}x$ …①, $y = -\dfrac{12}{x}$ …② について次の問いに答えなさい。

(1) 次の空欄に入る言葉を答えなさい。

①の関数は，y は x に A.(　　　　　　　)し，②の関数は y は x に B.(　　　　　　　)する。

①の関数の $-\dfrac{1}{3}$，②の関数の－12 を特に C.(　　　　　　　　)という。

(2) ①,②に関して，x と y の値の表を完成させなさい。（小数は用いないこと）

①

x	-4	-3	-2	-1	0	1	2	3	4
y									

②

x	-4	-3	-2	-1	0	1	2	3	4
y					×				

(3) ①,②のグラフをかき，交わる2点の座標を読み取りなさい。

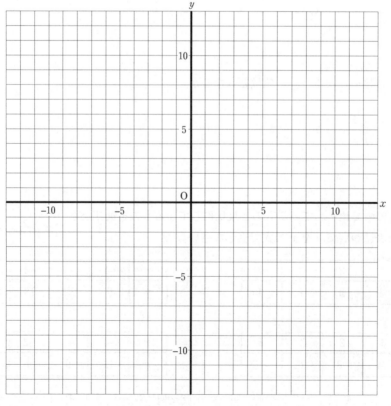

交わる点の座標：(　　　，　　　)，(　　　，　　　)

(4) ①式に関して，y の値が 5 となるのは x の値がいくつのときか。

(5) ②式に関して，y の値が 24 となるのは x の値がいくつのときか。

189 次の問いに答えなさい。

(1) y が x に比例し，$x = 8$ のとき $y = -2$ であるとき，y を x の式で表しなさい。

(2) y が x に反比例し，$x = 8$ のとき $y = -2$ であるとき，y を x の式で表しなさい。

(3) y が x に比例し，$x = -3$ のとき $y = 21$ である。$x = 2$ のとき，y の値はいくらか。

(4) y が x に反比例し，$x = 3$ のとき $y = 8$ である。$x = 12$ のとき，y の値はいくらか。

190 次の空欄に当てはまる言葉や式を答えなさい。

x	0	1	2	3	4
y	0	6	12	18	24

　上の表は x の値が 2 倍，3 倍…となると y の値は①(　　　　　　　　　　)となっているので，

y は x に②(　　　　　　　)することがわかる。

　この表に関して y を x の式で表すと，③(　　　　　　　　　　)となる。

★ 章 末 問 題 ★

191 次の空欄に当てはまる言葉や式を答えなさい。

x	1	2	3	4	5
y	60	30	20	15	12

上の表は x の値が2倍，3倍…となると y の値は①(　　　　　　　　　　)となっているので，

y は x に②(　　　　　　　　)することがわかる。

この表に関して y を x の式で表すと，③(　　　　　　　　　)となる。

192 y が x に比例しているとき，次の問いに答えなさい。

(1) x と y の値の表は以下のようになる。空欄を埋めて表を完成させなさい。

x	−4	−3	−2	−1	0	1	2	3	4
y			18						−36

(2) y を x の式で表しなさい。

193 y が x に反比例しているとき，次の問いに答えなさい。

(1) x と y の値の表は以下のようになる。空欄を埋めて表を完成させなさい。

x	−4	−3	−2	−1	0	1	2	3	4
y				−36	×				9

(2) y を x の式で表しなさい。

194 下のグラフについて，次の問いに答えなさい。

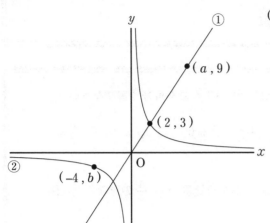

(1) 直線①，双曲線②のグラフの式を求めなさい。

①(　　　　　　　　) ②(　　　　　　　　)

(2) 図の a,b の値をそれぞれ求めなさい。

$a =$ (　　　　　　) $b =$ (　　　　　　)

195 関数 $y = -\dfrac{20}{x}$ $(2 \leqq x \leqq 5)$ のグラフをかきなさい。また y の変域を求めなさい。

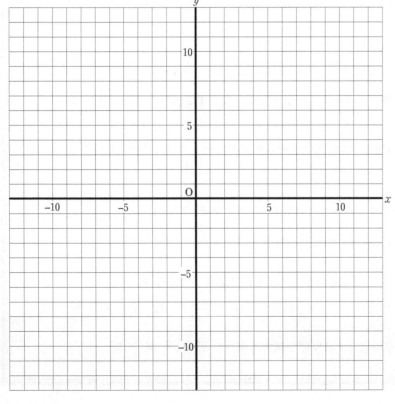

y の変域

(　　　　　　　　　　)

12章

13章 ‖‖‖ 比例・反比例Ⅲ

例題 1 　次の中から比例しているものと反比例しているものを番号で選びなさい。

① $y - x = 2$ 　② $y - 3x = 0$ 　③ $\dfrac{y}{2} = \dfrac{x}{3}$ 　④ $y - x^2 = 0$ 　⑤ $xy = 10$ 　⑥ $\dfrac{y}{x} = 8$

!Point

y について解き（$y = \cdots$ の形に式変形），$y = ax$ の形なら比例，$y = \dfrac{a}{x}$ の形なら反比例

①〜⑥を y について解くと，

① $y - x + 2$ 　② $y = 3x$ 　③ $y = \dfrac{2}{3}x$ 　④ $y = x^2$ 　⑤ $y = \dfrac{10}{x}$ 　⑥ $y = 8x$

よって，比例：②,③,⑥ …(答)　　反比例：⑤ …(答)

例題 2 　y は x に比例し，そのグラフが $(2,6)$ を通るとき，次の問いに答えなさい。

(1) y を x の式で表しなさい。

　比例なので $y = ax$ の式を使う。この関数が $(2,6)$ を通るので $x = 2, y = 6$ を代入して，
　$6 = a \times 2$ 　よって，$a = 3$ となり，$y = 3x$ …(答)

(2) 次の座標でこのグラフが通るものをすべて選んで記号で答えなさい。

　　ア.$(1,4)$ 　イ.$(3,-2)$ 　ウ.$(-1,-3)$ 　エ.$(4,12)$ 　オ.$(-2,6)$

　　$y = 3x$ に代入して等号が成立する座標を探す。成立するのはウ,エ …(答)

例題 3 　y は x に反比例し，そのグラフが $(6,3)$ を通るとき，次の問いに答えなさい。

(1) y を x の式で表しなさい。

　反比例なので $y = \dfrac{a}{x}$ の式を使う。この関数が $(6,3)$ を通るので $x = 6, y = 3$ を代入して，
　$3 = \dfrac{a}{6}$ 　よって，$a = 18$ となり，$y = \dfrac{18}{x}$ …(答)

(2) 次の座標でこのグラフが通るものをすべて選んで記号で答えなさい。

　　ア.$(1,6)$ 　イ.$(3,6)$ 　ウ.$(-1,18)$ 　エ.$(-18,-1)$ 　オ.$(9,3)$

　　$y = \dfrac{18}{x}$ に代入して等号が成立する座標を探す。成立するのはイ,エ …(答)

196 次の中で，y が x に比例しているもの，反比例しているものをそれぞれ番号で選びなさい。

① $x + y = 7$　　　　　　② $xy = 7$　　　　　　③ $y - 9x = 0$

④ $\dfrac{y}{x} = -\dfrac{1}{2}$　　　　　　⑤ $\dfrac{y}{5} = x^2$　　　　　　⑥ $3y = -8x$

比例（　　　　　　　）　　反比例（　　　　　　　　）

197 y は x に比例し，そのグラフが $(-5 , 30)$ を通るとき，次の問いに答えなさい。

(1) y を x の式で表しなさい。

(2) 次の座標でこのグラフが通るものをすべて選んで記号で答えなさい。

　　ア.$(6 , -1)$　　イ.$(3 , 18)$　　ウ.$(-1 , 6)$　　エ.$(2 , -10)$　　オ.$\left(-\dfrac{1}{2} , 3\right)$

198 y は x に反比例し，そのグラフが $(3 , -9)$ を通るとき，次の問いに答えなさい。

(1) y を x の式で表しなさい。

(2) 次の座標でこのグラフが通るものをすべて選んで記号で答えなさい。

　　ア.$(6 , 4)$　　イ.$(9 , -3)$　　ウ.$\left(6 , \dfrac{9}{2}\right)$　　エ.$\left(-18 , \dfrac{3}{2}\right)$　　オ.$(-3 , -6)$

13章

例題 4   次の(1)～(3)に関して，y を x の式で表しなさい。y が x に比例するものは○，反比例するものは△，どちらでもないものは×をつけなさい。

(1) 5 m のひもから x〔m〕切り取ったときの残りのひもの長さを y〔m〕とする。

　【残りのひもの長さ】＝【もとのひもの長さ】－【切り取ったひもの長さ】

　よって，　$y = 5 - x$　…$y = ax，y = \dfrac{a}{x}$ のどちらの形でもない。

$$y = 5 - x \quad × \cdots(答)$$

(2) 5 m のひもを x 等分したとき，等分されたひも1本分の長さを y〔m〕とする。

　【ひも1本分の長さ】＝【もとのひもの長さ】÷【分ける数】

　よって，　$y = 5 \div x$　つまり $y = \dfrac{5}{x}$　…$y = \dfrac{a}{x}$ の形と一致する。

$$y = \dfrac{5}{x} \quad △ \quad \cdots(答)$$

(3) 1辺が x〔cm〕の正方形の周りの長さを y〔cm〕とする。

　【正方形の周りの長さ】＝【1辺の長さ】× 4

　よって，　$y = x \times 4$　つまり $y = 4x$　…$y = ax$ の形と一致する。

$$y = 4x \quad ○ \quad \cdots(答)$$

199 次の(1)～(9)に関して，y を x の式で表しなさい。また y が x に比例するものは○，反比例するのは△，どちらでもないものは×をつけなさい。

(1) 一辺の長さが x〔cm〕の正三角形の周りの長さを y〔cm〕とする。

　　　　　　　　　　　　　　　　　　　　　式：(　　　　　　　) (　　　)

(2) 1000円を出して x〔円〕のお菓子を買ったときのおつりを y〔円〕とする。

　　　　　　　　　　　　　　　　　　　　　式：(　　　　　　　) (　　　)

13章

(3) 面積が 50 cm² の長方形の縦の長さを x〔cm〕，横の長さを y〔cm〕とする。

　　　　　　　　　　　　　　　　　　　　　式：(　　　　　　　) (　　　)

(4) 分速 75 m で x〔分〕進んだ距離を y〔m〕とする。

式：(　　　　　　　)　(　　　　)

(5) 15 km の道のりを時速 x〔km〕で歩くと y 時間かかる。

式：(　　　　　　　)　(　　　　)

(6) 1辺が x〔cm〕の正方形の面積を y〔cm²〕とする。

式：(　　　　　　　)　(　　　　)

(7) 容器に毎分 5 L ずつ水を入れ，x〔分〕後の容器に入った水の量を y〔L〕とする。

式：(　　　　　　　)　(　　　　)

(8) 火をつけると 1 時間に 2 cm 短くなる長さ 16 cm のろうそくがある。このろうそくに火をつけて x 時間後のろうそくの長さを y〔cm〕とする。

式：(　　　　　　　)　(　　　　)

13章

(9) 底辺が 8 cm，高さが x〔cm〕の三角形の面積を y〔cm²〕とする。

式：(　　　　　　　)　(　　　　)

例題 5　80枚で320gの紙がある。これについて次の問いに答えなさい。

(1) x 枚の紙の重さの合計を y〔g〕とするとき，y を x の式で表しなさい。

　紙の枚数が2倍，3倍…となると，紙の合計の重さも2倍，3倍…となる。
　よって，y（紙の重さの合計）は x（紙の枚数）に比例する。比例定数を a とすると，
　$y = ax$ となる。$x = 80$ のとき，$y = 320$ なので，$320 = a \times 80$　より，$a = 4$
　よって，$y = 4x$ …(答)

(2) 紙が300枚のときの重さは何gか。

　$x = 300$ のときの y の値を求めればよい。$y = 4x$ に $x = 300$ を代入して，
　$y = 4 \times 300 = 1200$　よって，1200g…(答)

(3) 紙の重さが4000gのとき，紙は何枚あるか。

　$y = 4000$ のときの x の値を求めればよい。$y = 4x$ に $y = 4000$ を代入して，
　$4000 = 4x$ より $x = 1000$　よって，1000枚 …(答)

例題 6　毎分3Lで水を入れると20分でいっぱいになる水槽がある。これについて次の問いに答えなさい。

(1) 毎分 x〔L〕入れて y〔分〕後に水槽がいっぱいになるとして，y を x の式で表しなさい。

　毎分3Lで水を入れると20分で水槽がいっぱいになるということは，
　$3 \times 20 = 60$，つまり水槽の容積は60Lである。
　【1分で入る水の量】×【時間(分)】＝【水槽にたまる水の量】であり，
　毎分 x〔L〕で水を入れて，y 分で水槽がいっぱいなるので，
　$x \times y = 60$　両辺に $\dfrac{1}{x}$ を掛けると，$y = \dfrac{60}{x}$ …(答)

(2) 毎分2Lで水を入れると何分で水槽はいっぱいになるか。

　$x = 2$ のときの y の値を求めればよい。$y = \dfrac{60}{x}$ に $x = 2$ を代入して，
　$y = \dfrac{60}{2} = 30$　よって，30分でいっぱいになる …(答)

(3) 15分で水槽の水をいっぱいにするには毎分何Lで水を入れればよいか。

　$y = 15$ のときの x の値を求めればよい。$y = \dfrac{60}{x}$ に $y = 15$ を代入して，$15 = \dfrac{60}{x}$
　両辺に x を掛けると，$15 \times x = \dfrac{60}{x} \times x$　よって，$15x = 60$
　さらに両辺に $\dfrac{1}{15}$ を掛けて $\dfrac{1}{15} \times 15x = \dfrac{1}{15} \times 60$　より，$x = 4$　よって，毎分4L…(答)

200 20 cm³のアルミニウムの重さを測ったところ 54 g であった。これについて次の問いに答えなさい。

(1) アルミニウム x〔cm³〕の重さを y〔g〕として，y を x の式で表しなさい。

(2) アルミニウムが 150 cm³の重さは何 g か。(1)で答えた式を利用して解きなさい。

(3) アルミニウム 8.1 kg の体積は何 cm³か。(1)で答えた式を利用して解きなさい。

201 毎分 51 L で水を入れると 5 分でいっぱいになる浴槽がある。これについて次の問いに答えなさい。

(1) 毎分 x〔L〕入れて y 分後に浴槽がいっぱいになるとして，y を x の式で表しなさい。

(2) 毎分 17 L で水を入れると何分で水槽はいっぱいになるか。(1)で答えた式を利用して解きなさい。

(3) 15 分で水槽の水をいっぱいにするには毎分何 L で水を入れればよいか。(1)で答えた式を利用して解きなさい。

★章末問題★

202 次の中で，y が x に比例しているもの，反比例しているものをそれぞれ番号で選びなさい。

① $y = -\dfrac{1}{x}$

② $y = -x + 2$

③ $y = 2x^2$

④ $\dfrac{y}{x} = -2$

⑤ $xy = 5$

⑥ $\dfrac{3}{2}y = x$

比例（　　　　　　） 　　反比例（　　　　　　）

203 次の(1)～(3)に関して，y を x の式で表しなさい。また y が x に比例するものは○，反比例するものは△，どちらでもないものは×をつけなさい。

(1) 200ページある本の，読み終わったページ数を x，残りのページ数を y とする。

式：（　　　　　　） （　　　　）

(2) 容器に毎分 12 L ずつ水を入れ，x〔分〕後の容器に入った水の量を y〔L〕とする。

式：（　　　　　　） （　　　　）

(3) 10 m のひもを x〔人〕で等しく分けたとき，1人分のひもの長さを y〔m〕とする。

式：（　　　　　　） （　　　　）

204 次の座標で，$y = -\dfrac{2}{x}$ のグラフ上にあるものをすべて選びなさい。

ア.$(5, -10)$ 　イ.$\left(4, \dfrac{1}{2}\right)$ 　ウ.$(-1, 2)$ 　エ.$(-2, -1)$ 　オ.$\left(6, -\dfrac{1}{3}\right)$ 　（　　　　　　）

205 次の座標で，$y = -\dfrac{1}{2}x$ のグラフ上にあるものをすべて選びなさい。

ア.$\left(\dfrac{1}{2}, -\dfrac{1}{4}\right)$ 　イ.$\left(4, \dfrac{1}{2}\right)$ 　ウ.$(-1, 2)$ 　エ.$(-2, -1)$ 　オ.$\left(-\dfrac{1}{3}, 6\right)$ 　（　　　　　　）

206 ばねにおもりをつるすとき，ばねの伸びる長さは，つるすおもりの重さに比例することが知られている。このことから次の問いに答えなさい。

(1) あるばねに5gのおもりをつるすとばねは2cm伸びた。ばねにつるすおもりをx〔g〕，そのときに伸びる長さをy〔cm〕として，yをxの式で表しなさい。

(2) このばねに10gのおもりをつるすと，ばねは何cm伸びるか。(1)で答えた式を利用して解きなさい。

(3) ばねを8cm伸ばすには何gのおもりをつるせばよいか。(1)で答えた式を利用して解きなさい。

207 42kmのマラソンコースを時速x〔km〕で走り，y〔時間〕で走りきったとする。走る速さは一定であるとして，次の問いに答えなさい。

(1) yをxの式で表しなさい。

(2) このコースを2時間以上3時間以内で走りきるためには，どれくらいの速さで走らなければいけないか。下の空欄に当てはまる数値を答えなさい。

　　　　　時速①(　　　　　　)km 以上②(　　　　　　)以下の速さで走らなければいけない

13
章

14章 ||| 比例・反比例Ⅳ

例題 **1**　60 L 入る水槽に，毎分 2 L の割合で水を入れる。水を入れ始めてから x〔分〕後の水の量を y〔L〕とするとき，次の問いに答えなさい。

(1) x と y の関係式を求めなさい。

水は 1 分後には 2 L，2 分後には 4 L，3 分後には 6 L 入る。

このことを表にすると以下のようになる。

x 分	0	1	2	3
y L	0	2	4	6

（各 $\times 2$）

x の値を 2 倍すると y の値になっているので，$y = 2x$ …(答)

(2) x の変域を求めなさい。

何分で水槽の水がいっぱいになるかを考えると，

水槽は 60 L 入るので，$y = 60$ の時の x の値を求めればよい。

$y = 2x$ に $y = 60$ を代入すると，$60 = 2x$　これを解くと $x = 30$

つまり 30 分で水はいっぱいになる。

よって x は 0 以上 30 以下の数なので，$0 \leqq x \leqq 30$　…(答)

(3) x と y の関係式をグラフに表しなさい。

$y = 2x$ で x の変域は $0 \leqq x \leqq 30$ となるのでグラフは以下のようになる。

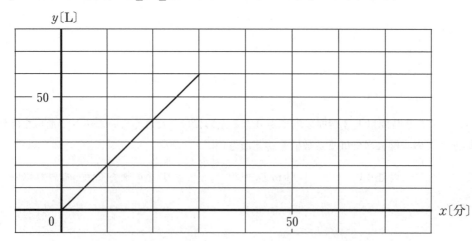

(4) 25 分後は水槽に何 L の水が入るか。

$y = 2x$ に $x = 25$ を代入して，$y = 2 \times 25 = 50$　よって 50 L …(答)

(5) 水槽に水が 48 L 入るのは何分後か。

$y = 2x$ に $y = 48$ を代入して，$48 = 2x$　これを解くと $x = 24$　よって，24 分後 …(答)

208 80 L 入る水槽に，毎分 4 L の割合で水を入れる。水を入れ始めてから x〔分〕後の水の量を y〔L〕とするとき，次の問いに答えなさい。

(1) x と y の関係式を求めなさい。　　　　(2) x の変域を求めなさい。

(3) x と y の関係式をグラフに表しなさい。

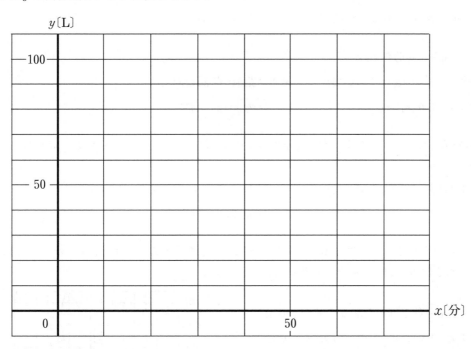

(4) 18 分後は何 L 水が入るか。　　　　(5) 水が 60 L 入るのは何分後か。

14章

例題 2　次の問いに答えなさい。

姉と妹が同時に家を出発し，家から 750 m 離れた
学校へ行くのに，姉は毎分 75 m，妹はある速さで
歩いた。右のグラフは，姉と妹が家を出発してから
x〔分〕後の家からの距離（y〔m〕）を表している。
このグラフを利用して，次の問いに答えなさい。

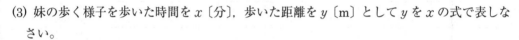

(1) 妹が学校に着くのは何分後か。

　　家から学校までは 750 m あり，

　　妹のグラフを読み取ると $y = 750$ になるのは $x = 15$

　　なので，妹は 15 分後に学校に着く。　　15 分後 …(答)

(2) 妹の速さは毎分何 m か。

　　妹は 750 m を 15 分で歩いている。**速さ＝距離÷時間**なので

　　$750 ÷ 15 = 50$ (m/分)　　　　　　　　分速 50 m …(答)

(3) 妹の歩く様子を歩いた時間を x〔分〕，歩いた距離を y〔m〕として y を x の式で表しな
　　さい。

　　距離＝速さ×時間なので，(2)より妹の速さは分速 50 m なので $y = 50 × x$

　　　　　　　　　　　　　　　$y = 50x$　…(答)

(4) 2 人が 200 m 離れるのは，家を出発してから何分後か。また，姉が学校に着いたとき，
　　妹は学校まであと何 m のところにいるか。

　　グラフより姉と妹の距離 y の差が 200 m になる
　　のは $x = 8$ のときなので，8 分後 …(答)

　　姉は 10 分後に学校に着く。$x = 10$ のときの姉と
　　妹の距離 y の差はグラフより 250 m …(答)

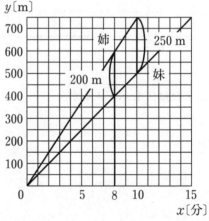

209 右のグラフは，兄と弟が同時に家を出発し，家から600m離れた学校へ向かったときの2人の歩く様子を表したグラフである。次の問いに答えなさい。

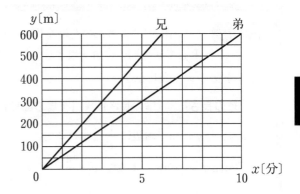

(1) 兄と弟は出発してからそれぞれ何分後に学校に着いたか，グラフから読み取りなさい。

兄：(　　　　　) 分後　　　弟：(　　　　　) 分後

(2) 兄と弟の歩く速さはそれぞれ毎分何mか。

兄：毎分(　　　　　) m　　　弟：毎分(　　　　　) m

(3) 兄と弟の歩く様子を歩いた時間を x〔分〕，歩いた道のりを y〔m〕として y を x の式で表しなさい。

兄：(　　　　　　　　　)　　　弟：(　　　　　　　　　)

(4) 2人が200m離れるのは家を出発してから何分後か，グラフから読み取りなさい。

(　　　　　) 分後

(5) 下の表は時間ごとの兄の進む距離，弟の進む距離，2人の差を表している。この表を完成させなさい。

時間(分)	1	2	3	4	5
兄の進む距離(m)					
弟の進む距離(m)					
2人の距離の差(m)					

(6) x〔分〕後の2人の距離の差を y〔m〕とするとき，y を x の式で表せ。またこのとき y は x に比例するか，反比例するか。

(　　　　　　　) (　　　　　　　)

14
章

例題 3   庭に16 m²の長方形の花壇を作りたい。横の長さを x〔m〕，縦の長さを y〔m〕
として次の問いに答えなさい。

(1) y を x の式で表しなさい。

【縦の長さ】×【横の長さ】＝【花壇の面積】

より，　$xy = 16$　両辺に $\dfrac{1}{x}$ を掛けると，

$\dfrac{1}{x} \times xy = \dfrac{1}{x} \times 16$　よって $y = \dfrac{16}{x}$

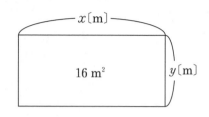

(2) x,y の関係式をグラフにしなさい。

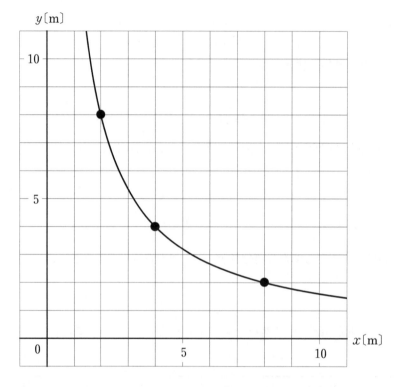

(3) 横の長さを4 m 以上8 m 以下にするには，縦の長さはどのような範囲になるか。

横の長さが x で，4 m 以上8 m 以下なので $4 \leqq x \leqq 8$ となる。

このとき，(2)のグラフより $2 \leqq y \leqq 4$ であることが読み取れる。

よって縦の長さは2 m 以上4 m 以下となる。

※表を作って考えてもよい。

x	4	…	8
y	4	…	2

上記の表より $2 \leqq y \leqq 4$ と求めることもできる。

210 庭に 20 m² の長方形の花壇を作りたい。横の長さを x〔m〕，縦の長さを y〔m〕として次の問いに答えなさい。

(1) y を x の式で表しなさい。

(2) x, y の関係式をグラフにしなさい。

(3) 横の長さを 2 m 以上 5 m 以下にするには，縦の長さはどのような範囲になるか。

211 家から 1200 m 離れた駅まで分速 x〔m〕で進んだときにかかる時間を y〔分〕とする。

(1) y を x の式で表しなさい。

(2) x, y の関係式をグラフにしなさい。

(3) 分速 60 m 以上の速さで進めば駅まで何分以内に到着できるか。

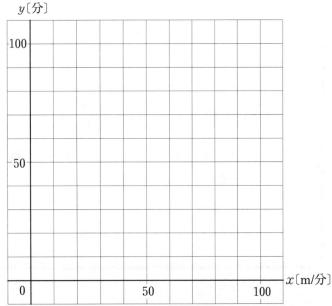

14
章

例題 4　A,B2つの歯車がかみ合っている。Aの歯車の歯は16枚で毎分50回転している。Bの歯車の歯を x〔枚〕，1分間の回転数を y とし，また2つの歯車がかみ合う点をPとして，次の問いに答えなさい。

(1) Aの歯車の歯がP点を1分間に通過する枚数はいくらか。

　Aは1分間に50回転し，1回転あたり16枚の歯がP点を通過するので，

　$50 \times 16 = 800$　　　800枚 …(答)

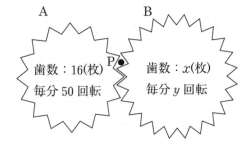

(2) Bの歯車の歯がP点を1分間に通過する枚数はいくらか。

　Bは1分間に y 回転し，1回転あたり x 枚の歯がP点を通過するので，

　$y \times x = xy$　　　　xy〔枚〕…(答)

(3) y を x の式で表しなさい。また y は x に比例するか，反比例するか。

　歯は1枚1枚ずれることなくかみ合っているので，

　【Aの歯が点Pを1分間に通過する数】＝【Bの歯が点Pを1分間に通過する数】

　よって(1),(2)より，$xy = 800$

　両辺に $\dfrac{1}{x}$ を掛けて，$\dfrac{1}{x} \times xy = \dfrac{1}{x} \times 800$　よって，$y = \dfrac{800}{x}$ …(答)

　この式の形は $y = \dfrac{a}{x}$ となっている。よって，反比例…(答)

(4) Bの歯を32枚とすると，Bは毎分何回転するか。

　$x = 32$ のときの y の値を求めればよい。

　$y = \dfrac{800}{x}$ に $x = 32$ を代入して，$y = \dfrac{800}{32} = 25$　よって，毎分25回転 …(答)

(5) Bの歯車を毎分20回転させるには，Bの歯を何枚にすればよいか。

　$y = 20$ のときの x の値を求めればよい。

　$y = \dfrac{800}{x}$ に $y = 20$ を代入して，$20 = \dfrac{800}{x}$　両辺に x を掛けると，

　$20 \times x = \dfrac{800}{x} \times x$　よって，$20x = 800x$　これを解くと $x = 40$　よって，40枚 …(答)

212 A, B 2つの歯車がかみ合っている。Aの歯車の歯は32枚で毎秒5回転している。

Bの歯車の歯を x 枚，1秒間の回転数を y とし，また2つの歯車がかみ合う点をPとして，次の問いに答えなさい。

(1) Aの歯車の歯がP点を1秒間に通過する枚数はいくらか。

歯数：32枚　　　　歯数：x〔枚〕

毎秒5回転　　　　毎秒 y〔回転〕

（　　　　　　　）

(2) Bの歯車の歯がP点を1秒間に通過する枚数はいくらか。

（　　　　　　　）

(3) y を x の式で表しなさい。また y は x に比例するか，反比例するか。

（　　　　　　　）（　　　　　　　　）

(4) Bの歯を20枚とすると，Bは毎秒何回転するか。

（　　　　　　　）

(5) Bの歯車を毎秒10回転させるには，Bの歯を何枚にすればよいか。

（　　　　　　　）

★章末問題★

213 家から 1200 m 離れた学校まで毎分 60 m の速さで歩く。家を出発してから x〔分〕後の距離を y〔m〕とするとき，次の問いに答えなさい。

(1) x と y の関係式を求めなさい。　　　　　　(2) 家を出発して 10 分後に何 m 進むか答えなさい。

(3) 家から 900 m 進むのは何分後か答えなさい。

(4) x の変域を答えなさい。

(5) x と y の関係式をグラフに表しなさい。

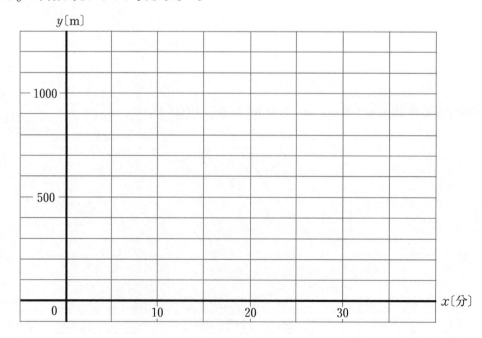

214 24 L 入る空の水槽を満水にするのに 1 分間に x 〔L〕ずつ水を入れるとき，y 〔分〕かかるとする。1 分間に入れられる水の量が 3 L 以上 12 L 以下であるとき，次の問いに答えなさい。

(1) 水を 1 分間に 8 L ずつ入れると水槽は何分で満水になるか。

(2) y を x の式で表しなさい。

(3) x の変域を答えなさい。

(4) x と y の関係式をグラフに表しなさい。

(5) y の変域を求めなさい。

(6) 水槽が満水になるのにかかる時間は何分以上何分以下か。

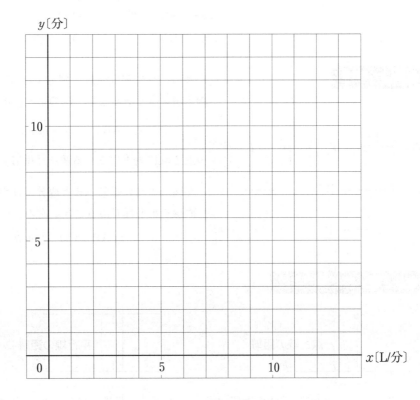

15章 ||| 平面図形

●線分・直線・半直線

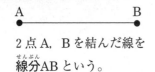

2点A，Bを結んだ線を
<ruby>線分<rt>せんぶん</rt></ruby>AB という。

2点A，Bを通り，限りなく伸びて
いく線を<ruby>直線<rt>ちょくせん</rt></ruby>AB という。

点Aを起点とし，点Bを通って限り
なく伸びていく線を<ruby>半直線<rt>はんちょくせん</rt></ruby>AB という。

点Bを起点とし，点Aを通って限り
なく伸びていく線を<ruby>半直線<rt>はんちょくせん</rt></ruby>BA という。

●角の表し方

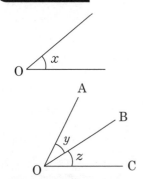

左図の角 x は「$\angle x$」や「$\angle \mathrm{O}$」のように表す。

左図の場合$\angle \mathrm{O}$ としてしまうと，$\angle y$ を指すのか$\angle z$ を指すのか
分からなくなってしまう。そこで，

$\angle y = \angle \mathrm{AOB}$（または$\angle \mathrm{BOA}$）

$\angle z = \angle \mathrm{BOC}$（または$\angle \mathrm{COB}$）　のように表す。

●垂直と平行

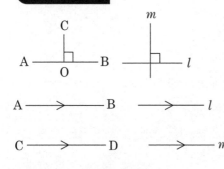

左図のように線分 AB と線分 CO が垂直，直線 m と直
線 l が垂直であるとき，次のように表す。

$$\mathrm{AB} \perp \mathrm{CO} \qquad m \perp l$$

※ある線に垂直に交わる線を「<ruby>垂線<rt>すいせん</rt></ruby>」という。

左図のように線分 AB と線分 CD が平行，直線 m と
直線 l が平行であるとき，次のように表す。

$$\mathrm{AB} /\!/ \mathrm{CD} \qquad m /\!/ l$$

●点と線，線と線の距離

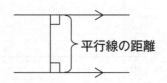

点と線の距離…点と線の最短距離を指す　　　平行線の距離…線と線の最短距離を指す

215 図のように，3点 P，Q，R があるとき，次の図形をかき入れなさい。

(1) 直線 PR

(2) 線分 QR

(3) 半直線 PQ

15
章

216 下の図で，①～⑤の角を，記号を使って表しなさい。

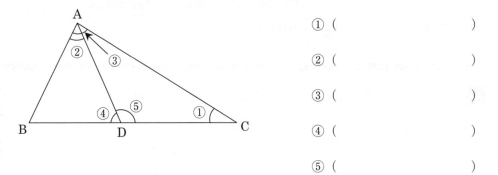

① (　　　　　　　　　　)

② (　　　　　　　　　　)

③ (　　　　　　　　　　)

④ (　　　　　　　　　　)

⑤ (　　　　　　　　　　)

217 下の図の ABCD は平行四辺形で BE と AD は垂直であるとき，次の問いに答えなさい。

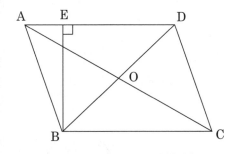

(1) この平行四辺形の2組の向かい合う辺が平行であることを，記号を使って示しなさい。

(　　　　　　　　) (　　　　　　　　)

(2) AD と BC の距離に相当する線分を答えなさい。　(　　　　　　　)

(3) AD と BE が垂直であることを記号を使って示しなさい。　(　　　　　　　)

(4) 次の(　　)に当てはまる数値や言葉を書きなさい。

∠BED＝①(　　　　　)°であるので，線分 BE は線分 AD の②(　　　　　)であるといえる。

(5) 半直線 OE と直線 CD は交わるかどうか答えなさい。　(　　　　　　　)

(6) 直線 BE と半直線 CD は交わるかどうか答えなさい。　(　　　　　　　)

15
章

●線対称

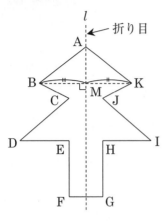

左図のように，ある直線を折り目に折ったとき，ぴったり重なるような図形を「**線対称な図形**」という。

図の点線で示す折り目 l を「**対称の軸**」という。

折った時に重なる点を「**対応する点**」という。

折った時に重なる辺を「**対応する辺**」という。

対象軸と対応する点を結ぶ線分は垂直に交わる。

例　$l \perp BK$

対応する点から対称の軸までの距離は等しい。

例　$BM = KM$

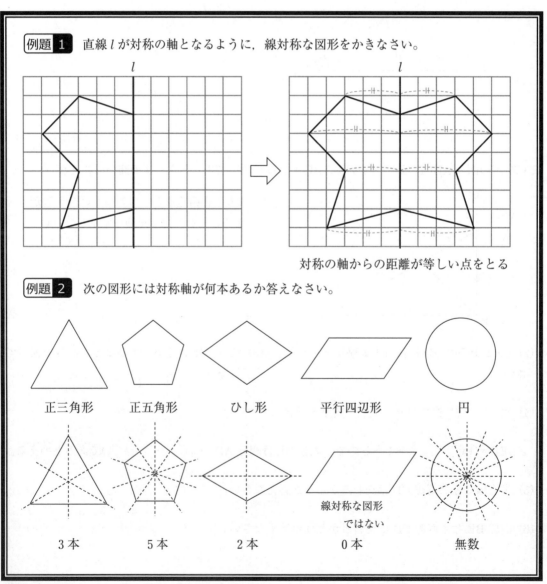

例題 1　直線 l が対称の軸となるように，線対称な図形をかきなさい。

対称の軸からの距離が等しい点をとる

例題 2　次の図形には対称軸が何本あるか答えなさい。

正三角形	正五角形	ひし形	平行四辺形	円
3本	5本	2本	0本	無数

線対称な図形
ではない

218 下の図は線対称な図形である。この図形について次の問いに答えなさい。

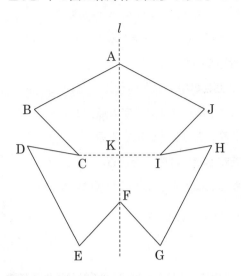

(1) 直線 l を何というか。

(2) 点 D と対応する点はどれか。

(3) 辺 EF に対応する辺はどれか。

(4) ∠AKC は何度か。

(5) CK と長さが等しい線分を答えなさい。

219 直線 l が対称の軸となるように，線対称な図形をかきなさい。

(1)

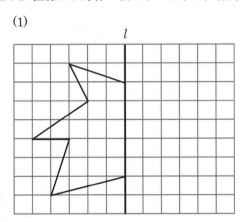

(2)

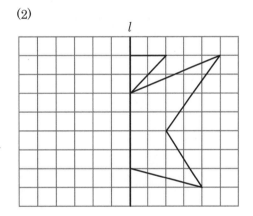

220 次の図形の対称の軸の本数を答えなさい。

① 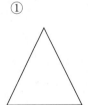　② 　③ 　④ 　⑤

　二等辺三角形　　　　長方形　　　　直角二等辺三角形　　　正方形　　　　正六角形

①(　　　)本　　②(　　　)本　　③(　　　)本　　④(　　　)本　⑤(　　　)本

●点対称

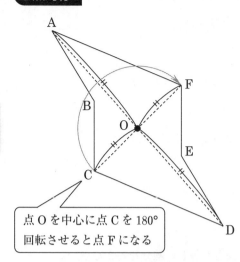

点Oを中心に点Cを180°
回転させると点Fになる

左図のように，ある1点の周りに180°回転
するともとの図形にぴったり重なるような
図形を「**点対称な図形**」という。

図の点Oを「**回転の中心**」という。

180°回転して重なる点を「**対応する点**」という。

180°回転して重なる辺を「**対応する辺**」という。

対応する点を結ぶ線分は中心を通る。

対応する点から回転の中心までの距離は等しい。

例　　AO＝DO　　CO＝FO

例題 3　点Oが対称の中心となるように，点対称な図形をかきなさい。

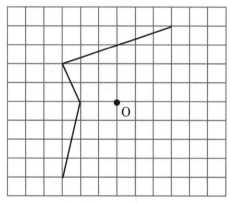 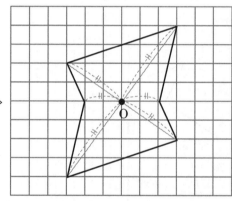

点Oから等しい距離にある点をとる

例題 4　下の図形について次の問いに答えなさい。

  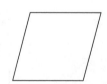 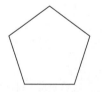

①　二等辺三角形　　②　正方形　　③　平行四辺形　　④　正五角形　　⑤　正六角形

(1) 点対称な図形はどれか。番号で答えなさい。　　②,③,⑤ …(答)

(2) 線対称な図形はどれか。番号で答えなさい。　　①,②,④,⑤ …(答)

(3) 線対称でも点対称でもある図形はどれか。番号で答えなさい。　　②,⑤ …(答)

221 下の図は点対称な図形である。この図形について次の問いに答えなさい。

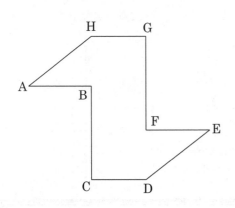

(1) 回転の中心 O を図にかき入れなさい。

(2) 点 C と対応する点はどれか。

(3) 辺 AB と対応する辺はどれか。

(4) 線分 AO と等しい辺はどれか。

222 点 O が対称の中心となるように，点対称な図形をかきなさい。

(1)　　　　　　　　　　　　　　　　　　(2)

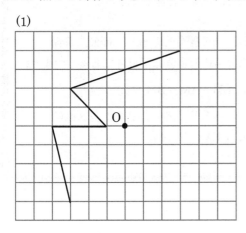

223 下の図形について次の問いに答えなさい。

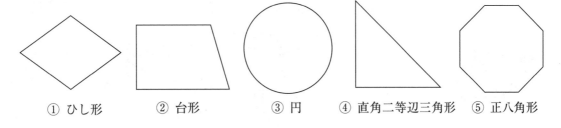

① ひし形　　② 台形　　③ 円　　④ 直角二等辺三角形　　⑤ 正八角形

(1) 点対称な図形はどれか。番号で答えなさい。

(2) 線対称な図形はどれか。番号で答えなさい。

(3) 線対称でも点対称でもある図形はどれか。番号で答えなさい。

15章

●垂直二等分線

① Aを中心に円をかく

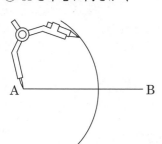

② Bを中心に円をかく

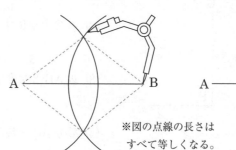

※図の点線の長さは
すべて等しくなる。

③ 交点を定規で結ぶ

例題 5 　コンパスと定規を使って線分ABの垂直二等分線を作図しなさい。

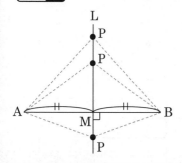

垂直二等分線とは，ある線分を垂直に二等分する線。
左図で，LMは線分ABの垂直二等分線である。つまり，

$$AB \perp LM \quad AM = BM$$

重要　LM上に点Pをとると，Pがどの位置に
あっても PA＝PB が成り立つ。

●角の二等分線

① Oを中心に円をかく

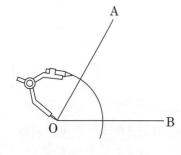

② 交点を中心に円をかく

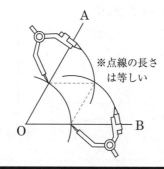

※点線の長さ
は等しい

③ Oと②で交わった点を結ぶ

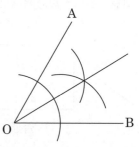

例題 6 　コンパスと定規を使って∠AOBの二等分線を作図しなさい。

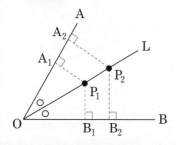

角の二等分線とは角の大きさを半分に分ける線。
左図で，線分OLは∠AOBの二等分線である。つまり，

$$\angle AOL = \angle BOL$$

重要　左図の OL 上の点からそれぞれの線に下ろした
垂線の長さは等しい。つまり，

$$P_1A_1 = P_1B_1 \qquad P_2A_2 = P_2B_2$$

224 線分 AB の垂直二等分線をかきなさい。(コンパスの跡は消さないこと)

(1)

(2)

225 次の∠AOB の二等分線を作図しなさい。(コンパスの跡は消さないこと)

(1)

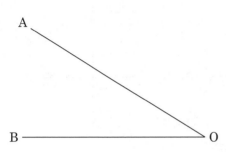

(2)

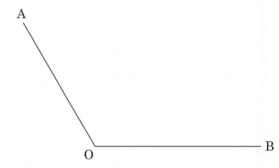

226 次の問いに答えなさい。(コンパスの跡は消さないこと)

(1) 右図の AB, AC の垂直二等分線の交点 O を図にかき込みなさい。

(2) OA, OB, OC の長さの関係はどうなっているか。

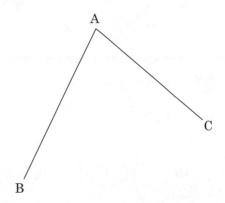

(3) 点 A, B, C すべてを通る1つの円を図にかき込みなさい。

●垂線の作図

例題 **7**　直線 AB 上の点 P を通る垂線を作図しなさい。

① P を中心に円をかく　② 交点を中心に円をかく　③ P と新たな交点を結ぶ

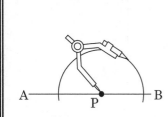
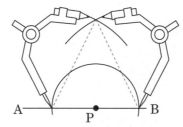
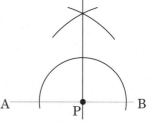

例題 **8**　直線 AB 上にない点 P を通る垂線を作図しなさい。

① P を中心に円をかく　② 交点を中心に円をかく　③ P と新たな交点を結ぶ

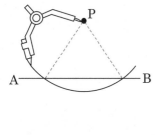
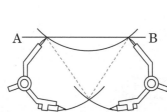
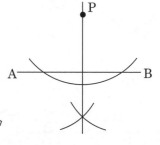

●円の接線

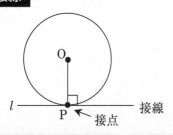

円と1点で交わる直線を**接線**といい，
その交わる点を**接点**という。

重要　円の中心と接点を結んだ線分は接線
と垂直に交わる。つまり $l \perp OP$

例題 **9**　円 O の円周上の点 P を通る接線を作図しなさい。

① O と P を通る線を引く　② P を中心に円をかく　③ 交点を中心に円をかく

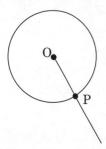
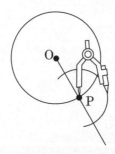
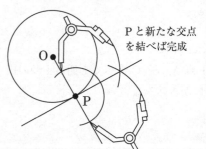

P と新たな交点
を結べば完成

15
章

227 点 P を通り直線 AB に垂直な線を作図しなさい。（コンパスの跡は消さないこと）

(1)　　　　　　　　　　　　　　　　　　　　(2)

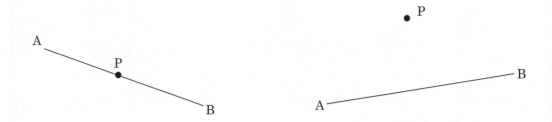

15章

228 円 O の円周上の点 P を通る接線を作図しなさい。（コンパスの跡は消さないこと）

(1)　　　　　　　　　　　　　　　　　　　　(2)

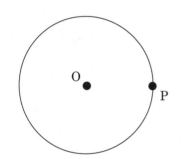
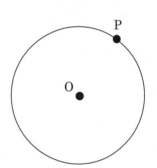

229 次の問いに答えなさい。ただし線分は定規で延長してもよいとする。（コンパスの跡は消さないこと）

(1) △ABC のそれぞれの角の二等分線は1点で交わることを作図によって確かめなさい。

(2) △ABC の点 A，B，C から辺 BC，CA，AB にそれぞれ垂線を下ろすと，この3つの垂線は1点で交わることを作図によって確かめなさい。

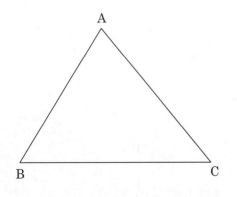
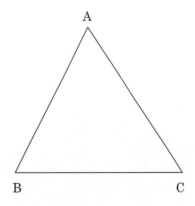

15
章

例題 **10**　次の角の大きさを作図しなさい。

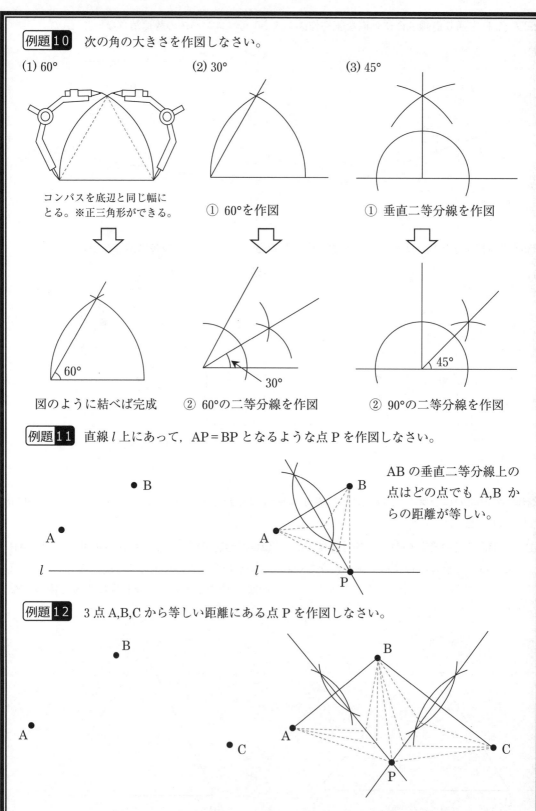

(1) 60°

コンパスを底辺と同じ幅に
とる。※正三角形ができる。

⬇

60°

図のように結べば完成

(2) 30°

① 60°を作図

⬇

30°

② 60°の二等分線を作図

(3) 45°

① 垂直二等分線を作図

⬇

45°

② 90°の二等分線を作図

例題 **11**　直線 *l* 上にあって，AP＝BP となるような点 P を作図しなさい。

・B

A・

l ───────

AB の垂直二等分線上の
点はどの点でも A,B か
らの距離が等しい。

B

A

l

P

例題 **12**　3点 A,B,C から等しい距離にある点 P を作図しなさい。

・B

A・

・C

B

A

C

P

AB，BC それぞれの垂直二等分線の交点が P
※AC の垂直二等分線を使ってもよい

230 次の角の大きさを作図しなさい。（コンパスの跡は消さないこと）

(1) 60°　　　　　　　　　　(2) 30°　　　　　　　　　　(3) 45°

―――――――――　　　　―――――――――　　　　―――――――――

15
章

231 次の問いに答えなさい。（コンパスの跡は消さないこと）

(1) 直線 *l* 上にあって，AP＝BP となるような点 P を作図しなさい。

(2) 円 O 上にあって，AP＝BP となるような点 P は 2 点ある。その 2 点を作図しなさい。

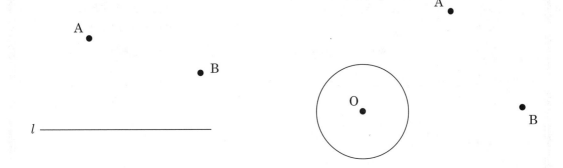

232 次の問いに答えなさい。（コンパスの跡は消さないこと）

(1) 3 点 A,B,C から等しい距離にある点 P を作図し，A, B, C すべてを通る 1 つの円を作図しなさい。

(2) 直線 *l* と点 S で接し，点 T を通る円 O を作図しなさい。

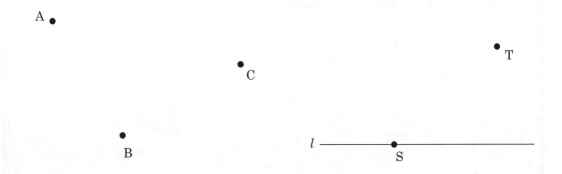

15
章

例題13　図の円の中心 O を作図によって示しなさい。

※弦の垂直二等分線は必ず円の中心を通ることを利用する。

適当に弦を2本引く

それぞれの垂直二等分線を引く

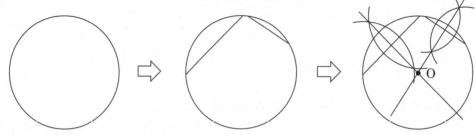

例題14　AP＋PB が最短となる点 P を直線 l 上に作図しなさい。

直線 l について B と
対称な点 B′ を作図する

A ●

●B

l ————————————

A ●

●B

l ————————————

×B′

A ●

●B

l ————————————
　　P

AP＋PB′＝AP＋PB

×B′

A ●

●B

l ————————————
　　P

AP＋PB′が最短に
なるのは A, P, B′
が一直線上にあるとき

×B′

AP＋PB′が最短ならAP＋PBも最短

※直線 l について <u>A と対称な点</u>を作図しても P を作図することができる。

例題15　点 P を通り直線 l と平行な直線を作図しなさい。

① P から垂線を引く

② その線の垂線を P から引く

●P

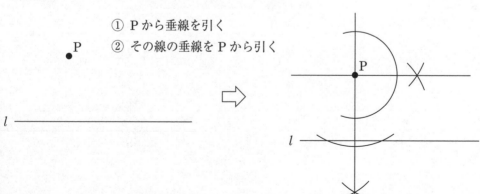

l ————————————

233 次の問いに答えなさい。（コンパスの跡は消さないこと）

(1) 図は円の一部が消されてしまっている。消される前の円を作図しなさい。

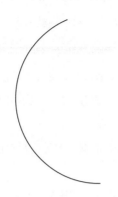

(2) AP＋PB が最短となる点 P を直線 *l* 上に作図しなさい。

(3) 図の△ABC において，BC と平行で A を通る直線を作図しなさい。

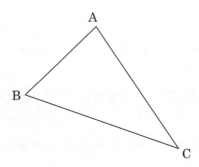

15章

●図形の移動

一定の方向に一定の距離だけ動かす移動を「**平行移動**」という。

1つの直線を折り目として折り返す移動を「**対称移動**」という。

一点を中心に一定の角度だけ回転させる移動を「**回転移動**」という。

例題16 下図の△A'B'C'は△ABC を平行移動した図形である。

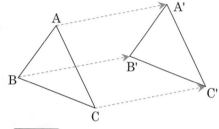

(1) 線分 AB と長さの等しい線分を答えなさい。

　　　　　　　　　　　　　　線分 A'B' …(答)

(2) 直線 AA'と平行な直線をすべて答えなさい。

　　　　　　　直線 BB',直線 CC' …(答)

(3) ∠A'C'B'と等しい角を答えなさい。

　　　　　　　　　　　　　　∠ACB …(答)

例題17 下図の△A'B'C'は△ABC を対称移動した図形である。次の問いに答えなさい。

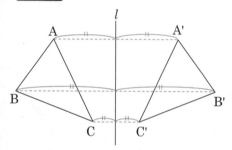

(1) 直線 l を何というか。　　　対称の軸…(答)

(2) 直線 l と垂直な線分をすべて答えなさい。

　　　　　線分 AA' , 線分 BB' , 線分 CC' …(答)

(3) ∠A'B'C'と等しい角を答えなさい。

　　　　　　　　　　　　　　∠ABC …(答)

(4) 線分 BC と長さが等しい線分を答えなさい。

　　　　　　　　　　　　　　線分 B'C' …(答)

例題18 下図の△A'B'C'は△ABC を，点 O を回転の中心に80°回転した図形である。

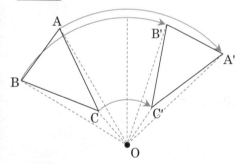

(1) ∠AOA'は何度か。　　　　80° … (答)

(2) 線分 AC と長さの等しい線分を答えなさい。

　　　　　　　　　　　　　線分 A'C' … (答)

(3) ∠ABC と等しい角を答えなさい。

　　　　　　　　　　　　　∠A'B'C' … (答)

例題19 下図は正三角形を6つ組み合わせてできた正六角形である。

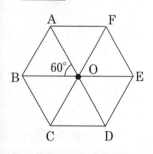

(1) BE を対称の軸に△OCD を対称移動してできる図形を答えなさい。　　　　　△OAF … (答)

(2) △ABO を平行移動してできる図形をすべて答えなさい。

　　　　　　　　△OCD, △FOE … (答)

(3) 点 O を中心に△OCD を120°右回りに回転移動してできる図形を答えなさい。　　　△OAB … (答)

234 次の問いに答えなさい。

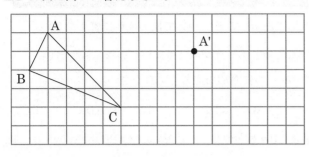

(1) △ABC を A が A'に移るように平行移動した△A'B'C'図をかき入れなさい。ただし B は B', C は C'にそれぞれ移るものとする。

(2) かき入れた図について，次の(　　)を埋めなさい。

① AB = (　　　　　)　② ∠ABC = ∠(　　　　　)　③ AA' ∥ (　　　　) ∥ (　　　　)

④ B'C' ∥ (　　　　　)

235 次の問いに答えなさい。

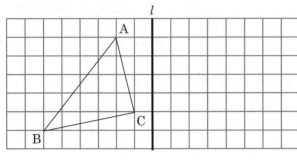

(1) △ABC を l を対称の軸に対称移動させた△A'B'C'を図にかき入れなさい。ただし A は A', B は B', C は C'にそれぞれ移るものとする。

(2) かき入れた図について，次の(　　)を埋めなさい。

① l (　　　　) AA'　② ∠ACB = ∠(　　　　)　③ AC = (　　　　)

④ 直線 l と点 B の距離は直線 l と点(　　　　)の距離と等しい。

236 次の問いに答えなさい。

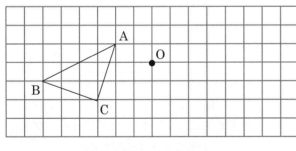

(1) △ABC を点 O を中心に 180°回転移動させた△A'B'C'を図にかき入れなさい。ただし A は A', B は B', C は C'にそれぞれ移るものとする。

(2) かき入れた図について，次の(　　)を埋めなさい。

① OA = (　　　　　)　② BC = (　　　　　)

③ 点 B を点 O を中心に 180°回転すると点(　　　　)と重なる。

237 下図は正三角形を 6 つ組み合わせてできた正六角形である。次の問いに答えなさい。

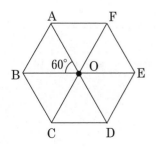

(1) ひし形 ABOF を CF を対称の軸に対称移動してできる図形を答えなさい。

(2) ひし形 BCDO を平行移動してできる図形を答えなさい。

(3) ひし形 ABOF を点 O を中心に 60°右回りに回転移動してできる図形を答えなさい。

★章末問題★

238 下の図は等脚台形といい，線対称な台形である。これについて次の問いに答えなさい。

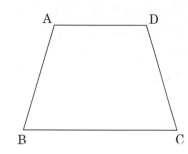

(1) 対称の軸 l を，コンパスを用いてかき込みなさい。

(2) 次の（　）に適切な記号を入れなさい。

① l（　　　）AD　② l（　　　）BC　③ AD（　　　）BC

④ 線分 AB ＝ 線分（　　　　）　⑤ ∠ABC ＝ ∠（　　　　）

(3) 次の①～④の中で交わるものと交わらないものを選びなさい。

① 直線 AD と直線 BC　　② 半直線 AB と半直線 CD

③ 半直線 BA と半直線 CD　④ 直線 AB と半直線 DC

　　　交わる（　　　　　　）　交わらない（　　　　　　）

239 コンパスと定規を用いて次の作図をしなさい。（コンパスの跡は消さないこと）

(1) BC を底辺とする△ABC の高さ AH を作図しなさい。（線分は定規で延長してよいものとする）

(2) BC を底辺とする正三角形 ABC を作図し，さらに ∠ABP ＝ 15° となる点 P を AC 上に作図しなさい。

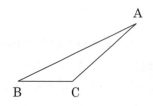

B　　　　　　　　　C

(3) 円の中心を作図しなさい。

(4) 駐車場から川岸に行き，そこからキャンプ場まで行く最短ルートを図示しなさい。

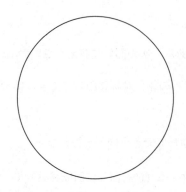

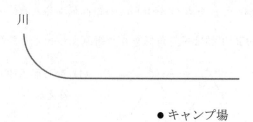

川

●キャンプ場

●
駐車場

240 次の問いに答えなさい。

(1) 次の(　　　)に入る数や言葉を答えなさい。

下図のように，ある1点の周りに①(　　　　　　　　)°回転すると，もとの図形にぴったり
重なるような図形を②(　　　　　　　　)な図形という。

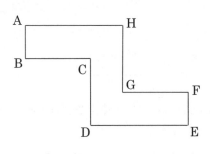

(2) (1)のある1点をOとする。この点Oを作図によって図にかき込みなさい。

(3) 点Bを，点Oを中心に180°回転させると，どの点と重なるか。

(4) 点Cを，点Oを中心に180°回転させると，どの点と重なるか。

241 下図のように長方形ABCDの各辺の中点をE, F, G, Hとし，対角線の交点をOとする。
△CGOを(1)〜(3)のように移動して重なる図形を，図中のア〜キの中からすべて選びなさい。

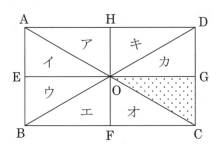

(1) 平行移動して重なる図形

(2) 対称移動して重なる図形

(3) Oを軸に回転移動して重なる図形

242 コンパスと定規を用いて次の作図をしなさい。(コンパスの跡は消さないこと)

(1) 円の中心Oを作図しなさい。また，弦AB
と平行で，弦ABの上側で円Oに接する接線
を作図しなさい。

(2) 直線 *l,m* からの距離が等しく，点A,Bからの距離も等しい点Pを作図しなさい。

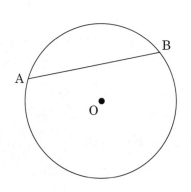

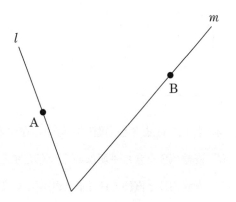

16章 ||| 空間図形

●空間内の平面と直線①

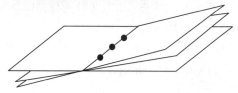

空間内の同一直線上にある3点を含む平面は無数に存在する。

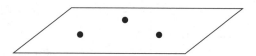

同じ直線上にない空間内の3点を含む平面は1つだけ存在する。

空間上で交わる2直線を含む平面は1つだけ存在する。

空間上で平行な2直線を含む平面は1つだけ存在する。

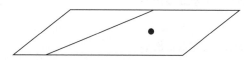

空間内の1つの直線とその直線上にない1点を含む平面は1つだけしか存在しない。

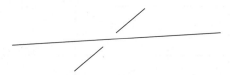

空間内で，平行でなく交わらない2直線を含む平面は存在しない。

重要　このような2直線の関係を「ねじれの位置」という。

例題 1　下の直方体について次の問いに答えなさい。

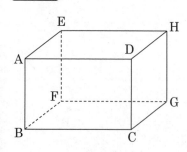

(1) 辺 AB と垂直な辺をすべて答えなさい。

　　　　　辺 AE, 辺 AD, 辺 BF, 辺 BC …(答)

(2) 辺 AB と平行な辺をすべて答えなさい。

　　　　　辺 CD, 辺 EF, 辺 GH …(答)

(3) 辺 AB とねじれの位置にある辺をすべて答えなさい。

　　　　　辺 EH, 辺 FG, 辺 DH, 辺 CG …(答)

(4) 点 B,E,G を含む平面はいくつ存在するか。　　1つ存在する …(答)

(5) 直線 AB を含む平面はいくつ存在するか。　　無数に存在する …(答)

(6) 直線 BE と直線 CH を含む平面はいくつ存在するか。　1つ存在する …(答)

(7) 直線 EH と直線 CD を含む平面はいくつ存在するか。　　存在しない …(答)

243 下図のように空間内に3点 A,B,C を通る直線 l と C,D,E を通る直線 m がある。これについて次の文中の(　　　)内から適切なものを選びなさい。

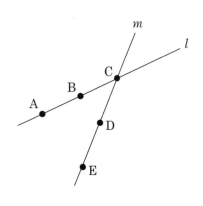

(1) 3点 A,E,C を含む平面は

（ 1つだけ存在する・無数に存在する・存在しない ）。

(2) 3点 A,B,C を含む平面は

（ 1つだけ存在する・無数に存在する・存在しない ）。

(3) 直線 l,m を含む平面は

（ 1つだけ存在する・無数に存在する・存在しない ）。

(4) 直線 AE と点 D を通る平面は

（ 1つだけ存在する・無数に存在する・存在しない ）。

16
章

244 下の直方体について次の問いに答えなさい。ただし(4)～(9)は(　)の適切なものを選びなさい。

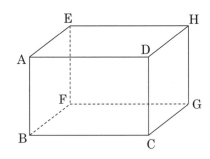

(1) 辺 EH と垂直な辺をすべて答えなさい。

(2) 辺 CD と平行な辺をすべて答えなさい。

(3) 辺 GH とねじれの位置にある辺をすべて答えなさい。

(4) 辺 BC と辺 EH を含む平面は （ 1つだけ存在する・無数に存在する・存在しない ）。

(5) 辺 EF と辺 CG を含む平面は （ 1つだけ存在する・無数に存在する・存在しない ）。

(6) 3点 E,B,G を含む平面は （ 1つだけ存在する・無数に存在する・存在しない ）。

(7) 4点 A,C,D,H を含む平面は （ 1つだけ存在する・無数に存在する・存在しない ）。

(8) 辺 BE と辺 CH は （ 垂直である・平行である・ねじれの位置にある ）。

(9) 辺 BE と辺 DG は （ 垂直である・平行である・ねじれの位置にある ）。

●空間内の平面と直線②

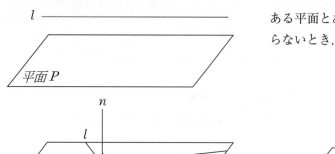

ある平面とある直線を限りなく伸ばしても交わらないとき，これらは互いに平行である。

平面 P // 直線 l

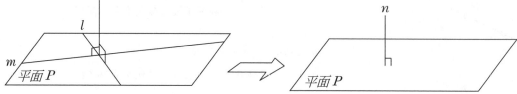

重要 ある平面上の2直線と垂直に交わる直線はこの平面と垂直である。

平面 P は直線 l, m を含む平面とする。

このとき，直線 n⊥直線 l，直線 n⊥直線 m ならば直線 n⊥平面 P である。

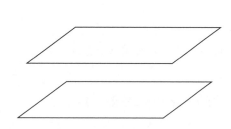

ある2つの平面を限りなく伸ばしても交わらないとき，これらの平面は互いに平行である。

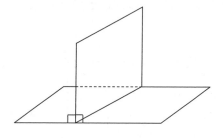

2平面のつくる角が直角であるとき，これらの平面は互いに垂直である。

例題 2 下の直方体について次の問いに答えなさい。

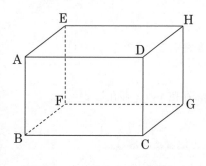

(1) この直方体の面を含む平面のうち，辺 AB と平行な平面をすべて答えなさい。

平面 EFGH, 平面 DCGH …(答)

(2) この直方体の面を含む平面のうち，辺 AB と垂直な平面をすべて答えなさい。

平面 ADHE, 平面 BCGF…(答)

(3) 線分 EH と線分 BE は垂直であるといえるか。

EH⊥AE, EH⊥EF であるので，平面 ABFE と EH は垂直であり，BE は平面 ABFE 上の線分であるので，<u>線分 EH と線分 BE は垂直であるといえる</u> …(答)

245 下の直方体について次の問いに答えなさい。

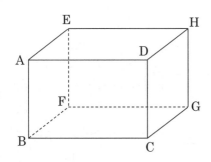

(1) この直方体の面を含む平面のうち，平面 ABCD と平行な平面は何面存在するか。

(2) この直方体の面を含む平面のうち，平面 ABCD と垂直な平面は何面存在するか。

(3) この直方体の面を含む平面のうち，辺 AD と平行な平面は何面存在するか。

(4) この直方体の面を含む平面のうち，辺 CD と垂直な平面は何面存在するか。

(5) 次のうち直線 BD と垂直な直線を記号で選びなさい。ただしア～ウのどれにも当てはまらない場合はエを選択すること。

　ア. 直線 CD　　　イ. 直線 DH　　　ウ. 直線 CG　　　エ. ア～ウの中には存在しない

246 図 1 の直方体を平面 PQRS で切り取ってできた立体が図 2 である。この図 2 の立体について次の問いに答えなさい。

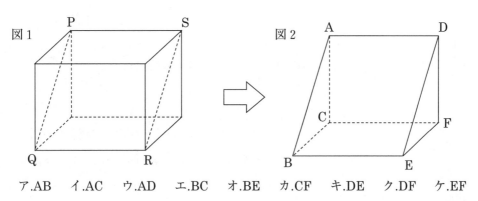

　ア.AB　　イ.AC　　ウ.AD　　エ.BC　　オ.BE　　カ.CF　　キ.DE　　ク.DF　　ケ.EF

(1) 平面 ABC と垂直な辺をア～ケの中からすべて選択しなさい。

(2) 平面 ACFD と平行な辺をア～ケの中からすべて選択しなさい。

(3) 直線 DF とねじれの位置にある辺をア～ケの中からすべて選択しなさい。

●いろいろな立体

◇角柱と円柱

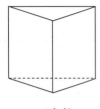 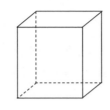 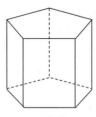 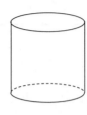

三角柱　　　　　　四角柱　　　　　　五角柱　　　　　　円柱

◇角錐と円錐

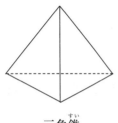 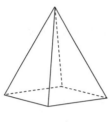 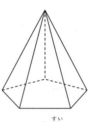 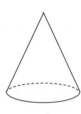

三角錐　　　　　　四角錐　　　　　　五角錐　　　　　　円錐

◇底面と側面

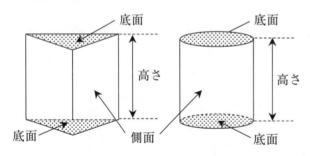 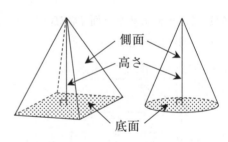

◇回転体

1つの平面図形を，その平面上の直線を軸として1回転してできる立体を**回転体**といい，その軸を**回転の軸**という。

◇母線

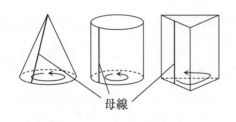

母線

角柱や円柱，円錐の側面を，ある線分が底面の周に沿って一回りしてできたものと見るとき，その線分を**母線**という。

247 次の立体の名前を答えなさい。

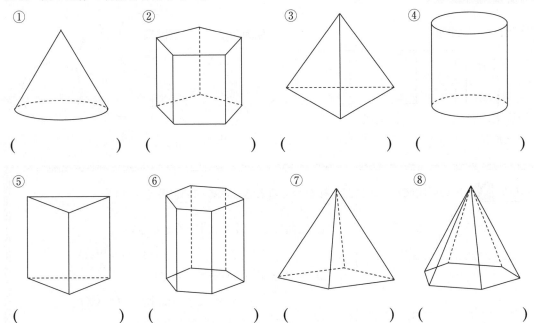

① (　　　　　　　) ② (　　　　　　　) ③ (　　　　　　　) ④ (　　　　　　　)

⑤ (　　　　　　　) ⑥ (　　　　　　　) ⑦ (　　　　　　　) ⑧ (　　　　　　　)

248 次の立体図形の①～④の部分は何を表しているか答えなさい。

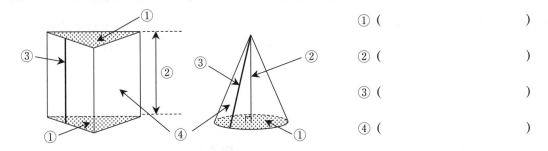

① (　　　　　　　　　　　)

② (　　　　　　　　　　　)

③ (　　　　　　　　　　　)

④ (　　　　　　　　　　　)

249 直線 *l* を回転の軸として下の平面図形を回転したときにできる回転体の名前を答えなさい。また母線の長さ，高さ，底面積を求めなさい。ただし円周率は 3.14 とする。

(1)　　　　　　　　　　　　　　(2)

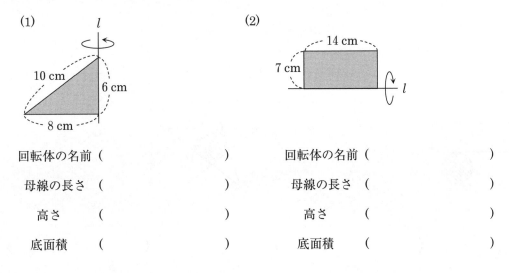

回転体の名前 (　　　　　　　)　　回転体の名前 (　　　　　　　)

母線の長さ　(　　　　　　　)　　母線の長さ　(　　　　　　　)

高さ　　　　(　　　　　　　)　　高さ　　　　(　　　　　　　)

底面積　　　(　　　　　　　)　　底面積　　　(　　　　　　　)

●見取図と展開図

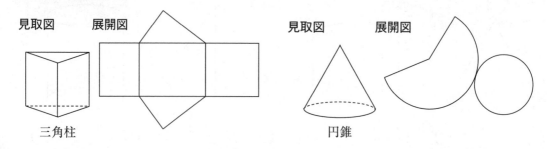

見取図　　展開図　　　　　　　　　見取図　　展開図

三角柱　　　　　　　　　　　　　　　円錐

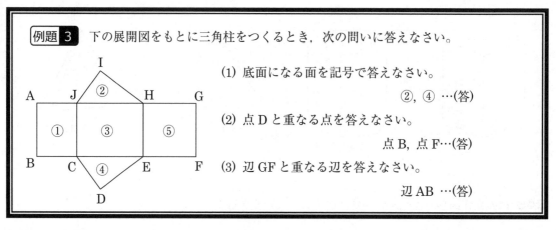

16章

例題 3　下の展開図をもとに三角柱をつくるとき，次の問いに答えなさい。

(1) 底面になる面を記号で答えなさい。

②，④ …(答)

(2) 点Dと重なる点を答えなさい。

点B，点F…(答)

(3) 辺GFと重なる辺を答えなさい。

辺AB …(答)

250 次の図はある立体の展開図である。その立体の見取図をかきなさい。ただし斜線部分が底(下側)になるようにかくこと。またその立体の名前も書きなさい。

(1)　　　　　　　　　　　　　　　　(2)

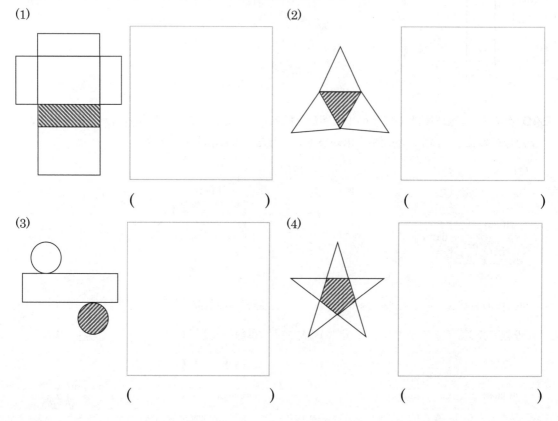

(　　　　　　　　　)　　　　　　(　　　　　　　　　)

(3)　　　　　　　　　　　　　　　　(4)

(　　　　　　　　　)　　　　　　(　　　　　　　　　)

251 下の図は立方体の展開図である。これを組み立てたとき，次の問いに答えなさい。

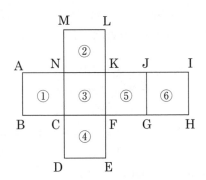

(1) ⑥の面と平行になる面は①～⑤のうちどれか。

(2) 辺DEと重なる辺を答えなさい。

(3) 点Aと重なる点をすべて答えなさい。

252 下の図はある立体の展開図である。これを組み立てたとき，次の問いに答えなさい。

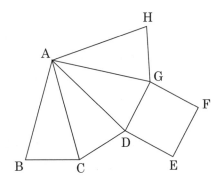

(1) この立体の名前を答えなさい。

(2) 辺ABと重なる辺を答えなさい。

(3) 辺BCと重なる辺を答えなさい。

(4) 点Fと重なる点をすべて答えなさい。

253 下図はある回転体の展開図である。この図について次の問いに答えなさい。ただし円周率は3.14とする。

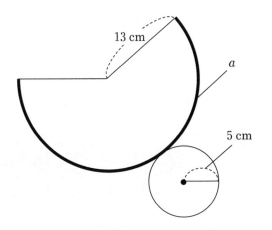

(1) 回転体の名前を答えなさい。

(2) 母線の長さを答えなさい。

(3) 底面の面積を求めなさい。

(4) 図の曲線 a (太線)の長さを求めなさい。

●多面体と合同

◇いくつかの平面で囲まれた立体を**多面体**という。

多面体

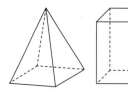

!注意　円柱，円錐は多面体ではない

◇平面上の2つの図形を重ね合わせることができるとき，2つの図形は**合同**であるという。

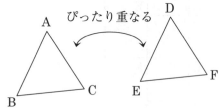

ぴったり重なる

△ABCと△DEFは合同

◇角柱のうち底面が正三角形，正方形…となっている多面体を，**正三角柱，正四角柱**…という。角錐のうち底面が正三角形，正方形…で側面がすべて合同な二等辺三角形であるものを，それぞれ**正三角錐，正四角錐**…という。

正三角柱

底面：正三角形
側面：長方形

正四角錐

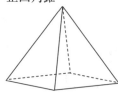

底面：正方形
側面：二等辺三角形

　全ての辺の長さが等しく，全ての内角の大きさが等しい多角形を**正多角形**という。すべての面が合同な正多角形で，どの頂点に集まる面も数が等しく，へこんだ部分がない多面体を**正多面体**という。正多面体は以下の5種類しかないことが証明されている。

正四面体

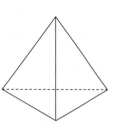

正六面体（立方体）

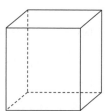
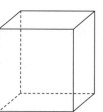

正八面体

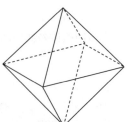

正十二面体

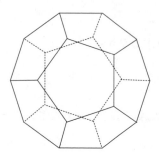

※別角度から見た場合

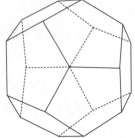

正二十面体

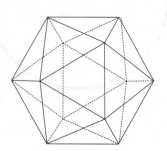

254 次の(　　)に当てはまる言葉を書きなさい。

いくつかの平面で囲まれた立体を①(　　　　　　　　)という。

平面上の２つの図形を重ね合わせることができるとき，２つの図形は②(　　　　　　　)であるという。

255 次の(　　)に当てはまる言葉を書きなさい。

(1) 正四角柱

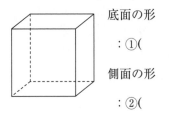

底面の形
：①(　　　　　　)

側面の形
：②(　　　　　　)

(2) 正三角錐

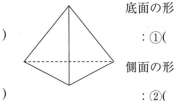

底面の形
：①(　　　　　　)

側面の形
：②(　　　　　　)

(3) 正六角柱の底面の形は①(　　　　　)で，側面の形は②(　　　　　　)である。

(4) 正五角錐の底面の形は①(　　　　　)で，側面の形は②(　　　　　　)である。

256 次の(　　)に当てはまる言葉を書きなさい。

全ての辺の長さが等しく，全ての内角の大きさが等しい多角形を①(　　　　　　　)という。

またすべての面が合同な(　①　)で，どの頂点に集まる面も数が等しく，へこんだ部分がない多面体を②(　　　　　　)という。

257 次の図は辺の長さがすべて等しいある立体の展開図である。(　　)に当てはまる言葉や数を書きなさい。

(1)

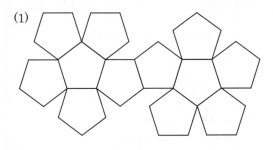

(2)

立体の名前：①(　　　　　　　)

１つの面はすべて②(　　　　　)形

１つの頂点に集まる面の数は③(　　　)

立体の名前：①(　　　　　　　)

１つの面はすべて②(　　　　　)形

１つの頂点に集まる面の数は③(　　　)

●投影図　真正面から見た図を**立面図**といい，真上から見た図を**平面図**という。
立面図と平面図を合わせて**投影図**という。

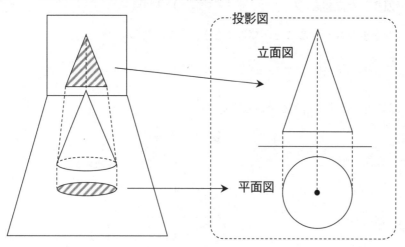

投影図
立面図
平面図

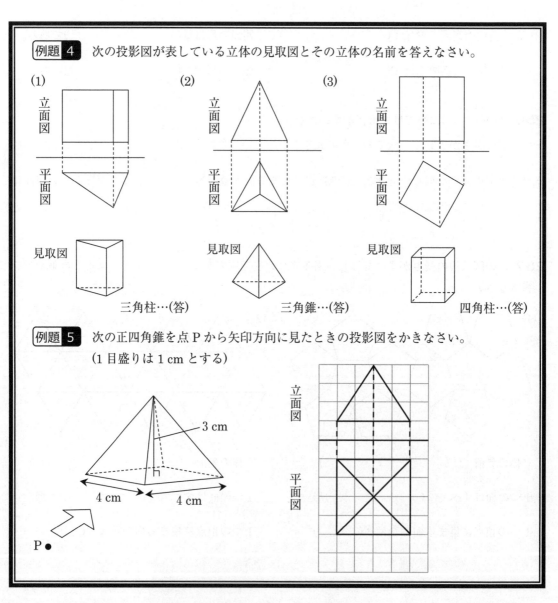

例題 **4**　次の投影図が表している立体の見取図とその立体の名前を答えなさい。

(1)
立面図
平面図
見取図
三角柱…(答)

(2)
立面図
平面図
見取図
三角錐…(答)

(3)
立面図
平面図
見取図
四角柱…(答)

例題 **5**　次の正四角錐を点Pから矢印方向に見たときの投影図をかきなさい。
(1目盛りは1cmとする)

3 cm
4 cm　4 cm
P

立面図
平面図

258 次の投影図が表している立体の名前を答えなさい。

(1)　　　　　　　　　　(2)　　　　　　　　　　(3)

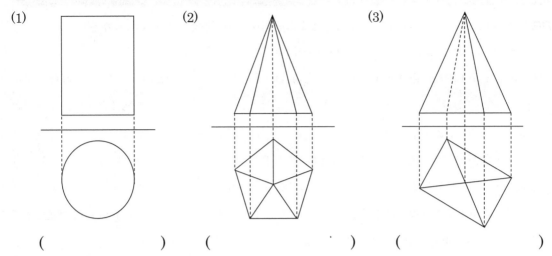

(　　　　　　　)　(　　　　　　　)　(　　　　　　　　　　)

259 次の投影図をもとに見取図をかきなさい。

(1)　　　　　　　　　　　　　　(2)

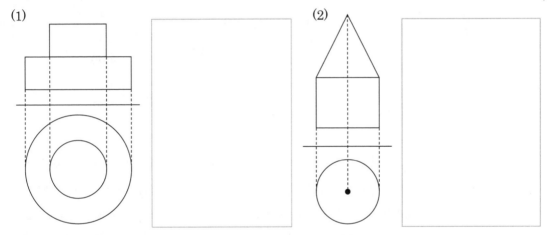

260 点Pから矢印方向に見たときの次の立体の投影図をかきなさい。
　　　(1目盛りは1cmとする)

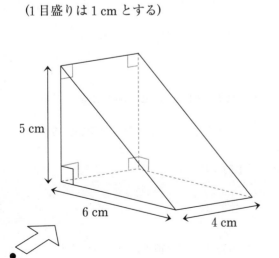
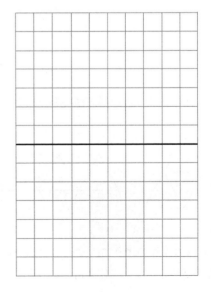

16章

★ 章 末 問 題 ★

261 空間内において，次の(　　)に当てはまる語句を下の語群から選んで入れなさい。

語群：[平行　垂直　交わる　ねじれの位置]

・2直線 l, m が1点だけを共有するとき，l と m は①(　　　　　　　　)という。また，2直線 l, m が同一平面上にあって，共有点がないとき，l と m は②(　　　　　　　　)であるといい，同一平面上にないとき，l と m は③(　　　　　　　　)にあるという。

・直線 l と平面 P が1点だけを共有するとき，l と P は④(　　　　　　　　)という。また，共有点がないとき，l と P は⑤(　　　　　　　　)であるという。

・2平面 P, Q が1つの直線だけを共有するとき，P と Q は⑥(　　　　　　　　)という。また，2平面 P, Q が共有点をもたないとき，P と Q は⑦(　　　　　　　　)であるという。

262 次の図1〜3について，下の文中の(　　)内に入る言葉を答えなさい。

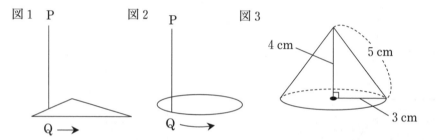

図1や図2の線分PQは，底面である三角形や円と常に垂直なまま平行移動する線分である。Qが底面の周に沿って線分PQが平行移動するとき，線分PQが動いた跡（あと）はある立体の側面と一致（いっち）する。この立体は図1の場合(①)，図2の場合(②)である。これらの立体は，線分PQを一回りさせてできたと見ることができ，このような線分を(③)という。図3の立体は(④)と呼ばれ，この立体の(③)の長さは(⑤) cm である。

①(　　　　　　　) ②(　　　　　　　) ③(　　　　　　　)

④(　　　　　　　) ⑤(　　　　　　　)

263 下図はある立体の展開図であり，どちらも正三角形を組み合わせた図形になっている。

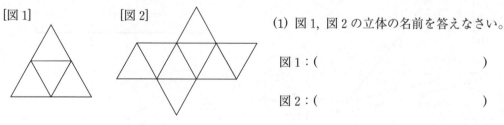

[図1]　　　　[図2]

(1) 図1，図2の立体の名前を答えなさい。

図1：(　　　　　　　)

図2：(　　　　　　　)

(2) これらの立体のように，すべての面が合同な正多角形で，どの頂点に集まる面も数が等しく，へこんだ部分がない立体を何というか。

264 次の図形を，直線 l を軸として1回転させてできる立体の見取図をかきなさい。

(1)　　　　　　　　　　　　　　　　　　　　(2)

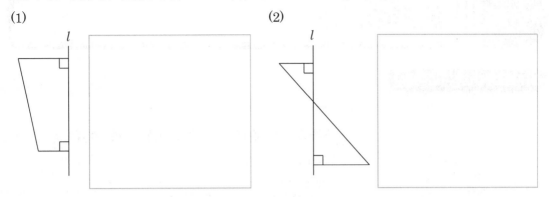

265 下図は正四角柱 ABCD－EFGH を平面 BDHF で切り取った立体である。この立体について次の問いに答えなさい。

(1) 点 P から矢印方向に見たときのこの立体の投影図をかきなさい。（1目盛りは1cm とする）

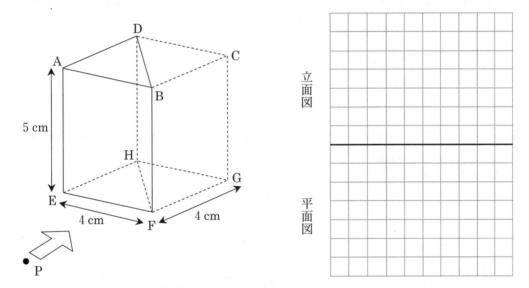

(2) この立体の名前を答えなさい。また，底面，側面を表す面，高さを表す辺をすべて答えなさい。

名前：(　　　　　　　　　　　　　)　底面：(　　　　　　　　　　　　　　　　　)

高さ：(　　　　　　　　　　　)

(3) 側面は全部で何面あるか。

(4) この立体の側面及び底面のうち，平面 BDHF と垂直な平面をすべて答えなさい。

(5) 辺 AE とねじれの位置にある辺を次のア～クからすべて選びなさい。

ア.AB　イ.AD　ウ.BD　エ.BF　オ.DH　カ.EF　キ.EH　ク.FH

17章　図形の計量

●円周の長さと円の面積

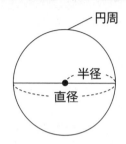

円周率をπとすると,

円周の長さ＝直径×π　　円の面積＝半径×半径×π

さらに半径をr, 円周の長さをl, 面積をSとすると,

円周：$l = 2\pi r$　　円の面積：$S = \pi r^2$

例題 **1**　直径が7cmの円の円周の長さと面積を求めなさい。ただし円周率はπとする。

半径をrとすると, 直径が7cmなので$r = \dfrac{7}{2}$cm

円周の長さ$= 2\pi r$

$\quad = 2\pi \times \dfrac{7}{2}$

$\quad = 7\pi$ (cm) …(答)

円の面積$= \pi r^2$

$\quad = \pi \times \left(\dfrac{7}{2}\right)^2$

$\quad = \dfrac{49}{4}\pi$ (cm^2) …(答)

●弧の長さと扇形の面積

扇形の弧の長さと面積は次の公式で求めることができる。

弧の長さ＝円周×$\dfrac{中心角}{360}$

扇形の面積＝円の面積×$\dfrac{中心角}{360}$

例題 **2**　半径が4cm, 中心角が60°の扇形の弧の長さと面積を求めなさい。ただし円周率はπとする。

弧の長さ＝円周×$\dfrac{中心角}{360}$

$\quad = 2\pi \times 4 \times \dfrac{60}{360}$

$\quad = 8\pi \times \dfrac{1}{6}$

$\quad = \dfrac{4}{3}\pi$ (cm)…(答)

扇形の面積＝円の面積×$\dfrac{中心角}{360}$

$\quad = \pi \times 4 \times 4 \times \dfrac{60}{360}$

$\quad = 16\pi \times \dfrac{1}{6}$

$\quad = \dfrac{8}{3}\pi$ (cm^2)…(答)

266 次の円の①〜③が何を表しているか答えなさい。また円周の長さを表す公式を「直径」と円周率πを用いて、また円の面積を表す公式を「半径」と円周率πを用いて表しなさい。

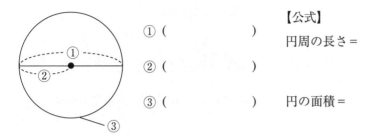

① (　　　　　　　　)
② (　　　　　　　　)
③ (　　　　　　　　)

【公式】
円周の長さ =

円の面積 =

267 次の場合の円周の長さと円の面積を求めなさい。ただし円周率はπとする。

(1) 半径の長さが5 cm

(2) 直径の長さが5 cm

円周 (　　　　　) 面積 (　　　　　)　　　円周 (　　　　　) 面積(　　　　　)

268 次の扇形の①〜③が何を表しているか答えなさい。また弧の長さ、扇形の面積を表す公式を「円周」「円の面積」「中心角」の言葉を用いた式で表しなさい。

① (　　　　　　　　)
② (　　　　　　　　)
③ (　　　　　　　　)

【公式】
弧の長さ =

扇形の面積 =

269 次の場合の扇形の弧の長さと面積を求めなさい。ただし円周率はπとする。

(1) 半径が4 cm，中心角が120°

(2) 半径が$\frac{5}{2}$ cm，中心角が90°

弧 (　　　　　) 面積 (　　　　　)　　　弧 (　　　　　) 面積 (　　　　　)

270 次の問いに答えなさい。ただし円周率は π とする。

(1) 半径 r の円の円周の長さ l を r と π を用いて表しなさい。

$$l = \boxed{}$$

(2) 半径 r の円の面積 S を，r と π を用いて表しなさい。

$$S = \boxed{}$$

(3) 半径が 7 cm の円の円周の長さを求めなさい。

(4) 半径が 8 cm の円の面積を求めなさい。

(5) 直径が 3 cm の円の円周の長さを求めなさい。

(6) 直径が 9 cm の円の面積を求めなさい。

(7) 半径 r で中心角が x の扇形の弧の長さ l を r と x の式で表しなさい。

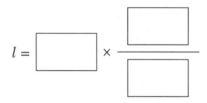

(8) 半径 r で中心角が x の扇形の面積 S を r と x の式で表しなさい。

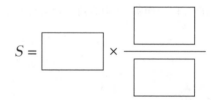

(9) 半径が 4 cm で中心角が 30°の扇形の弧の長さを求めなさい。

(10) 半径が 8 cm で中心角が 45°の扇形の面積を求めなさい。

(11) 半径が 6 cm で中心角が 280°の扇形の弧の長さを求めなさい。

(12) 半径が 3 cm で中心角が 270°の扇形の面積を求めなさい。

例題 **3**　次の図の斜線部分の周の長さと面積を求めなさい。ただし円周率は π とする。

(1)

周の長さ = ⌒ + ⌒⌒

= (半径6の円周の半分) + (半径3の円周)

= $2\pi \times 6 \times \dfrac{1}{2} + 2\pi \times 3 = 6\pi + 6\pi = 12\pi$ (cm)…(答)

面積 = ◿ − ⌒⌒

= (半径6の円の半分) − (半径3の円)

= $\pi \times 6^2 \times \dfrac{1}{2} - \pi \times 3^2 = 18\pi - 9\pi = 9\pi$ (cm²)…(答)

(2)

10 cm

10 cm

周の長さ = ⌐ + ⌒

= (10+10) + (半径10の円周の4分の1)

= $20 + 2\pi \times 10 \times \dfrac{1}{4} = 20 + 5\pi$ (cm)…(答)

面積 = ◻ − ◿

= (一辺10の正方形) − (半径10の円の4分の1)

= $100 - \pi \times 10^2 \times \dfrac{1}{4} = 100 - 25\pi$ (cm²)…(答)

271 次の図の斜線部分の周の長さと面積を求めなさい。ただし円周率は π とする。

(1)

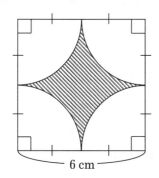

6 cm

(2)

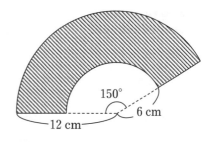

150°

12 cm　　6 cm

周の長さ：(　　　　　　　　)　　　　　　周の長さ：(　　　　　　　　　)

面積：(　　　　　　　　)　　　　　　　面積：(　　　　　　　　　)

●中心角を求める問題

例題 **4**　半径が 5 cm, 弧の長さが 3π cm の扇形の中心角を求めなさい。

中心角を x とすると,

弧の長さ＝円周 × $\dfrac{\text{中心角}}{360}$ より,

$3\pi = 2\pi \times 5 \times \dfrac{x}{360}$

$3\pi = \dfrac{\pi x}{36}$

左辺と右辺を入れ換えて,

$\dfrac{\pi x}{36} = 3\pi$　　両辺に $\dfrac{36}{\pi}$ を掛けて,

$\dfrac{\pi x}{36} \times \dfrac{36}{\pi} = 3\pi \times \dfrac{36}{\pi}$

$x = 108°$ …(答)

例題 **5**　半径が 4 cm, 面積が 6π cm² の扇形の中心角を求めなさい。

中心角を x とすると,

扇形の面積＝円の面積 × $\dfrac{\text{中心角}}{360}$ より,

$6\pi = \pi \times 4^2 \times \dfrac{x}{360}$

$6\pi = \dfrac{2\pi x}{45}$

左辺と右辺を入れ換えて,

$\dfrac{2\pi x}{45} = 6\pi$　　両辺に $\dfrac{45}{2\pi}$ を掛けて,

$\dfrac{2\pi x}{45} \times \dfrac{45}{2\pi} = 6\pi \times \dfrac{45}{2\pi}$

$x = 135°$ …(答)

●弧の長さと扇形の面積

底辺

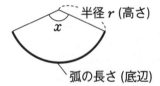

半径 r (高さ)

弧の長さ (底辺)

三角形の面積 $= \dfrac{1}{2} \times \left(\text{底辺}\right) \times \left(\text{高さ}\right)$

弧の長さがわかっている場合,

扇形の面積も三角形と同じように求めることができる。

扇形の面積 $= \dfrac{1}{2} \times \left(\text{弧の長さ}\right) \times \left(\text{半径}\right)$

┌─ 公式の証明 ─

扇形の面積 $= \pi r^2 \times \dfrac{x}{360} = 2\pi r \times \dfrac{1}{2} r \times \dfrac{x}{360}$

$= \dfrac{1}{2} \times \left(2\pi r \times \dfrac{x}{360}\right) \times r$

$= \dfrac{1}{2} \times \left(\text{弧の長さ}\right) \times \left(\text{半径}\right)$

例題 **6**　半径が 5 cm, 弧の長さが 6π cm の扇形の面積を求めなさい。

扇形の面積＝弧の長さ × 半径 × $\dfrac{1}{2} = 6\pi \times 5 \times \dfrac{1}{2} = 15\pi$ (cm²) …(答)

272 半径が6 cm，弧の長さが2π cm の扇形の中心角を求めなさい。

中心角（　　　　　　　　　）

273 半径が5 cm，面積が10π cm² の扇形の中心角を求めなさい。

中心角（　　　　　　　　　）

274 半径が10 cm，弧の長さが8π cm の扇形の面積を求めなさい。

面積（　　　　　　　　　）

275 半径が6 cm，弧の長さが4π cm の扇形の面積と中心角を求めなさい。

面積（　　　　　　　　　）　中心角（　　　　　　　　　）

●立体の表面積

例題 7　次の角柱・円柱・円錐の表面積を求めなさい。

(1)

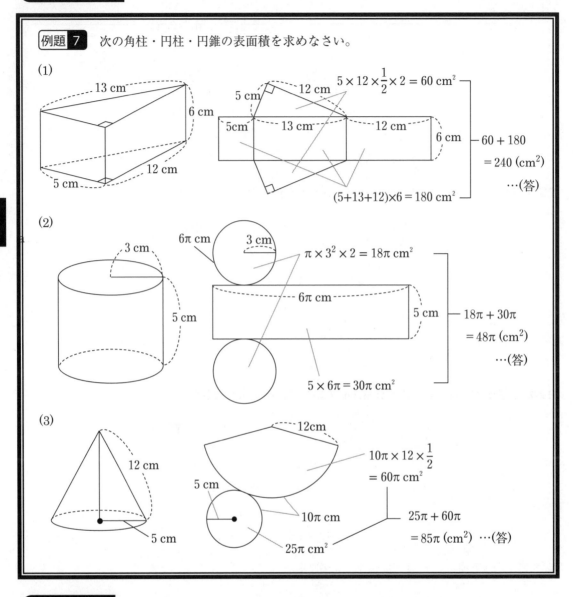

(2)

(3)

●球の表面積

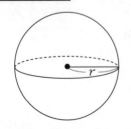

左図のように半径が r の球の表面積は次のような
公式で求められる。

球の表面積：$S = 4\pi r^2$

例題 8　半径が5cmの球の表面積を求めなさい。

球の表面積　$= 4\pi \times 5^2 = 100\pi$ (cm^2) …(答)

276 次の角柱・円柱の表面積を求めなさい。ただし円周率は π とする。

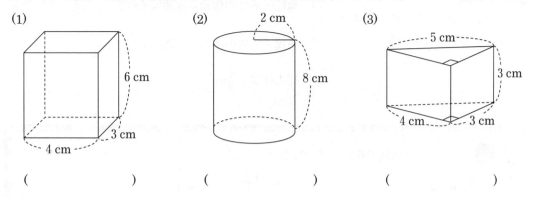

(1)　　　　　　　　　　　(2)　　　　　　　　　　　(3)

（　　　　　　　）　　　（　　　　　　　）　　　（　　　　　　　）

277 次の正四角錐・円錐の表面積を求めなさい。ただし円周率は π とする。

(1)　　　　　　　　　　　　　　　　　　(2)

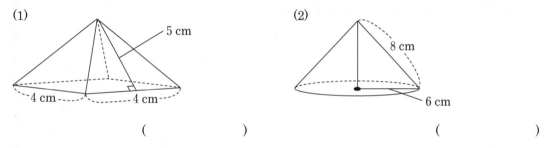

（　　　　　　　）　　　　　　（　　　　　　　）

278 次の問いに答えなさい。ただし円周率は π とする。

(1) 半径が r cm の球の表面積はいくらか。　　(2) 半径が 4 cm の球の表面積を求めなさい。

（　　　　　　　）　　　　　　　　　（　　　　　　　）

(3) 半径 6 cm の球を半分にした立体の表面積を求めなさい。（　　　　　　　）

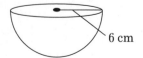

●立体の体積

角柱・円柱，角錐・円錐，球の体積は
右の公式で求めることができる。

> 角柱・円柱の体積＝底面積×高さ
>
> 角錐・円錐の体積＝底面積×高さ×$\frac{1}{3}$
>
> 球の体積＝$\frac{4}{3}\pi r^3$

例題 9　次の角柱・円柱の体積を求めなさい。

(1)

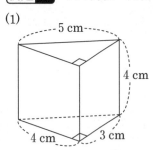

底面＝$3 \times 4 \times \dfrac{1}{2}$
　　＝6 cm^2

高さ＝4 cm

体積＝$6 \times 4 = 24 \text{ (cm}^3)$ …(答)

(2)

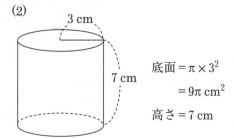

底面＝$\pi \times 3^2$
　　＝$9\pi \text{ cm}^2$

高さ＝7 cm

体積＝$9\pi \times 7 = 63\pi \text{ (cm}^3)$ …(答)

例題 10　次の角錐・円錐の体積を求めなさい。

(1)

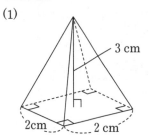

底面＝2×2
　　＝4 cm^2

高さ＝3 cm

体積＝$4 \times 3 \times \dfrac{1}{3} = 4 \text{ (cm}^3)$ …(答)

(2)

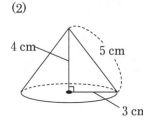

底面＝$\pi \times 3^2$
　　＝$9\pi \text{ cm}^2$

高さ＝4 cm

体積＝$9\pi \times 4 \times \dfrac{1}{3} = 12\pi \text{ (cm}^3)$ …(答)

例題 11　半径が3 cmの球の体積を求めなさい。

体積＝$\dfrac{4}{3}\pi \times 3^3 = 36\pi \text{ (cm}^3)$ …(答)

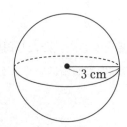

279 次の角柱・円柱の体積を求めなさい。ただし円周率は π とする。

(1)
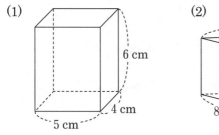

(2)
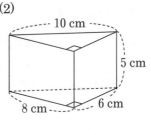

(3)
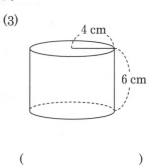

（　　　　　　　　）　　　　（　　　　　　　　）　　　　（　　　　　　　　）

280 次の角錐・円錐の体積を求めなさい。ただし円周率は π とする。

(1)
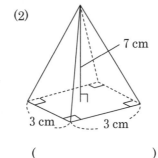

(2)
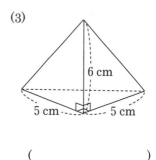

(3)

（　　　　　　　　）　　　　（　　　　　　　　）　　　　（　　　　　　　　）

281 次の問いに答えなさい。ただし円周率は π とする。

(1) 半径が r cm の球の体積はいくらか。　　　　　　　　（　　　　　　　　　　　）

(2) 半径が 6 cm の球の体積を求めなさい。　　　　(3) 半径が $\frac{3}{2}$ m の球の体積を求めなさい。

（　　　　　　　）　　　　　　　　（　　　　　　　）

★ 章 末 問 題 ★

282 次の問いに答えなさい。ただし円周率はπとする。

(1) 半径が 10 cm の円の円周の長さと面積を求め
なさい。

円周（　　　　　　　）　面積（　　　　　　　）

(2) 半径が 6 cm で中心角が 150°の扇形の面積
を求めなさい。

面積（　　　　　　　）

(3) 半径が 9 cm で中心角が 120°の扇形の弧の長さ
を求めなさい。

弧の長さ（　　　　　　　）

(4) 半径が 5 cm，弧の長さが10π cm の扇形の
面積を求めなさい。

面積（　　　　　　　）

(5) 半径が 10 cm，弧の長さが 6π cm の扇形の中
心角を求めなさい。

中心角（　　　　　　　）

(6) 半径が 9 cm，面積が 18π cm² の扇形の中
心角を求めなさい。

中心角（　　　　　　　）

(7) 下の三角柱の体積を求めなさい。

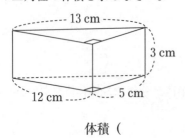

体積（　　　　　　　）

(8) 下の四角錐の体積を求めなさい。

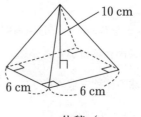

体積（　　　　　　　）

(9) 下の円柱の展開図をかき，この円柱の表面積と体積を求めなさい。

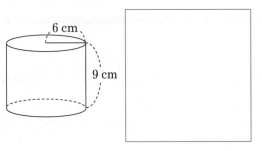

表面積（　　　　　　） 体積（　　　　　）

(10) 下の円錐の展開図をかき，この円錐の表面積と体積を求めなさい。

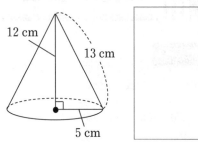

表面積（　　　　　） 体積（　　　　　）

(11) 下の球の表面積と体積を求めなさい。

表面積（　　　　　　）

体積（　　　　　　）

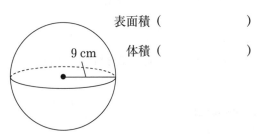

(12) 下図の斜線部分の面積を求めなさい。

面積（　　　　　　　）

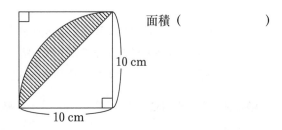

18章　資料の整理

●度数分布表①

あるクラスの男子の身長の記録

151	170	165	153	158
163	155	168	154	162
164	169	156	161	157
160	161	155	159	163

あるクラスの男子の身長の度数分布表

身長(cm) 以上　　未満	度数(人)	相対度数
150 〜 155	3	0.15
155 〜 160	6	0.30
160 〜 165	7	0.35
165 〜 170	3	0.15
170 〜 175	1	0.05
計	20	1.00

　資料をいくつかの階級に分け，階級ごとにその度数を示した表を**度数分布表**という。

　左の度数分布表はあるクラスの男子の身長の記録をまとめたもの。

階級　…資料を整理するための区間

　　　「150〜155」「160〜165」など

階級の幅　… 区間の幅。左の例ではすべて5cm

階級値　… 階級の中央の値。

　　　階級が「150〜155」では152.5が階級値

度数　… 階級に入っている資料の個数

　　　階級が「150〜155」では3

相対度数　… 総度数に対する階級の度数の割合

$$相対度数 = \frac{各階級の度数}{総度数}$$

階級が「150〜155」では $\frac{3}{20} = 0.15$

度数分布表をグラフに表したものを**ヒストグラム（柱状グラフ）**という。

ヒストグラムで各長方形の上の辺の中点を結んだものを**度数分布多角形（度数折線）**という。

(両端には階級があるものとして，それぞれ度数を0とする)

●ヒストグラム（柱状グラフ）

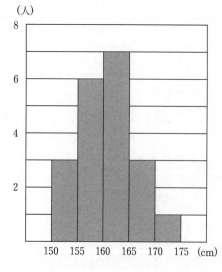

●度数分布多角形

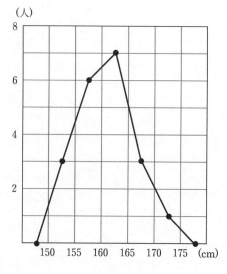

283 下の表は，あるクラスの男子の身長の記録をまとめたものである。これについて，次の空欄に当てはまる言葉を埋めなさい。

身長(cm) 以上　未満	人数	（　⑥　）
150 〜 155	3	0.15
155 〜 160	6	0.30
160 〜 165	7	0.35
165 〜 170	3	0.15
170 〜 175	1	0.05
計	20	1.00

左のような表を①(　　　　　　　　　　)
という。「150 〜 155」や「155 〜 160」などの区
間を②(　　　　　　　　　)といい，その区間の幅
を③(　　　　　　　　　)という。また(　②　)
の中央の値を④(　　　　　　　　)という。
　さらに，各(　②　)に入っている資料の個数を
⑤(　　　　　　　　)といい，全体に対するそ
の割合を⑥(　　　　　　　　)という。

284 下の表は，サッカー部の部員の体重の記録をまとめたものである。これについて次の問いに答えなさい。

体重(kg) 以上　未満	人数	相対度数
35 〜 40	4	0.13
40 〜 45	6	0.20
45 〜 50	11	0.37
50 〜 55	a	b
55 〜 60	2	0.07
計	30	1.00

(1) 体重が 45 kg 未満の部員は何人いるか。

(2) 体重が「40 kg 以上 45 kg 未満」の部員はサッカー部員全体の何%か。

(3) 表の中の a の値を求めなさい。

(4) 表の中の b の値を，四捨五入して小数第2位まで求めなさい。

(5) この表に関して，ヒストグラムと度数分布多角形を完成させなさい。

ヒストグラム

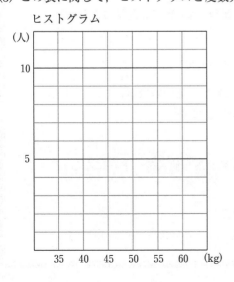

度数分布多角形

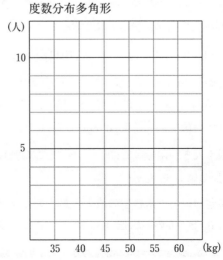

●代表値

資料全体の様子を１つの数値を用いて代表させるような値を代表値という。

代表値には**平均値**(アベレージ/average), **中央値**(メジアン/median), **最頻値**(モード/mode),

範囲(レインジ/range) などがある。※値はvalue, 合計はsumという。

◇**平均値**…度数分布表での平均値は次のように求める。

$$平均値 = \frac{【階級値 \times 度数】の総和}{総度数}$$

◇**中央値(メジアン)**…資料の大きさを順に並べたとき, 中央に来る値や階級値をいう。

資料の個数が偶数個のときは, 中央に並ぶ２つの値の平均値が中央値となる。

◇**最頻値(モード)**…度数が最も大きい資料の値や階級値をいう。

◇**範囲(レインジ)**…資料の値や階級値の最大と最小の値の差をいう。

例題 1　下の表は, ある運動部の垂直跳びの記録をまとめたものである。この表をもとに次の値を求めなさい。　① 平均値　② 中央値　③ 最頻値　④ 範囲

記録(cm) 以上　未満	度数(人)
30 ～ 40	1
40 ～ 50	4
50 ～ 60	5
60 ～ 70	7
70 ～ 80	3
計	20

①平均値 $= \dfrac{35 \times 1 + 45 \times 4 + 55 \times 5 + 65 \times 7 + 75 \times 3}{20}$

$= \dfrac{35 + 180 + 275 + 455 + 225}{20}$

$= \dfrac{1170}{20} = 58.5$ (cm) …(答)

※平均値は階級値を用いて求めているので, １人１人の記録を用いて平均を求めた場合と多少の誤差が出る。

② 資料の個数が偶数の場合, 小さい(大きい)順に並べて中央にくる資料は２つある！

例1　資料が４つのとき　$4 = 2 + 2 \rightarrow$ $\boxed{a_1 \ a_2}$ $\boxed{a_3 \ a_4}$ …中央に来るのは a_2 と a_3

例2　資料が５つのとき　$5 = 2 + 1 + 2 \rightarrow$ $\boxed{a_1 \ a_2}$ a_3 $\boxed{a_4 \ a_5}$ …中央に来るのは a_3

　資料の個数が20なので, 値が小さい方から10番目, 11番目の階級値を調べ, その平均が中央値（メジアン）になる。

!注意　$20 = 9 + 2 + 9$ とすると, 中央が２人でその前後が９人とわかる。

小さい方から10番目の人は「50 ～ 60」の階級に属し, その階級値は55。

11番目の人は「60 ～ 70」の階級に属し, その階級値は65。

よって, 中央値 $= \dfrac{55+65}{2} = 60$ (cm) …(答)

③ 度数が最も大きい階級は「60 ～ 70」でこの階級値が最頻値（モード）になる。

よって, 最頻値 $= 65$ (cm) …(答)

④ 個別の値がないので階級値の最大と最小の差をとる。

よって, (70 ～ 80 の階級値)－(30 ～ 40 の階級値) $= 75 - 35 = 40$ (cm) …(答)

285 下の度数分布表はあるクラスのハンドボール投げの記録をまとめたものである。この資料についての平均値，中央値，最頻値，範囲を答えなさい。

記録(m) 以上　未満	度数(人)
10 ～ 14	3
14 ～ 18	5
18 ～ 22	12
22 ～ 26	17
26 ～ 30	3
計	40

平均値：(　　　　　　　　)　　中央値：(　　　　　　　　)

最頻値：(　　　　　　　　)　　範囲：(　　　　　　　　)

286 下の表は，あるクラスで行った 10 点満点の小テストの記録をまとめたものである。この資料についての平均値，中央値，最頻値，範囲を答えなさい。(平均値は四捨五入して小数第 1 位まで求めること)

記録(点) 以上　未満	度数(人)
0 ～ 2	2
2 ～ 4	5
4 ～ 6	7
6 ～ 8	4
8 ～ 10	3
計	21

平均値：(　　　　　　　　)　　中央値：(　　　　　　　　)

最頻値：(　　　　　　　　)　　範囲：(　　　　　　　　)

● 度数分布表②

　度数分布表において，小さい方からある階級までの度数の総和をその階級の**累積度数**といい，総度数に対する累積度数の割合を**累積相対度数**という。

例題 2　下の度数分布表はあるクラスの男子の身長を調査したものである。表中の $a,\ b$ に当てはまる数値を答えなさい。

身長(cm) 以上　　未満	度数(人)	相対度数	累積度数	累積相対度数
150 ～ 155	3	0.15	3	0.15
155 ～ 160	6	0.30	9	0.45
160 ～ 165	7	0.35	16	0.80
165 ～ 170	3	0.15	a	b
170 ～ 175	1	0.05	20	1.00
計	20	1.00		

$a = 16 + 3 = 19$ …(答)

$b = \dfrac{a}{20} = \dfrac{19}{20} = 0.95$ …(答)

別解

b は相対度数から次のようにも計算できる。

$b = 0.80 + 0.15 = 0.95$

※相対度数が概数のときは正しい値が出ないこともあるので注意

● 統計的確率

　多数回の実験や観察の結果，あることがらの起こる割合がほぼ一定の値に近づくとき，その数値（割合）でそのことがらの起こりやすさを表す。この割合を，そのことがらの起こる**確率**という。

例題 3　下の表は1枚の硬貨を水平な床に投げたとき，表が出る回数とその割合を調べたものである。これについて次の問いに答えなさい。

投げた回数	100	200	300	400	500	600	700	800	900	1000
表が出た回数	62	88	180	184	275	282	364	384	441	510
表が出た回数の割合	0.62	0.44	0.60	0.46	0.55	0.47	0.52	0.48	0.49	ア

(1) 表中のアに当てはまる数値を小数で答えなさい。

　　　表が出た回数の割合 $= \dfrac{\text{表が出た回数}}{\text{投げた回数}} = \dfrac{510}{1000} = 0.51$ …(答)

(2) 表が出る確率は次のうちどれが最も近いと考えられるか。

　　① $\dfrac{1}{5}$　　② $\dfrac{3}{4}$　　③ $\dfrac{1}{3}$　　④ $\dfrac{1}{2}$

　表と裏の出ることが同程度期待されるとするなら，表は2回に1回出ることが期待される。

　上の表を見ると，投げる回数を増やすごとに表の出た回数の割合は 0.5 に近づいている。

　よって，表が出る確率は $0.5 = \dfrac{1}{2}$ であると推察される。　　④ …(答)

287 次の度数分布表はあるクラスの通学時間の調査をまとめたものである。表中の累積度数と累積相対度数をすべて埋めなさい。また，メジアン，モード，レンジを求めなさい。ただし累積相対度数は電卓を用い，小数第3位を四捨五入して概数で答えること。

通学時間(分)　以上　未満	度数(人)	累積度数	累積相対度数
0 〜 10	1		
10 〜 20	3		
20 〜 30	8		
30 〜 40	9		
40 〜 50	4		
50 〜 60	5		
60 〜 70	2		
計	32		

メジアン：(　　　　　　　　)

モード：(　　　　　　)

レンジ：(　　　　　　)

288 次の表はA君とB君がじゃんけんをした回数と，あいこになった回数をまとめたものである。これについて次の問いに答えなさい。

じゃんけんをした回数	10	20	30	40	50	60	70	80	90	100
あいこになった回数	4	9	13	15	21	24	27	30	33	34
あいこになった割合	0.40	0.45	0.43	0.38	ア	イ	0.39	0.38	0.37	0.34

(1) 表中にア，イに入る数値を答えなさい。　ア：(　　　　) イ：(　　　　)

(2) あいこになる確率は次のうちどれが最も近いと考えられるか。(　　　　)

①$\frac{1}{4}$　　②$\frac{1}{3}$　　③$\frac{2}{3}$　　④$\frac{2}{5}$

★章末問題★

289 下のグラフは，ある検定試験の記録をまとめたものである。これについて次の問いに答えなさい。

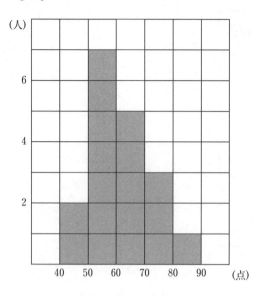

(1) 左のように階級ごとに分かれた棒グラフを何というか。

(2) 受験者数は全部で何人か。

(3) 中央値を求めなさい。

(4) 最頻値を求めなさい。

(5) 資料の範囲を求めなさい。

(6) 52点の人が入っている階級の相対度数を四捨五入して小数第2位まで求めなさい。

(7) この試験の平均点を四捨五入して小数第1位まで求めなさい。

290 下の表は，あるクラスの男子生徒10人のハンドボール投げの記録である。この10人の記録の中央値を求めなさい。

生徒	1	2	3	4	5	6	7	8	9	10
記録(m)	26	24	21	24	28	20	25	18	22	23

291 右の表はある中学校の 3 年生男子の体重を調べ，その結果をまとめたものである。これについて次の問いに答えなさい。

記録(kg) 以上　　未満	度数(人)	累積度数
35 〜 40	3	3
40 〜 45	8	11
45 〜 50	16	27
50 〜 55	a	46
55 〜 60	b	c
60 〜 65	9	d
65 〜 70	4	73
70 〜 75	3	76
計	76	

(1) このような表を何というか。

(2) 階級の幅はいくらか。

(3) 35 〜 40 kg の階級の階級値はいくらか。

(4) 表中の a,b,c,d に当てはまる数値を求めなさい。

$a = ($　　　　$)$　　$b = ($　　　　$)$

$c = ($　　　　$)$　　$d = ($　　　　$)$

(5) この資料の中央値を求めなさい。

(6) 50 〜 55 kg の階級の相対度数を求めなさい。

(7) 60 kg 未満の男子は全体の何%か。四捨五入して一の位まで求めなさい。

(8) 次の用語の意味として適切なものをア〜カから選択しなさい。

モード(mode)：①(　　　　)　メジアン(median)：②(　　　　)　バリュー(value)：③(　　　　)

レンジ(range)：④(　　　　)　アベレージ(average)：⑤(　　　　)　サム(sum)：⑥(　　　　)

　　ア.値　　イ.範囲　　ウ.合計　　エ.中央値　　オ.最頻値　　カ.平均値

292 2 種類の機械 A, B は同じ部品を製造することができる。右の表は A,B で製造した部品の個数と発生したエラー部品の個数を表している。エラーが出る確率が低い機械は A と B のどちらと考えられるか。

	製造個数	エラー部品の個数
機械 A	600	4
機械 B	800	5

19章 ||| 式の計算

●式の項

数や文字の乗法だけでできている部分を「項」という。

※下のように ☐ で分けられた部分が項

$-4x^2y$ … $\boxed{-4x^2y}$ → 項は1つ　　$3x+5$ … $\boxed{3x}$ $\boxed{+5}$ → 項は2つ

$-x^2+2xy+3y$ … $\boxed{-x^2}$ $\boxed{+2xy}$ $\boxed{+3y}$ → 項は3つ

●単項式と多項式

単項式…数や文字の積のみでできている式。項が1つだけの式

多項式…単項式の和で表された式

単項式の例：$5x$, $-10xy$, $2ab^2$

多項式の例：$5x+2$, $-3x+7y^2$, $4ab^3+3bc-2$

●式の次数

単項式の次数…掛け合わされている文字の個数

3→次数は0 ／ $5x$→次数は1 ／ $-10xy$→次数は2 ／ $4ab^2$→次数は3

※式の次数は文字を何回掛けているかによって判断すればよい。

$2ab^2$→ $a×b×b$…文字を3回掛けているので次数は3

多項式の次数…各項の次数のうち最も大きいもの

$5x+2$→次数は1 ／ $-3x+7y^2$→次数は2 ／ $4ab^2+3bc-2$→次数は3

※次数が n の式を n 次式という。

$5x+2$→1次式 ／ $-3x+7y^2$→2次式

$2ab^2$→3次式 ／ $4ab^3+3bc+2$ →4次式

●係数

文字に掛けられている数を**係数**という。

$-4x^3y$ 係数：-4 ／ ab 係数：1 ／ $-x^3$ 係数：-1

$-\dfrac{xy}{5}$ → $-\dfrac{1}{5}xy$ 係数：$-\dfrac{1}{5}$

●同類項

文字の部分が同じ項を**同類項**という。

例1 ab と $2ab$ は同類項　　例2 $5x^3$ と $-x^3$ は同類項

293 次の空欄を正しく選択もしくは埋めなさい。

$2x$ や $\frac{1}{3}a^2$ などのように，数や文字についての乗法だけでつくられる式を（　ア　）式という。

$2x+5$ や $3a^2+4ab+1$ などのように，（　ア　）式の和の形で表される式を（　イ　）式という。

（　ア　）式の掛けられている文字の個数をその（　ア　）式の（　ウ　）といい，（　イ　）式の（　ウ　）は各項の最も　エ.（ 小さい・大きい ）（　ウ　）をその式の（　ウ　）と決められている。

$5x$ と $-3x$，$7y$ と $6y$ のように，文字の部分が同じである項を（　オ　）という。

ア.（　　　　　） イ.（　　　　　） ウ.（　　　　　） エ.（　　　　　） オ.（　　　　　）

294 次の式の項をすべて答えなさい。

(1) $3ab-c+4$ 　　　　　　（　　　　　　　　　　　　）

(2) $x+2y$ 　　　　　　（　　　　　　　　　　　　）

(3) $-9x^2y-xy^2$ 　　　　　　（　　　　　　　　　　　　）

295 次のそれぞれの式を単項式と多項式に分け，記号で答えなさい。

ア：$2a+4b$ 　　　イ：$-5xy$ 　　　ウ：-12 　　　エ：$3x^2-5x+2$

単項式：（　　　　　　　　　　） 　　多項式：（　　　　　　　　　　　　）

296 次の単項式の係数と次数を答えなさい。

(1) $-a$ 　　　　係数：（　　　　　　） 次数：（　　　　　　）

(2) $5xy^2$ 　　　　係数：（　　　　　　） 次数：（　　　　　　）

(3) $\dfrac{ab^2c}{3}$ 　　　　係数：（　　　　　　） 次数：（　　　　　　）

(4) $-\dfrac{4ab}{7}$ 　　　　係数：（　　　　　　） 次数：（　　　　　　）

297 次の式の次数と同類項を答えなさい。

(1) $3a-5+a+8$ 　　　　次数：（　　　） 同類項：（　　　　　　　　　　　　）

(2) $2x^2-3x-x^2+4x$ 　　　　次数：（　　　） 同類項：（　　　　　　　　　　　　）

(3) $3x^2-2xy-4x^2yz+7xy$ 　　　　次数：（　　　） 同類項：（　　　　　　　　　　　　）

●同類項の計算

同類項は分配法則を利用してまとめることができる。

例　$3a^2 + 2a^2 = (3 + 2)a^2 = 5a^2$

※3□＋2□＝5□　→□に入る文字式が同じとき，このような計算ができる。

例題 1　次の式を計算しなさい。

(1) $ab + 2ab$
$= 1ab + 2ab$
$= 3ab$

(2) $-4x^2 + 3x^2$
$= -1x^2$
$= -x^2$

(3) $5x^2 - 3x - x^2 - 6x$
$= 5x^2 - x^2 - 3x - 6x$
$= 4x^2 - 9x$

(4) $-2a(2a - 3b)$
$= -4a^2 + 6ab$

(5) $(5x - 3) \times (-4x)$
$= -20x^2 + 12x$

復習　●分配法則

$$A(B + C) = AB + AC$$
$$(B + C)A = AB + AC$$

●÷は×に直して計算

$$\div A \to \times \frac{1}{A}$$
$$\div \frac{B}{A} \to \times \frac{A}{B}$$

(6) $(9a - 12b) \div 6$
$= (9a - 12b) \times \dfrac{1}{6}$
$= \overset{3}{9}a \times \dfrac{1}{\underset{2}{6}} - \overset{2}{12}b \times \dfrac{1}{\underset{1}{6}}$
$= \dfrac{3}{2}a - 2b$

(7) $(8x^2 - 3y^2) \div \dfrac{2}{5}$
$= (8x^2 - 3y^2) \times \dfrac{5}{2}$
$= \overset{4}{8}x^2 \times \dfrac{5}{\underset{1}{2}} - 3y^2 \times \dfrac{5}{2}$
$= 20x^2 - \dfrac{15}{2}y^2$

(8) $(-x + 3y) + (5x - 3y)$
$= -x + 3y + 5x - 3y$
$= 4x$

(9) $(-a + 2b) - (7a - 9b)$
$= -a + 2b - 7a + 9b$
$= -8a + 11b$

(10) $2(x^2 + 3x - 1) + 3(2x^2 - 3x)$
$= 2x^2 + 6x - 2 + 6x^2 - 9x$
$= 8x^2 - 3x - 2$

(11) $4(a^2b - 3ab) - 2(a^2b - 5ab^2 - 3ab)$
$= 4a^2b - 12ab - 2a^2b + 10ab^2 + 6ab$
$= 2a^2b - 6ab + 10ab^2$

※符号を直して考えてもよい

(12) 　$4x - 9y - 10$
$+)\ \underline{-8x + 6y - 20}$
　$-4x - 3y - 30$

(13) 　$-a^2 + 5ab - 3b^2$
$-)\ \underline{2a^2 - 2ab + b^2}$
　$-3a^2 + 7ab - 4b^2$

⇒

　$-a^2 + 5ab - 3b^2$
$+)\ \underline{-2a^2 + 2ab - b^2}$
　$-3a^2 + 7ab - 4b^2$

298 次の式を計算しなさい。

(1) $5a - 3b + 4a - 5b$

(2) $-4x^2 - 7x - 3x^2 + x$

(3) $5xy + 6x - 12xy$

(4) $a^2b + ab - a^2b + ab$

(5) $-4x^2y + 2xy - 8xy^2 + 3x^2y - xy^2 - 2xy$

(6) $-4(3a + 5b)$

(7) $(2x + 8) \times 5$

(8) $(-x^2 - 2x + 3) \times (-8)$

(9) $(8a + 16) \div 4$

(10) $(4x - 18y) \div 2$

(11) $(2x^2 - 4x + 6) \div \left(-\dfrac{2}{3}\right)$

(12) $(5b - a) + (7a + 8b)$

(13) $x - 4y - (x - y)$

(14) $4(x - 2y) + 2(-x + 3y)$

(15) $-2(x^2 - 3x) - 3(x^2 - 4x + 1)$

(16) $5(2a^2b - ab) - 2(5a^2b - 2ab + 3b)$

(17) $\begin{array}{r} 3a + b \\ +)\ \underline{-a + 5b} \end{array}$

(18) $\begin{array}{r} 6x^2 - 7x - 3 \\ -)\ \underline{-7x^2 + 8} \end{array}$

(19) $\begin{array}{r} -3x^2 + 4xy - 7y^2 \\ +)\ \underline{-x^2\ + 5xy + 3y^2} \end{array}$

(20) $\begin{array}{r} -a^2 - 3b^2 \\ -)\ \underline{-a^2 - 2ab + b^2} \end{array}$

(21) $\begin{array}{r} 4x^2 - 7x + 6 \\ +)\ \underline{-x^2 + 7x - 4} \end{array}$

(22) $\begin{array}{r} 6a - 5b \\ -)\ \underline{-2a + 5b - 4c} \end{array}$

例題 2　次の式を計算しなさい。

(1)　$3x^2 + \dfrac{1}{5}x^2$

$= \dfrac{3}{1}x^2 + \dfrac{1}{5}x^2$

$= \dfrac{15x^2}{5} + \dfrac{x^2}{5}$

$= \dfrac{16x^2}{5}$

$= \dfrac{16}{5}x^2$

(2)　$\dfrac{1}{3}x - \dfrac{3}{8}y + \dfrac{1}{6}x - y$

$= \dfrac{1}{3}x + \dfrac{1}{6}x - \dfrac{3}{8}y - y$

$= \dfrac{2x}{6} + \dfrac{x}{6} - \dfrac{3y}{8} - \dfrac{8y}{8}$

$= \dfrac{\overset{1}{3x}}{\underset{2}{6}} - \dfrac{11y}{8}$

$= \dfrac{1}{2}x - \dfrac{11}{8}y$

(3)　$\dfrac{a-2b}{3} + \dfrac{a-b}{4}$

$= \dfrac{(a-2b)\times 4}{3\times 4} + \dfrac{(a-b)\times 3}{4\times 3}$

$= \dfrac{4(a-2b)+3(a-b)}{12}$

$= \dfrac{4a-8b+3a-3b}{12}$

$= \dfrac{7a-11b}{12}$

(4)　$\dfrac{3a+b}{3} - \dfrac{3a-2b}{4}$

$= \dfrac{(3a+b)\times 4}{3\times 4} - \dfrac{(3a-2b)\times 3}{4\times 3}$

$= \dfrac{4(3a+b)-3(3a-2b)}{12}$

$= \dfrac{12a+4b-9a+6b}{12}$

$= \dfrac{3a+10b}{12}$

(5)　$\dfrac{1}{2}(x-y) + \dfrac{2}{5}(2x+3y)$

$= \dfrac{x-y}{2} + \dfrac{4x+6y}{5}$

$= \dfrac{(x-y)\times 5}{2\times 5} + \dfrac{(4x+6y)\times 2}{5\times 2}$

$= \dfrac{5(x-y)+2(4x+6y)}{10}$

$= \dfrac{5x-5y+8x+12y}{10}$

$= \dfrac{13x+7y}{10}$

(6)　$\dfrac{3}{4}(8a-12b) - \dfrac{2}{3}(6a-18b)$

$= \dfrac{3}{\underset{1}{4}}\times \overset{2}{8}a - \dfrac{3}{\underset{1}{4}}\times \overset{3}{12}b - \dfrac{2}{\underset{1}{3}}\times \overset{2}{6}a + \dfrac{2}{\underset{1}{3}}\times \overset{6}{18}b$

$= 6a - 9b - 4a + 12b$

$= 2a + 3b$

※(6)は約分ができるので，分配法則によって
　先に(　　)を外した方が簡単。

299 次の式を計算しなさい。

(1) $\dfrac{1}{3}xy - 4xy$

(2) $\dfrac{2}{5}a + b + \dfrac{1}{10}a - \dfrac{7}{6}b$

(3) $\dfrac{2x+3y}{6} + \dfrac{3x-4y}{8}$

(4) $\dfrac{3x-y}{5} - \dfrac{x+y}{2}$

(5) $\dfrac{2}{3}(x-y) - \dfrac{1}{4}(x-2y)$

(6) $\dfrac{1}{3}(6a-3b) - \dfrac{1}{2}(8a-4b)$

例題 3 次の式を×の記号を使って表しなさい。

(1) $xy^2 = x \times y \times y$

(2) $(xy)^2 = (xy) \times (xy) = x \times x \times y \times y$

(3) $(a^2)^3 = a^2 \times a^2 \times a^2 = a \times a \times a \times a \times a \times a$

例題 4 次の式を計算しなさい。

(1) $(-5)^2$
$= (-5) \times (-5)$
$= 25$

(2) (-5^2)
$= (-5 \times 5)$
$= -25$

(3) -5^2
$= -5 \times 5$
$= -25$

(4) $(-6)^2 + (-4^2)$
$= 36 - 16$
$= 20$

例題 5 次の式を計算しなさい。

(1) $(-a)^3 \times (-b^2)$
$= (-a) \times (-a) \times (-a) \times (-b \times b)$
$= a^3 b^2$

(2) $x \times y \div xy^3$
$= \dfrac{x}{1} \times \dfrac{y}{1} \times \dfrac{1}{\underset{y^2}{xy^3}} = \dfrac{1}{y^2}$

(3) $a \div b^3 \times c^2$
$= \dfrac{a}{1} \times \dfrac{1}{b^3} \times \dfrac{c^2}{1} = \dfrac{ac^2}{b^3}$

(4) $4x \times (-6y)$
$= -24xy$

(5) $(-4x)^2$
$= (-4x) \times (-4x)$
$= 16x^2$

(6) $(-2x) \times (-3x)^2$
$= (-2x) \times (-3x) \times (-3x)$
$= -18x^3$

(7) $\dfrac{2x^2 - 1}{3} \times (-9)$
$= \dfrac{2x^2 - 1}{\underset{1}{3}} \times \dfrac{(-9)^3}{1}$
$= (2x^2 - 1) \times (-3)$
$= -6x^2 + 3$

(8) $16x^2y \div (-4xy)$
$= \dfrac{16x^2y}{1} \times \left(\dfrac{1}{-4xy} \right)$
$= \dfrac{16x^2y}{-4xy} = \dfrac{^4\cancel{16} \times \cancel{x} \times x \times \cancel{y}}{-\cancel{4} \times \cancel{x} \times \cancel{y}} = -4x$

(9) $4x \times 3y \div 6xy^2$
$= \dfrac{4x}{1} \times \dfrac{3y}{1} \times \dfrac{1}{6xy^2}$
$= \dfrac{4x \times 3y}{6xy^2}$
$= \dfrac{4 \times \cancel{x} \times 3 \times \cancel{y}}{\underset{2}{6} \times \cancel{x} \times \cancel{y} \times y} = \dfrac{\overset{2}{\cancel{4}}}{\underset{1}{2}y} = \dfrac{2}{y}$

(10) $2x^2y \div \left(-\dfrac{2}{3}y \right)$
$= 2x^2y \div \left(\dfrac{-2y}{3} \right)$
$= 2x^2y \times \left(\dfrac{3}{-2y} \right)$
$= \dfrac{2x^2y \times 3}{-2y}$
$= \dfrac{^1\cancel{2} \times x \times x \times \cancel{y} \times 3}{-\cancel{2} \times \cancel{y}} = -3x^2$

!注意

$\div \left(-\dfrac{2}{3}y \right)$

$\div \left(-\dfrac{2y}{3} \right)$

$\times \left(-\dfrac{3}{2y} \right)$

300 正しい等式を選択しなさい。

(1) ア. $(ab^3) = a \times b \times b \times b$

　　イ. $(ab^3) = a \times a \times a \times b \times b \times b$

(2) ア. $(ab)^3 = a \times b \times b \times b$

　　イ. $(ab)^3 = a \times a \times a \times b \times b \times b$

(3) ア. $\dfrac{y^2}{x} = \dfrac{y \times y}{x \times x}$　　イ. $\dfrac{y^2}{x} = \dfrac{y \times y}{x}$

(4) ア. $\left(\dfrac{y}{x}\right)^2 = \dfrac{y \times y}{x \times x}$　　イ. $\left(\dfrac{y}{x}\right)^2 = \dfrac{y \times y}{x}$

(5) ア. $x \div \dfrac{2}{9}y = \dfrac{9xy}{2}$　　イ. $x \div \dfrac{2}{9}y = \dfrac{9y}{2x}$

　　ウ. $x \div \dfrac{2}{9}y = \dfrac{9x}{2y}$　　エ. $x \div \dfrac{2}{9}y = \dfrac{9}{2xy}$

(6) ア. $x \div \dfrac{2}{9} \times y = \dfrac{9xy}{2}$　　イ. $x \div \dfrac{2}{9} \times y = \dfrac{9y}{2x}$

　　ウ. $x \div \dfrac{2}{9} \times y = \dfrac{9x}{2y}$　　エ. $x \div \dfrac{2}{9} \times y = \dfrac{9}{2xy}$

301 次の式を計算しなさい。

(1) $(-2)^3$

(2) -4^2

(3) $(-3^2) + (-2)^2$

302 次の式を計算しなさい。

(1) $(-x^2) \times (-y)^2$

(2) $a^5 \div a^3 \div a^2$

(3) $x^2 \div xy$

(4) $x^2 \div x \times y$

(5) $-9a^2 \times (-3a)$

(6) $(-7x^2) \times (-2y)^2$

(7) $\dfrac{-a + 3b}{4} \times (-12)$

(8) $-8a^2b \div (-6abc)$

(9) $-8x^2y \div 2yz^2 \times \left(-\dfrac{z^2}{4}\right)$

(10) $-7abc^2 \div \left(-\dfrac{14}{5}bc^3\right)$

●　★ 章 末 問 題 ★

303 ア～エの式について，次の問いに答えなさい。

　　ア.$10a^3 - b^2$　　イ.$-8x^2$　　ウ.$8a - b$　　エ.$10b$　　オ.$-x^2 + x^2y^2$　　カ.$\dfrac{xyz}{3}$

(1) 単項式で次数が一番小さいものをア～カから選びなさい。

(2) 多項式で次数が一番大きいものをア～カから選びなさい。

(3) オの２番目の項の係数はいくらか。

(4) カの係数はいくらか。

(5) ア～カの中で，互いに同類項が存在する組をすべて答えなさい。

304 次の計算をしなさい。

(1) $(-7x)^2$

(2) $-(-x)^2$

(3) $(-3x^2) \times 4x$

(4) $(12a - 36b) \div 6$

(5) $4x \times 3y^2 \div 6xy$

(6) $-\dfrac{3}{10}a \div \dfrac{2}{5}a^2$

(7) $(ab + 3a) - (5a + 2ab)$

(8) $3(x^2 + 2y^2) - 2(3x^2 - 4y^2)$

(9) $8\left(\dfrac{1}{2}mn + \dfrac{3}{4}m\right) - 3mn$

(10) $\left(\dfrac{1}{2}ah - 2bh\right) - \left(bh - \dfrac{2}{3}ah\right)$

(11)
$$\begin{array}{r} -5a - 6b + 9 \\ -)\ \underline{-5a + 6b - 10} \end{array}$$

(12)
$$\begin{array}{r} 4x - 5y \\ +)\ \underline{-2x + 3y} \end{array}$$

(13)
$$\begin{array}{r} 4x^2 - xy\ + 2y^2 \\ -)\ \underline{-3x^2 - 2xy + 3y^2} \end{array}$$

305 次の計算をしなさい。

(1) $(-x^3)^2$

(2) $(-2ab)^3$

(3) $5ab \div \dfrac{5}{6}a$

(4) $(-2x)^2 \times (-5y)$

(5) $2ab \times (-3b^2)$

(6) $-3x^2y + 6xy^2 + xy(3x - 2y + 3)$

(7) $(9a^2 - 6ab) \div \left(-\dfrac{3}{2}\right)$

(8) $x - \dfrac{x - 2y}{3}$

(9) $xy^2 \times (-y)^2 \div \dfrac{y}{x}$

(10) $\dfrac{3x - y}{8} \times 6$

(11) $\dfrac{4x - y}{3} - \dfrac{-x + 3y}{4}$

(12) $\dfrac{1}{5}(15x - 20y) - \dfrac{1}{8}(16x + 24y)$

19章

20章 ‖‖ 文字式の利用Ⅰ

●式の値

例題 1 $a = -2, b = 5$ のとき，次の値を求めなさい。

(1) $-a^2b$

$= -(-2)^2 \times 5$

$= -4 \times 5$

$= -20$

(2) $4a - 3b$

$= 4 \times (-2) - 3 \times 5$

$= -8 - 15$

$= -23$

(3) $-a^4$

$= -(-2)^4$

$= -(-2) \times (-2) \times (-2) \times (-2)$

$= -16$

例題 2 $x = -\dfrac{1}{3}, y = 4$ のとき，次の式の値を求めなさい。

(1) $(2x + 3y) - (5x - 2y)$

(2) $24x^2y \div (-8x)$

重要 もし式を簡単にすることができるのであれば，すぐに値を式に代入するのではなく，式を整理してから値を代入する。

(1) $(2x + 3y) - (5x - 2y)$

$= 2x + 3y - 5x + 2y$

$= 2x - 5x + 3y + 2y$

$= -3x + 5y$

これに $x = -\dfrac{1}{3}, y = 4$ を代入すると，

$-3x + 5y$

$= -3 \times \left(-\dfrac{1}{3}\right) + 5 \times 4$

$= 1 + 20 = 21$

(2) $24x^2y \div (-8x)$

$= 24x^2y \times \left(\dfrac{1}{-8x}\right)$

$= -3xy$

これに $x = -\dfrac{1}{3}, y = 4$ を代入すると，

$-3xy = -3 \times \left(-\dfrac{1}{3}\right) \times 4 = 4$

306 $x = 3, y = -2$ のとき，次の値を求めなさい。

(1) $2x - y$

(2) $3xy^3$

307 $x = 2, y = -5$ のとき，次の式の値を求めなさい。

(1) $3(x - y) - 2(x + 2y)$

(2) $15xy^2 \div (-5xy)$

(3) $23x^2 + 20xy - 25x^2 - 17xy$

(4) $-19y^3 + 18y^3$

(5) $12\left(x - \dfrac{y}{4}\right) - 6\left(3x - \dfrac{y}{3}\right)$

(6) $6xy^2 \div (-3xy^2) \times 2xy$

●等式変形

例題 3   次の等式を[   ]内の文字について解きなさい。

※例えば $[y]$ となっている場合は $y=\cdots$ の形に直せばよい。

(1) $y = 3x$ $[x]$

$3x = y$

$\dfrac{1}{3} \times 3x = \dfrac{1}{3} \times y$

$x = \dfrac{y}{3}$ …(答)

(2) $x + 2y = 10$ $[y]$

$+)\ \underline{-x \qquad -x}$

$\qquad 2y = 10 - x$

$\dfrac{1}{2} \times 2y = \dfrac{1}{2}(10 - x)$

$y = \dfrac{10 - x}{2}$ …(答)

(3) $t = abc$ $[b]$

$abc = t$

$\dfrac{1}{ac} \times abc = \dfrac{1}{ac} \times t$

$b = \dfrac{t}{ac}$ …(答)

(4) $\dfrac{x + 4y}{3} = 2z$ $[y]$

$3 \times \dfrac{x + 4y}{3} = 3 \times 2z$

$x + 4y = 6z$

$+)\ \underline{-x \qquad -x}$

$\qquad 4y = 6z - x$

$\dfrac{1}{4} \times 4y = \dfrac{1}{4}(6z - x)$

$y = \dfrac{6z - x}{4}$ …(答)

(5) $3(a - 2b) = c$ $[b]$

$3a - 6b = c$

$+)\ \underline{-3a \qquad -3a}$

$\qquad -6b = c - 3a$

$-1 \times (-6b) = -1 \times (c - 3a)$

$6b = -c + 3a$

$\dfrac{1}{6} \times 6b = \dfrac{1}{6}(-c + 3a)$

$b = \dfrac{-c + 3a}{6}$ …(答)

(6) $\dfrac{1}{2}x + \dfrac{2}{3}y = 1$ $[y]$

$6\left(\dfrac{1}{2}x + \dfrac{2}{3}y\right) = 6 \times 1$

$6 \times \dfrac{1}{2}x + 6 \times \dfrac{2}{3}y = 6$

$3x + 4y = 6$

$+)\ \underline{-3x \qquad -3x}$

$\qquad 4y = 6 - 3x$

$\dfrac{1}{4} \times 4y = \dfrac{1}{4} \times (6 - 3x)$

$y = \dfrac{6 - 3x}{4}$ …(答)

(7) $V = \dfrac{1}{3}\pi r^2 h$ $[h]$

$\dfrac{1}{3}\pi r^2 h = V$

$3 \times \dfrac{1}{3}\pi r^2 h = 3 \times V$

$\pi r^2 h = 3V$

$\dfrac{1}{\pi r^2} \times \pi r^2 h = \dfrac{1}{\pi r^2} \times 3V$

$h = \dfrac{3V}{\pi r^2}$ …(答)

(8) $S = \dfrac{1}{2}(a + b)h$ $[a]$

$\dfrac{1}{2}(a + b)h = S$

$2 \times \dfrac{1}{2}(a + b)h = 2 \times S$

$(a + b)h = 2S$

$ah + bh = 2S$

$+)\ \underline{-bh \qquad -bh}$

$\qquad ah = 2S - bh$

$\dfrac{1}{h} \times ah = \dfrac{1}{h}(2S - bh)$

$a = \dfrac{2S - bh}{h}$ …(答)

別解 $(a + b)h \times \dfrac{1}{h} = 2S \times \dfrac{1}{h}$

$a + b = \dfrac{2S}{h}$

$+)\ \underline{-b \quad -b}$

$\qquad a = \dfrac{2S}{h} - b$ …(答)

※解の式は異なるが
どちらも同じである
ことを理解しよう！

$\dfrac{2S - bh}{h}$

$= \dfrac{2S}{h} - \dfrac{bh}{h}$

$= \dfrac{2S}{h} - b$

308 次の等式を[ ]内の文字について解きなさい。

(1) $3a = 2b$ 　$[b]$

(2) $5x - 2y = 8$ 　$[x]$

(3) $2 = xy$ 　$[x]$

(4) $c = \dfrac{2a + b}{3}$ 　$[b]$

(5) $2(x - 2y) = -5$ 　$[y]$

(6) $\dfrac{x}{2} - \dfrac{4}{5}y = 2$ 　$[y]$

(7) $V = \dfrac{1}{5}a^2 b$ 　$[b]$

(8) $S = \dfrac{1}{3}(x + y)t$ 　$[x]$

●文字式の図形への利用①

台形 上底・下底（図）

高さ

円（図）

r　直径

半径

球（図）

r

公式

長方形 ／ 正方形 ／ 平行四辺形の面積 ＝ (底辺) × (高さ)

三角形の面積 ＝ $\frac{1}{2}$ × (底辺) × (高さ)

台形の面積 ＝ $\frac{1}{2}$ × (上底 + 下底) × 高さ

円周の長さ ＝ (直径) × π ＝ $2\pi r$　　球の表面積 ＝ 4π × (半径)^2 ＝ $4\pi r^2$

円の面積 ＝ π × (半径)^2 ＝ πr^2　　球の体積 ＝ $\frac{4}{3}\pi$ × (半径)^3 ＝ $\frac{4}{3}\pi r^3$

直方体 ／ 立方体 ／ 円柱の体積 ＝ (底面積) × (高さ)

円錐 ／ 三角錐 ／ 四角錐の体積 ＝ $\frac{1}{3}$ × (底面積) × (高さ)

直方体　　立方体　　円柱　　円錐　　四角錐　　三角錐

20章

例題 4　次の問いに答えなさい。ただし円周率は π とする。

(1) 直径が 10 cm の円の面積 S を求めなさい。

　　直径が 10 cm なので半径は 5 cm

　　$S = \pi \times 5^2 = 25\pi$ 〔cm²〕 …(答)

(2) 直径が a 〔cm〕の円の面積 S を求めなさい。

　　直径が a 〔cm〕なので半径は $a \div 2 = a \times \frac{1}{2} = \frac{a}{2}$ 〔cm〕

　　$S = \pi \times \left(\frac{a}{2}\right)^2 = \frac{\pi a^2}{4}$ 〔cm²〕 …(答)　　※ $\frac{1}{4}\pi a^2$ 〔cm²〕 でも可

(3) 底面の直径が 3 cm，高さが 10 cm の円錐の体積 V を求めなさい。

　　直径が 3 cm なので半径は $3 \div 2 = \frac{3}{2}$ cm …(答)

　　$V = \frac{1}{3} \times$ (底面積) × (高さ) $= \frac{1}{3} \times \pi \times \left(\frac{3}{2}\right)^2 \times 10 = \frac{30}{4}\pi = \frac{15}{2}\pi$ 〔cm³〕 …(答)

(4) 底面の直径が $5a$ 〔cm〕，高さが h 〔cm〕の円錐の体積 V を求めなさい。

　　直径が $5a$ 〔cm〕なので半径は $5a \div 2 = \frac{5a}{2} = \frac{5}{2}a$ 〔cm〕

　　$V = \frac{1}{3} \times$ (底面積) × (高さ) $= \frac{1}{3} \times \pi \times \left(\frac{5}{2}a\right)^2 \times h = \frac{25}{12}\pi a^2 h$ 〔cm³〕 …(答)

309 次の問いに答えなさい。ただし円周率は π とし，小数を用いないで答えること。

(1) 直径が 5 cm の円の円周の長さと面積を求めなさい。

円周：

面積：

(2) 直径が x 〔cm〕の円の円周の長さと面積を求めなさい。

円周：

面積：

(3) 底面の直径が 3 cm，高さが 10 cm の円柱の体積 V を求めなさい。

$$V =$$

(4) 底面の直径が $5a$ 〔cm〕，高さが b 〔cm〕の円柱の体積 V を求めなさい。

$$V =$$

(5) 底面の直径が 9 cm，高さが 10 cm の円錐の体積 V を求めなさい。

$$V =$$

(6) 底面の直径が $3x$ 〔cm〕，高さが $2y$ 〔cm〕の円錐の体積 V を求めなさい。

$$V =$$

●文字式の図形への利用②

例題 5   上底が a〔cm〕，下底が b〔cm〕，高さが h〔cm〕の台形 ABCD について次の問いに答えなさい。

(1) △ACD，△ABC の面積をそれぞれ求めなさい。

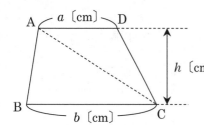

三角形の面積 $=\dfrac{1}{2}\times$(底辺)$\times$(高さ) より，

$$\triangle \text{ACD} = \frac{1}{2}ah \ \text{〔cm}^2\text{〕} \ \cdots\text{(答)}$$

$$\triangle \text{ABC} = \frac{1}{2}bh \ \text{〔cm}^2\text{〕} \ \cdots\text{(答)}$$

(2) (1)の結果から台形の面積が $\dfrac{1}{2}\times$(上底＋下底)$\times$高さ で表されることを示しなさい。

!注意　分配法則を利用する

台形 ABCD $= \triangle \text{ACD} + \triangle \text{ABC}$

$$= \frac{1}{2}ah + \frac{1}{2}bh = \frac{1}{2}h(a+b) = \frac{1}{2}(a+b)h$$

$$\boxed{AB + AC = A(B+C)}$$

よって，台形の面積は $\dfrac{1}{2}\times$(上底＋下底)$\times$高さ となる。　…(答)

例題 6   底辺 a〔cm〕，高さ$3b$〔cm〕の三角形がある。この三角形の底辺を 3 倍に，高さを半分にした三角形の面積は，もとの三角形の面積の何倍になるか答えなさい。

【もとの三角形】

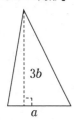

$3b$

a

【もとの三角形の面積】$= \dfrac{1}{2}\times a\times 3b = \dfrac{3}{2}ab$

【変形した三角形の面積】$= \dfrac{1}{2}\times 3a\times \dfrac{3b}{2} = \dfrac{9}{4}ab$

面積が x 倍になったとすると，

【変形した三角形の面積】$=$【もとの三角形の面積】$\times x$

【変形した三角形】

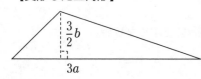

$\dfrac{3}{2}b$

$3a$

!注意　$3b$ の半分は，

$$3b \div 2 = 3b \times \frac{1}{2} = \frac{3b}{2}$$

※ある数の半分は $\dfrac{1}{2}$ 倍になる

$$\frac{9}{4}ab = \frac{3}{2}abx$$

$$\frac{3}{2}abx = \frac{9}{4}ab$$

$$\frac{2}{3}\times \frac{3}{2}abx = \frac{2}{3}\times \frac{9}{4}ab$$

$$abx = \frac{3}{2}ab$$

$$\frac{1}{ab}\times abx = \frac{1}{ab}\times \frac{3}{2}ab$$

$$x = \frac{3}{2}\text{（倍）} \cdots\text{(答)}$$

20章

310 図のような底辺が a〔cm〕，高さが h〔cm〕の平行
四辺形 ABCD について次の問いに答えなさい。

(1) △ACD，△ABC の面積をそれぞれ求めなさい。

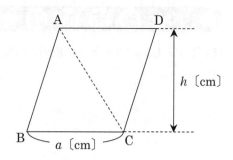

(2) (1)の結果より平行四辺形の面積が（底辺）×（高さ）
で表されることを示しなさい。

311 次の問いに答えなさい。（円周率は π とする）

(1) 底面の半径が r〔cm〕，高さが h〔cm〕の円錐の体積 V_1 を求めなさい。

(2) (1)の円錐の底面の半径を半分にし，高さを 3 倍にした円錐の体積 V_2 を求めなさい。

(3) V_2 は V_1 の何倍になっているか。

★ 章 末 問 題 ★

312 $x = 4, y = -3$ のとき，次の式の値を求めなさい。

(1) $2x - 5y$

(2) y^3

(3) xy^2

(4) $(xy)^2$

(5) $-(79x^2 + 81xy) + 80(xy + x^2)$

(6) $x^2y^3 \div \left(-\dfrac{3}{2}x^3y^4\right)$

313 次の等式を[　]内の文字について解きなさい。

(1) $y = -\dfrac{5}{6}x$ 　$[x]$

(2) $y = -2x + 3$ 　$[x]$

(3) $\dfrac{a + b + c}{3} = m$ 　$[b]$

314 次の問いに答えなさい。

(1) 半径が r の球の体積を求めなさい。

(2) 半径が $3a$ の球の体積を求めなさい。

315 半径が r の球について次の問いに答えなさい。

(1) この球の表面積を求めなさい。

(2) この球の半径を2倍にした球の表面積は，もとの球の表面積の何倍になるか答えなさい。

316 上底が a〔cm〕，下底が b〔cm〕，高さが h〔cm〕の台形について次の問いに答えなさい。

(1) 台形の面積 S を求めなさい。

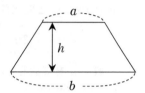

(2)(1)の結果から a を b, h, S の式で表しなさい。

317 底辺が a〔cm〕，高さが h〔cm〕の三角形の面積を S〔cm²〕とするとき，次の問いに答えなさい。

(1) 面積 S を a, h で表しなさい。

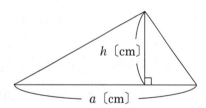

(2)(1)の答えの式を a について解きなさい。

(3)(2)の式を使って，高さ5cm，面積20cm²の三角形の底辺の長さを求めなさい。

21章 ||| 文字式の利用Ⅱ

●文字式の性質①

◇n を整数とすると $2n, 2n-1$ はどんな数を表すか，下の表で考えてみる。

n	1	2	3	4	5	6	7	8	9
$2n$	2	4	6	8	10	12	14	16	18
$2n-1$	1	3	5	7	9	11	13	15	17

n を $1,2,3\cdots$ と変化させると，$2n$ は $2,4,6\cdots$ ，$2n-1$ は $1,3,5\cdots$ と変化する。つまり，

> $2n\cdots$偶数を表す　　$2n-1\cdots$奇数を表す

一般に n を整数とすると，例えば次のことがいえる。

> 偶数：$2\times(整数)=2n$　　　　奇数：$2\times(整数)\pm1=2n+1$ または $2n-1$
> 5 の倍数：$5\times(整数)=5n$　　　11 で割り切れる数：$11\times(整数)=11n$
> ！注意 負の数も偶数や奇数を考える。　例 $-4\to$偶数　$-5\to$奇数

◇m を整数とすると $2m, 2m+2$ はどんな数を表すか，下の表で考えてみる。

m	1	2	3	4	5	6	7	8	9
$2m$	2	4	6	8	10	12	14	16	18
$2m+2$	4	6	8	10	12	14	16	18	20

$(2m, 2m+2)$ は，$(2,4),(4,6),(6,8)\cdots$ と連続する2つの偶数を表すことがわかる。
ある偶数に2を足せば次の偶数になり，ある奇数に2を足せば次の奇数になる。
このことから次のことがいえる。

> $2m, 2m+2\cdots$連続する2つの偶数を表す
> $2m-1, 2m+1\cdots$連続する2つの奇数を表す

◇n を整数とすると $n, n+1, n+2$ はどんな関係があるか，下の表で考えてみる。

n	1	2	3	4	5	6	7	8	9
$n+1$	2	3	4	5	6	7	8	9	10
$n+2$	3	4	5	6	7	8	9	10	11

$(n, n+1, n+2)$ は，$(1,2,3),(2,3,4)\cdots$ と連続する3つの整数を表すことがわかる。

> $n, n+1, n+2\cdots$連続する3つの整数

318 m を整数とするとき，次の問いに答えなさい。

(1) m を $1,2,3\cdots$ と変化させると $3m, 3m+1,$
$3m+2$ はそれぞれどのように変化するか。
それがわかるように右の表を埋めなさい。

m	1	2	3	4	5
$3m$					
$3m+1$					
$3m+2$					

(2) 次の空欄を埋めなさい。

(1)の表より，m がどのような整数であっても，$3m$ は①(　　　　　)の倍数であり，
また②(　　　　　)で割り切れる数でもある。さらに $3m+1$ は(②)で割ると③(　　　　　)
余る数を表し，$3m+2$ は(②)で割ると④(　　　　　)余る数を表す。

(3) m を $1,2,3\cdots$ と変化させると $2m-1,$
$2m+1$ はそれぞれどのように変化するか。
それがわかるように右の表を埋めなさい。

m	1	2	3	4	5
$2m-1$					
$2m+1$					

(4) 次の空欄を埋めなさい。ただし，⑨は2以外の数値を入れること。

$m=10$ のとき，$2m-1=$①(　　　　　) ，$2m+1=$②(　　　　　)

$m=32$ のとき，$2m-1=$③(　　　　　) ，$2m+1=$④(　　　　　)

$m=-3$ のとき，$2m-1=$⑤(　　　　　) ，$2m+1=$⑥(　　　　　)

このように m がどんな整数でも $2m-1, 2m+1$ は連続する2つの⑦(　　　　　)を表す
ことがわかる。

また，これらの和は $(2m-1)+(2m+1)=$⑧(　　　　　)となるので連続する2つの
(⑦)の和は，必ず⑨(　　　　　)の倍数になることがわかる。

(5) m を $1,2,3\cdots$ と変化させると $m-1,$
$m, m+1$ はそれぞれどのように変化するか。
それがわかるように右の表を埋めなさい。

$m-1$					
m	1	2	3	4	5
$m+1$					

(6) 次の空欄を埋めなさい。

$m=15$ のとき，$m-1, m, m+1$ はそれぞれ，①(　　,　　,　　)となる。

$m=23$ のとき，$m-1, m, m+1$ はそれぞれ，②(　　,　　,　　)となる。

$m=-2$ のとき，$m-1, m, m+1$ はそれぞれ，③(　　,　　,　　)となる。

このように m がどんな整数でも $m-1, m, m+1$ は④(　　　　　)する3つの整数を表す
ことがわかる。

また，これらの和は $(m-1)+m+(m+1)=$⑤(　　　　　)となるので(④)する3つの
整数の和は，必ず⑥(　　　　　)の倍数になることがわかる。

●分配法則の利用

$a(b+c) = ab+ac$ であるので，逆に考えると，

$ab+ac = a(b+c)$ と式変形できる。これを利用して次のような式変形ができる。

例 $2x+2y = 2(x+y)$　　$2a+2b+2 = 2(a+b+1)$

$3x-6y = 3(x-2y)$　　$9m+9n-18 = 9(m+n-2)$

●文字式の性質②

m,n を整数とすると，

$2m-1,\ 2n-1$	２つの異なる奇数
$2m,\ 2n$	２つの異なる偶数
$m-1,\ m,\ m+1$ $(m,\ m+1,\ m+2)$	連続する３つの整数
$2n,\ 2n+2,\ 2n+4$ $(2n-2,\ 2n,\ 2n+2)$	連続する３つの偶数
$2n-1,\ 2n+1,\ 2n+3$ $(2n+1,\ 2n+3,\ 2n+5)$	連続する３つの奇数
$3m+1$	３で割ると１余る数
$3m+2$	３で割ると２余る数
$4m+1$	４で割ると１余る数
$4m+2$	４で割ると２余る数
$4m+3$	４で割ると３余る数

●位の数と文字式

十の位が 4，一の位が 7 の数…47

十の位が a，一の位が b の数…ab → 誤 $a \times b$ を表す！

$47 = 4 \times 10 + 7$ となるので，

十の位が a，一の位が b の数は $10a+b$ となる。

十の位が 5，一の位が 8 である２桁の正の整数は $58 = 5 \times 10 + 8$

この数の十の位と一の位を入れ換えた数は $85 = 8 \times 10 + 5$

十の位が a，一の位が b である２桁の正の整数 → $10a+b$

この数の十の位と一の位を入れ換えた数 → $10b+a$

319 次の(　　)に適切な式を入れなさい。

(1) $3a - 3b = 3 ($　　　　　　$)$　　　(2) $5x + 10y - 5 = 5 ($　　　　　　　$)$

(2) $8m - 4n = 4 ($　　　　　$)$　　　(4) $18a - 6b + 12 = 6 ($　　　　　　$)$

320 次の空欄に適切な言葉や数，式を入れなさい。

(1) m を整数として，連続する3つの整数を m の式で表してみる。ここで一番小さい整数を

m とすると，連続する3つの整数は m,①(　　　　　),②(　　　　　)と表すことができる。

$m = 5$ のとき，この3つの連続する整数は③(　　　　，　　　　，　　　　)となる。

$m = -5$ のとき，この3つの連続する整数は④(　　　　，　　　　，　　　　)となる。

(2) 異なる2つの奇数を表すのに，n を整数として $2n - 1, 2n + 1$ とするのは不十分である。

例えば $n = 2$ のとき，この2つの数は①(　　　，　　　)となり，連続する2つの奇数に限定さ

れてしまう。そこで，2つの文字 m, n を整数として，$2m - 1, 2n - 1$ とすると，あらゆる場合の2

つの奇数を表すことができる。

例えば $m = 2, n = 7$ とすると，この2つの数はそれぞれ，②(　　　，　　　)となり，

連続する2つの奇数に限定されない。

(3) $5, 7, 9$ や $11, 13, 15$ などは連続する3つの奇数である。

ここで n を自然数として，連続する3つの奇数を n の式で表してみる。

真ん中の奇数を $2n + 1$ とすると，連続する3つの奇数は，

①(　　　　　), $2n + 1$, ②(　　　　　)と表すことができる。

$n = 9$ のとき，この連続する3つの奇数は③(　　　　，　　　　，　　　　)である。

(4) 十の位が3，一の位が6である2桁の正の整数は①(　　　　　)である。

この数は $10 \times$ ②(　　　　　)$+ 6$ と表すことができる。

ここで，$a = 3, b = 6$ のとき，次の式の値を求めると，

$10a + b = $ ③(　　　　　), $10b + a = $ ④(　　　　　)となる。

よって十の位が a，一の位が b である正の整数を式で表すと，⑤(　　　　　)となり，

この数の十の位と一の位を入れ換えた数は⑥(　　　　　)と表すことができる。

また，百の位が a，十の位が b，一の位が c である3桁の自然数は⑦(　　　　　　　)

と表すことができる。

●文字式による説明

例題 **1** 　２つの異なる奇数の和が偶数になるわけを，文字式を使って説明しなさい。

例 　$1+3=4,\ 9+3=12,\ 13+5=18$ 　→和はすべて偶数

─ 解答 ─

$m,\ n$ を整数とする。２つの異なる奇数を，$2m-1, 2n-1$ とおくと，

この２数の和は，$(2m-1)+(2n-1)=2m+2n-2=2(m+n-1)$ となり，

$2\times$ 整数となるので，偶数である。

!注意 　２つの異なる奇数を $2n-1, 2n+1$ とおいてはいけない。これは連続する

　　　　２つの奇数に限定され，３と11，７と19などの場合を表すことができない。

例題 **2** 　連続する３つの整数の和は３の倍数になることを，文字式を使って説明しなさい。

例 　$1+2+3=6,\ 7+8+9=24,\ 9+10+11=30$ 　→和はすべて３の倍数

─ 解答 ─

n を整数とする。連続する３つの整数を $n, n+1, n+2$ とおくと，

この３つの整数の和は，$n+n+1+n+2=3n+3=3(n+1)$ となり，

$3\times$ 整数となるので，３の倍数である。

例題 **3** 　一の位が０でない２桁の正の整数と，その数の十の位の数と一の位の数を入れ換えてできる数との差は，必ず９の倍数になる。このことを，文字式を使って説明しなさい。

例 　$52-25=27,\ 31-13=18,\ 54-45=9$ 　→差はすべて９の倍数

　　$35-53=-18$ 　→負の数でも９の倍数と考える

─ 解答 ─

この整数の十の位の数を a，一の位の数を b とおくと，この数は $10a+b$ となり，
十の位の数と一の位の数を入れ換えてできる数は $10b+a$ となる。よってこの
２数の差は，

$$(10a+b)-(10b+a)=10a+b-10b-a=9a-9b=9(a-b)$$

となり，$9\times$ 整数となるので，９の倍数である。

!注意 　$(10b+a)-(10a+b)=9(b-a)$ としてもよい。

321 次の問いに答えなさい。

(1) 2つの異なる偶数の差が偶数になるわけを，文字式を使って説明しなさい。

(2) 5，7のような連続する2つの奇数の和は，必ず4の倍数になることを，文字式を使って説明しなさい。

(3) 一の位が0でない2桁の正の整数がある。この整数の十の位の数と一の位の数を入れ換えた整数と，もとの整数との和は，11の倍数になる。このことを，文字式を使って説明しなさい。

★章末問題★

322 m が整数であるとき，次の式はどのような数か。記号で選択しなさい。

(1) $2m+3$ 　　　　(2) $2m-4$ 　　　　(2) $3m-1$ $(m \geq 1)$ 　　　　(4) $m-2$, $m-1$, m

ア．自然数　　イ．偶数　　ウ．奇数　　エ．3で割ると1余る自然数　　オ．3で割ると2余る自然数

カ．連続する3つの自然数　　　キ．連続する3つの整数　　　ク．異なる3つの自然数

ケ．異なる3つの整数　　　コ．ア～ケのどれにも当てはまらない整数

323 $12+5=17$ のように偶数と奇数を足すと必ず奇数となる。このことを文字式を使って説明しなさい。

324 一の位が0でない3桁の自然数がある。その3桁の数と，その数字を逆にならべてできる整数との差は，99で割り切れる。このことを説明するために，次の(　　)の中に当てはまる式を答えなさい。

百，十，一の位がそれぞれ，x,y,z である3桁の整数は①[　　　　　　　　　　]，その数字を

逆に並べてできる整数は②[　　　　　　　　　]と表される。(ただし，x,y,z は自然数)

[　①　] － [　②　] ＝③[　　　　　　　　　] ＝ $99 \times$ ④(　　　　　　　　　　)

x,z は自然数なので[　④　]は整数である。よって99の倍数になり，99で割り切れる。

325 次の問いに答えなさい。

(1) 右のカレンダーで縦に並んだ3つの数の和は，その真ん中の数の3倍になる。このことが，どの縦の3数についてもいえることを，文字式を使って説明するために，次の空欄に当てはまる式を答えなさい。

日	月	火	水	木	金	土
			1	2	3	4
5	6	7	8	9	10	11
12	13	14	15	16	17	18
19	20	21	22	23	24	25
26	27	28	29	30	31	

縦に並んだ3つの数は，上から順に

n, ①[　　　　　], ②[　　　　　]と表すことができる。

(3つの数の和)＝③[　　　　　　　]＝$3 \times$ ④(　　　　　　　　)

これは真ん中の数の3倍となっているので，3つの数の和は真ん中の数の3倍と等しくなる。

(2) 縦に並んだ3つの数の和が36であるとき，その3つの数はいくらか。(　　，　　，　　)

326 6,8,10 の和は 24 で，6 の倍数になっている。このように連続した 3 つの偶数の和は 6 の倍数になることを，文字式を使って説明するために，次の空欄に適切な式を入れなさい。

連続した 3 つの偶数は，整数 n を使って，小さい順に $2n$，①[　　　　　　]，②[　　　　　　]と表せるので，その和は，$6 \times$（③　　　　　　　　 ）となる。（ ③ ）は整数なので，この 3 つの数の和は 6 の倍数になる。

327 次の例のように，各位の和が 3 の倍数である整数は必ず 3 の倍数，各位の和が 9 の倍数である整数は必ず 9 の倍数であるといえる。

$24 \rightarrow 2 + 4 = 6$ ……………6 は 3 の倍数なので，24 は 3 の倍数であるといえる

$147 \rightarrow 1 + 4 + 7 = 12$ ………12 は 3 の倍数なので，147 は 3 の倍数であるといえる

$27 \rightarrow 2 + 7 = 9$ ……………9 は 9 の倍数なので，27 は 9 の倍数であるといえる

$198 \rightarrow 1 + 9 + 8 = 18$ ………18 は 9 の倍数なので，198 は 9 の倍数であるといえる

このことを確認するために次の問いに答えなさい。

(1) 2 つの異なる 3 の倍数の和は 3 の倍数であることを示しなさい。

(2) 次の空欄を正しく埋めなさい。ただし a は 0 でないものとする。

① 2 桁の整数の十の位を a，一の位を b とすると，この整数は　ア　で，

　ア　$= 9 \times$　イ　$+ (a + b)$

② 3 桁の整数の百の位を a，十の位を b，一の位を c とすると，この整数は　ウ　で，

　ウ　$= 9 \Big($　エ　$\Big) + (a + b + c)$

③ 4 桁の整数の千の位を a，百の位を b，十の位を c，一の位を d とすると，この整数は

　オ　で，　オ　$= 9 \Big($　カ　$\Big) + (a + b + c + d)$

$9 \times$(整数) は 9 の倍数でもあり　キ　の倍数でもある。

①～③の場合，各位の和はそれぞれ $a + b$，$a + b + c$，$a + b + c + d$ である。

(1)より 3 の倍数の和は 3 の倍数であるので，9 の倍数の和は　ク　の倍数であることは明らか。以上のことから各位の和が 3 の倍数である整数は必ず 3 の倍数，各位の和が 9 の倍数である整数は必ず 9 の倍数であることが推測される。

ア.(　　　　　)　イ.(　　　　　)　ウ.(　　　　　)　エ.(　　　　　)

オ.(　　　　　)　カ.(　　　　　)　キ.(　　)　ク.(　　)

22章 ||| 連立方程式Ⅰ

●2元1次方程式とは

2種類の文字についての1次方程式を**2元1次方程式**という。

　　意味：2元→文字が2種類　　／　　1次→式が1次式

　　1元1次方程式の例：$2x+3=7$…この場合，解は1つに定まる　→解は $x=2$

　　2元1次方程式の例：$2x+y=4$…解は1つに定まらない

x,y に当てはまる数を探していくと，

$$\begin{cases} x=0 \\ y=4 \end{cases} \begin{cases} x=1 \\ y=2 \end{cases} \begin{cases} x=2 \\ y=0 \end{cases} \begin{cases} x=3 \\ y=-2 \end{cases} \begin{cases} x=4 \\ y=-4 \end{cases} \begin{cases} x=5 \\ y=-6 \end{cases} \text{…解は無数に存在する}$$

例題 **1**　2元1次方程式 $-2x+y=1$ の解を，次の中からすべて選び，記号で答えなさい。

$$ア\begin{cases} x=0 \\ y=-1 \end{cases} \quad イ\begin{cases} x=2 \\ y=5 \end{cases} \quad ウ\begin{cases} x=-1 \\ y=-1 \end{cases} \quad エ\begin{cases} x=-2 \\ y=0 \end{cases}$$

$-2x+y=1$ の x,y にア～エの値を代入して成り立つものを探す。

ア→ $-2\times0+(-1)=-1$ → ×　　　　イ→ $-2\times2+5=1$ → ○

ウ→ $-2\times(-1)+(-1)=1$ → ○　　　エ→ $-2\times(-2)+0=4$ → ×　　　　イ，ウ …(答)

●連立方程式とは

2つ以上の方程式を組み合わせたものを**連立方程式**という。

連立方程式の例：$\begin{cases} 3x+y=6 \\ x+y=4 \end{cases}$　→この連立方程式を解くには，2つ
　　　　　　　　　　　　　　　　　の式を同時に満たす x,y の組を探す

$3x+y=6$ より $y=6-3x$　ここで $x=0,1,2$ …と変化させると

x	0	1	2	3	4	5
y	6	3	0	-3	-6	-9

$x+y=4$ より $y=4-x$　ここで $x=0,1,2$ …と変化させると

x	0	1	2	3	4	5
y	4	3	2	1	0	-1

2つの2元1次方程式について，どちらも $x=1, y=3$ が解になっている。

つまりこの連立方程式の解は，$\begin{cases} x=1 \\ y=3 \end{cases}$ となる。$(x,y)=(1,3)$ と書いてもよい。

328 $-6x + 1 = 4 \cdots ①$　$-x + 2y = 5 \cdots ②$　について次の問いに答えなさい。

(1) 次の(　　)の中の適切なものを選択しなさい。

①式のような方程式を A.(1 / 2)元 B.(1 / 2)次方程式といい,

①式の場合, 解は1つに C.(定まる・定まらない)。

②式のような方程式を D.(1 / 2)元 E.(1 / 2)次方程式といい,

②式の場合, 解は1つに F.(定まる・定まらない)。

(2) ①の方程式の解を求めなさい。

(3) 次の中で②の方程式の解になるものをすべて選び, 記号で答えなさい。

ア $\begin{cases} x = -1 \\ y = 3 \end{cases}$　　イ $\begin{cases} x = -5 \\ y = 0 \end{cases}$　　ウ $\begin{cases} x = -1 \\ y = 2 \end{cases}$　　エ $\begin{cases} x = 1 \\ y = -3 \end{cases}$

329 次の問いに答えなさい。

(1) 2元1次方程式　$x + y = 1$　が成り立つような x, y の値を求めて, 次の表の空欄を埋めなさい。

x	0	1	2	3	4	5
y						

(2) 2元1次方程式　$-x + y = -3$ が成り立つような x, y の値を求めて, 次の表の空欄を埋めなさい。

x	0	1	2	3	4	5
y						

(3) (1), (2)をもとにして, 連立方程式 $\begin{cases} x + y = 1 \\ -x + y = -3 \end{cases}$ を解きなさい。

●加減法①

　加減法とは，1次の連立方程式の解き方の1つ。1つの文字に注目して，それぞれの式の同類項の係数をそろえて1文字を消去していく。

例題 2　次の連立方程式を加減法で解きなさい。

(1) $\begin{cases} 3x + y = 1 & \cdots ① \\ x + y = 3 & \cdots ② \end{cases}$

$\begin{array}{r} 3x + y = 1 \\ -)x + y = 3 \\ \hline 2x = -2 \end{array}$

①−②で y が消える

$\dfrac{1}{2} \times 2x = \dfrac{1}{2} \times (-2)$

$x = -1$

$\begin{cases} 3x + y = 1 \\ ⓧ + y = 3 \end{cases} \longrightarrow -1 + y = 3$

$\begin{array}{r} +)+1+1 \\ \hline y = 4 \end{array}$

もとの式の
どちらかに代入

$\begin{cases} x = -1 \\ y = 4 \end{cases} \cdots$(答)

【検算しよう】　…最後に②式を利用したので，①式で検算してみる

$\begin{cases} x = ⟨-1⟩ \\ y = ⟨4⟩ \end{cases}$　$3⟨x⟩ + ⟨y⟩ = 3 \times (-1) + 4 = -3 + 4$
$= 1$

もとの式も右辺が1になっているので答えは正しいと確かめられる。

(2) $\begin{cases} 2x + 3y = 17 & \cdots ① \\ -2x + y = -5 & \cdots ② \end{cases}$

$\begin{array}{r} 2x + 3y = 17 \\ +)-2x + y = -5 \\ \hline 4y = 12 \end{array}$

①+②で x が消える

$\dfrac{1}{4} \times 4y = \dfrac{1}{4} \times 12$

$y = 3$

これを②式に代入して，

$\begin{array}{r} -2x + 3 = -5 \\ +)-3-3 \\ \hline -2x = -8 \end{array}$

$-\dfrac{1}{2} \times (-2x) = -\dfrac{1}{2} \times (-8)$

$x = 4$

$\begin{cases} x = 4 \\ y = 3 \end{cases} \cdots$(答)

(3) $\begin{cases} 4x - 3y = 7 & \cdots ① \\ 5x - 3y = 9 & \cdots ② \end{cases}$

$\begin{array}{r} 4x - 3y = 7 \\ -)5x - 3y = 9 \\ \hline -x = -2 \end{array}$

①−②で y が消える

$(-1) \times (-x) = (-1) \times (-2)$

$x = 2$

これを①式に代入して，

$\begin{array}{r} 8 - 3y = 7 \\ +)-8-8 \\ \hline -3y = -1 \end{array}$

$-\dfrac{1}{3} \times (-3y) = -\dfrac{1}{3} \times (-1)$

$y = \dfrac{1}{3}$

$\begin{cases} x = 2 \\ y = \dfrac{1}{3} \end{cases} \cdots$(答)

330 次の連立方程式を加減法で解きなさい。

(1) $\begin{cases} x + 2y = 3 \\ x + 4y = 7 \end{cases}$

(2) $\begin{cases} 2x + 3y = 12 \\ 5x + 3y = 21 \end{cases}$

(3) $\begin{cases} -2x + y = 3 \\ 2x + 3y = 5 \end{cases}$

(4) $\begin{cases} 2x - 3y = 7 \\ 4x - 3y = 11 \end{cases}$

●加減法②

例題 3　次の連立方程式を加減法で解きなさい。

(1) $\begin{cases} 3x - y = 0 & \cdots① \quad \times 2 \\ x + 2y = 7 & \cdots② \end{cases}$　　　①式の両辺を2倍して y の係数をそろえる

$\begin{array}{l} 2 \times (3x - y) = 2 \times 0 \\ 6x - 2y = 0 \end{array}$　　$\begin{cases} 3x - y = 0 \\ \textcircled{x} + 2y = 7 \end{cases} \longrightarrow 1 + 2y = 7$

$\begin{array}{rl} +) & x + 2y = 7 \quad \leftarrow② \\ \hline & 7x \qquad = 7 \\ & x = 1 \end{array}$　　$\begin{array}{rl} +) & -1 \qquad -1 \\ \hline & 2y = 6 \end{array}$

もとの式の
どちらかに代入

$\dfrac{1}{2} \times 2y = \dfrac{1}{2} \times 6$

$y = 3$

※時間が余ればできるだけ検算をしよう。　　$\begin{cases} x = 1 \\ y = 3 \end{cases} \cdots(答)$

(2) $\begin{cases} 4x + 3y = 2 & \cdots① \quad \times 5 \\ 5x + 4y = 2 & \cdots② \quad \times 4 \end{cases}$　　①式の両辺を5倍，②式の両辺を4倍して
　　　　　　　　　　　　　　　　　　x の係数を20にそろえる

※4と5の最小公倍数に係数をそろえる

$\begin{array}{l} 5 \times (4x + 3y) = 5 \times 2 \\ 4 \times (5x + 4y) = 4 \times 2 \end{array}$

x の係数の絶対値がそろう。その後
引き算をすれば x が消去できる。

$\begin{array}{rl} & 20x + 15y = 10 \\ -) & 20x + 16y = 8 \\ \hline & -y = 2 \end{array}$

$(-1) \times (-y) = (-1) \times 2$

$y = -2$

もとの式の
どちらかに代入

$\begin{cases} 4x + 3\textcircled{y} = 2 \\ 5x + 4y = 2 \end{cases}$

$\begin{array}{l} 4x + 3 \times (-2) = 2 \\ 4x - 6 = 2 \end{array}$

$\begin{array}{rl} +) & +6 \quad +6 \\ \hline & 4x \qquad = 8 \end{array}$

$\dfrac{1}{4} \times 4x = \dfrac{1}{4} \times 8$

$x = 2$

$\begin{cases} x = 2 \\ y = -2 \end{cases} \cdots(答)$

!注意　y の係数の絶対値をそろえて y を先に消去してもできる。
　　　時間に余裕があればできるだけ検算をしよう。

331 次の連立方程式を加減法で解きなさい。

(1) $\begin{cases} -x + 2y = 6 \\ 2x - y = 3 \end{cases}$

(2) $\begin{cases} x - y = 4 \\ 3x + 7y = 12 \end{cases}$

(3) $\begin{cases} 2x - 3y = 5 \\ 3x + 2y = 1 \end{cases}$

(4) $\begin{cases} 6x - 7y = 17 \\ 9x - 4y = -7 \end{cases}$

22
章

332 次の連立方程式を加減法で解きなさい。

(1) $\begin{cases} 2x + 3y = 5 \\ 2x - y = -3 \end{cases}$

(2) $\begin{cases} 2x + 2y = -4 \\ 3x - y = -6 \end{cases}$

(3) $\begin{cases} -3x + 3y = -7 \\ 3x - y = 3 \end{cases}$

(4) $\begin{cases} -9x + 4y = 0 \\ 5x - 3y = 0 \end{cases}$

(5) $\begin{cases} 5x - 2y = 0 \\ 4x - 3y = 7 \end{cases}$

(6) $\begin{cases} -3x + 8y = 26 \\ 5x + 9y = -21 \end{cases}$

●代入法①

代入法も連立方程式の解き方の１つ。文字の係数が１のときに代入法を使うと便利。

式の形を $x = \cdots$ または $y = \cdots$ と変形して式を代入することで１文字を消去して解く。

例題 **4**　次の連立方程式を代入法で解きなさい。

(1) $\begin{cases} x = y - 2 & \cdots ① \\ 2y - x = 3 & \cdots ② \end{cases}$　　①式がすでに $x = \cdots$ の形になっているので，

この式をこのまま利用する

$\begin{cases} x = (y - 2) \\ \quad \downarrow \text{代入} \\ 2y - \boxed{x} = 3 \end{cases}$

$2y - (y - 2) = 3$

$2y - y + 2 = 3$

$y + 2 = 3$

$\underline{+) \quad\quad -2 \quad -2}$

$\quad\quad y \quad = 1$

$y - 2$ 自体は x と等しいので，②式の x に代入

必ず（　　）をつけてから代入する

①式→ $x = \boxed{y} - 2$ → $x = 1 - 2$

$\quad\quad\quad\quad\quad\quad\quad\quad\quad x = -1$

②式よりも

①式に代入

する方が早い

$\begin{cases} x = -1 \\ y = 1 \end{cases}$　…(答)

---

(2) $\begin{cases} 2x - 5y = -8 & \cdots ① \\ x + 3y = 7 & \cdots ② \end{cases}$

②式の x の係数が１なので x について解く

（$x = \cdots$ の形に式変形する）

②→ $x = -3y + 7$ …③

これを①式に代入すると，

$2(-3y + 7) - 5y = -8$

$-6y + 14 - 5y = -8$

$-11y + 14 = -8$

$\underline{+) \quad\quad -14 \quad -14}$

$-11y \quad\quad = -22$

$-\dfrac{1}{11} \times (-11y) = -\dfrac{1}{11} \times (-22)$

$\quad\quad\quad\quad y = 2$

これを③式に代入すればすぐに x を求めることができる。

$y = 2$ を③式に代入すると，

$\quad x = -3 \times 2 + 7 = 1$

$\begin{cases} x = 1 \\ y = 2 \end{cases}$　…(答)

※次のようにイコールを飛び越えて等式中の項を移動させることを**移項**という。計算に慣れたらすぐにできるようにしておこう。

$x + 3y = 7 \longrightarrow x = -3y + 7$

移項すると項は必ず逆符号になる。その理由を以下の計算で確認しておこう。

$x + 3y = 7$

$\underline{+) \quad -3y \quad -3y}$

$x = -3y + 7$

$+3y$ を他の辺へ移項すると，$-3y$ になる

333 次の連立方程式を代入法で解きなさい。

(1) $\begin{cases} 11x - 4y = -3 \\ y = 7x - 12 \end{cases}$

(2) $\begin{cases} 3x + 8y = 7 \\ x = 1 - 2y \end{cases}$

(3) $\begin{cases} x - 2y = 5 \\ 5x + 2y = 1 \end{cases}$

(4) $\begin{cases} 4x - y = -6 \\ y - 6x = -4 \end{cases}$

22
章

●代入法②

例題 5　次の連立方程式を代入法で解きなさい。

(1) $\begin{cases} y = 3x + 2 & \cdots ① \\ y = 5x + 1 & \cdots ② \end{cases}$

$\begin{cases} y = \boxed{3x+2} \\ \qquad \searrow \text{代入} \\ y = 5x + 1 \end{cases}$

$$3x + 2 = 5x + 1$$
$$\underline{+)\quad -5x - 2\quad -5x - 2}$$
$$-2x = -1$$
$$-\frac{1}{2} \times (-2x) = -\frac{1}{2} \times (-1)$$
$$x = \frac{1}{2}$$

これを①式に代入して，

$$y = 3 \times \frac{1}{2} + 2$$
$$= \frac{3}{2} + \frac{4}{2} = \frac{7}{2}$$

$$x = \frac{1}{2}, \quad y = \frac{7}{2} \cdots (答)$$

※時間に余裕があれば $x = \frac{1}{2}$ を②式に
代入して同じ結果になるか確かめよう。

(2) $\begin{cases} x = y - 3 & \cdots ① \\ y = 2x + 1 & \cdots ② \end{cases}$

$\begin{cases} x = \boxed{y-3} \\ \qquad \downarrow \text{代入} \\ y = 2x + 1 \end{cases}$

$$y = 2(y - 3) + 1$$
$$y = 2y - 6 + 1$$
$$y = 2y - 5$$
$$\underline{+)\quad -2y\quad -2y}$$
$$-y = -5$$
$$-1 \times (-y) = -1 \times (-5)$$
$$y = 5$$

これを①式に代入して，

$$x = 5 - 3 = 2$$
$$x = 2, \quad y = 5 \cdots (答)$$

※以下のようにしてもよい

$\begin{cases} x = y - 3 \\ \qquad \nearrow \text{代入} \\ y = \boxed{2x+1} \end{cases}$

$$x = (2x + 1) - 3$$

これを解くと $x = 2$ となり，
同じ結果になる。

(3) $\begin{cases} 3x + y = -12 & \cdots ① \\ y = x & \cdots ② \end{cases}$

$\begin{cases} 3x + y = -12 \\ \qquad \uparrow \text{代入} \\ y = \boxed{x} \end{cases}$

$$3x + x = -12$$
$$4x = -12$$
$$\frac{1}{4} \times 4x = \frac{1}{4} \times (-12)$$
$$x = -3$$

これを②式に代入して，$y = -3$

$$x = -3, \quad y = -3 \cdots (答)$$

※以下のようにしてもよい

$\begin{cases} 3x + y = -12 \\ \qquad \uparrow \text{代入} \\ \boxed{y} = x \end{cases}$

$$3y + y = -12$$

これを解くと $y = -3$ となり，
同じ結果になる。

334 次の連立方程式を代入法で解きなさい。

(1) $\begin{cases} x = -2y + 3 \\ x = -5y + 1 \end{cases}$

(2) $\begin{cases} y = 5x - 3 \\ x = -4y + 9 \end{cases}$

(3) $\begin{cases} x = y \\ -2x + 7y = 1 \end{cases}$

(4) $\begin{cases} 9x - 5y = -2 \\ y = 3x \end{cases}$

22
章

★ 章 末 問 題 ★

335 次の問いに答えなさい。

(1) 2元1次方程式 $y = x + 1$ が成り立つような x, y の値を求めて，次の表の空欄を埋めなさい。

x	0	1	2	3	4	5
y						

(2) 2元1次方程式 $y = 2x$ が成り立つような x, y の値を求めて，次の表の空欄を埋めなさい。

x	0	1	2	3	4	5
y						

(3) (1),(2)をもとにして，連立方程式 $\begin{cases} y = x + 1 \\ y = 2x \end{cases}$ を解きなさい。

336 2元1次方程式 $2x - y = 4$ の解を，次の中からすべて選び，記号で答えなさい。

ア $\begin{cases} x = -2 \\ y = -1 \end{cases}$ イ $\begin{cases} x = -1 \\ y = 0 \end{cases}$ ウ $\begin{cases} x = 1 \\ y = -2 \end{cases}$ エ $\begin{cases} x = 2 \\ y = 1 \end{cases}$ オ $\begin{cases} x = 3 \\ y = 2 \end{cases}$

337 次の連立方程式を解きなさい。

(1) $\begin{cases} y = x \\ 2x - 7y = 20 \end{cases}$ (2) $\begin{cases} 2x - y = 5 \\ x + y = 1 \end{cases}$

(3) $\begin{cases} x + 2y = 7 \\ 3x - y = 0 \end{cases}$ (4) $\begin{cases} y = 2x \\ 3x + y = 15 \end{cases}$

(5) $\begin{cases} y = 3x + 2 \\ y = x - 6 \end{cases}$

(6) $\begin{cases} 2x + 3y = 3 \\ -3x + 8y = -17 \end{cases}$

338 次の連立方程式を解きなさい。

(1) $\begin{cases} y = 2x - 1 \\ 4x - y = 2 \end{cases}$

(2) $\begin{cases} -4x + 7y = 1 \\ 6x - 5y = 15 \end{cases}$

(3) $\begin{cases} y = x - 5 \\ x = 6 + 2y \end{cases}$

(4) $\begin{cases} 6x + y = 13 \\ 3x - 2y = 1 \end{cases}$

22
章

23章 連立方程式Ⅱ

●様々な連立方程式①

!Point 展開して式を整理してから加減法または代入法を使って解く。

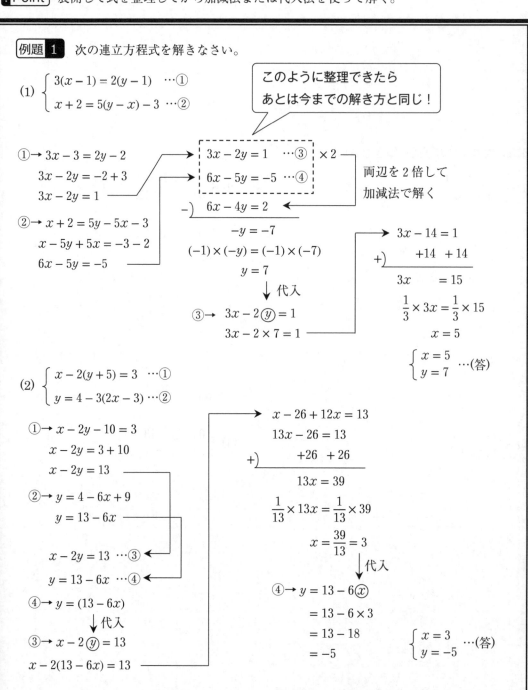

例題 1 次の連立方程式を解きなさい。

(1) $\begin{cases} 3(x-1) = 2(y-1) & \cdots① \\ x+2 = 5(y-x)-3 & \cdots② \end{cases}$

このように整理できたら
あとは今までの解き方と同じ！

①→ $3x-3 = 2y-2$
　　$3x-2y = -2+3$
　　$3x-2y = 1$

②→ $x+2 = 5y-5x-3$
　　$x-5y+5x = -3-2$
　　$6x-5y = -5$

$\begin{cases} 3x-2y = 1 & \cdots③ \\ 6x-5y = -5 & \cdots④ \end{cases}$ ×2

両辺を2倍して
加減法で解く

$-)\ \underline{\quad 6x-4y = 2 \quad}$
　　　　$-y = -7$
$(-1)×(-y) = (-1)×(-7)$
　　　　$y = 7$

↓代入

③→ $3x-2\,ⓨ = 1$
　　$3x-2×7 = 1$

$3x-14 = 1$
$+)\ \underline{\quad +14\ \ +14 \quad}$
　$3x \qquad = 15$
　$\dfrac{1}{3}×3x = \dfrac{1}{3}×15$
　　$x = 5$

$\begin{cases} x = 5 \\ y = 7 \end{cases}$ …(答)

(2) $\begin{cases} x-2(y+5) = 3 & \cdots① \\ y = 4-3(2x-3) & \cdots② \end{cases}$

①→ $x-2y-10 = 3$
　　$x-2y = 3+10$
　　$x-2y = 13$

②→ $y = 4-6x+9$
　　$y = 13-6x$

　　$x-2y = 13 \quad \cdots③$
　　$y = 13-6x \quad \cdots④$

④→ $y = (13-6x)$

↓代入

③→ $x-2\,ⓨ = 13$
　　$x-2(13-6x) = 13$

$x-26+12x = 13$
$13x-26 = 13$
$+)\ \underline{\quad +26\ \ +26 \quad}$
　$13x = 39$
$\dfrac{1}{13}×13x = \dfrac{1}{13}×39$
　　$x = \dfrac{39}{13} = 3$

↓代入

④→ $y = 13-6\,ⓧ$
　　$= 13-6×3$
　　$= 13-18$
　　$= -5$

$\begin{cases} x = 3 \\ y = -5 \end{cases}$ …(答)

339 次の連立方程式を解きなさい。

(1) $\begin{cases} 2x - 3(2 - y) = -2 \\ 5x - y = 1 - 4y \end{cases}$

(2) $\begin{cases} 4(x - y) = 2 + y \\ y = 2(x - 2) \end{cases}$

●様々な連立方程式②

例題 2　次の連立方程式を解きなさい。

(1) $3x + 4y = 5x + y + 8 = 2x + 5y - 3$

!Point　$A = B = C$ のときは，次のどれかの形に直して解く。

$$\begin{cases} A = B \\ A = C \end{cases} \qquad \begin{cases} A = B \\ B = C \end{cases} \qquad \begin{cases} A = C \\ B = C \end{cases}$$

$$\begin{cases} 3x + 4y = 5x + y + 8 \cdots ① \\ 3x + 4y = 2x + 5y - 3 \cdots ② \end{cases}$$

④×2→

③→ $\quad -2x + 3y = 8$

$+)\ \underline{\quad 2x - 2y = -6 \quad}$

$\qquad\qquad\quad y = 2$

①→ $3x + 4y - 5x - y = 8$

$\quad -2x + 3y = 8 \cdots ③$

②→ $3x + 4y - 2x - 5y = -3$

$\quad x - y = -3 \cdots ④$

↓ 代入

③→ $-2x + 3\text{ⓨ} = 8$

$\quad -2x + 6 = 8$

$\quad -2x = 2$

$\quad x = -1$

$$\begin{cases} x = -1 \\ y = 2 \end{cases} \cdots (答)$$

(2) $\begin{cases} 3x - 2y = 1 \quad \cdots ① \\ x + 2y : y + 1 = 3 : 2 \cdots ② \end{cases}$

代入

②→ $2(x + 2y) = 3(y + 1)$

$\quad 2x + 4y = 3y + 3$

$\quad 2x + y = 3$

$\quad 4x + 2y = 6 \quad \leftarrow \times 2$

①→ $+)\ \underline{\quad 3x - 2y = 1 \quad}$

$\qquad\quad 7x = 7$

$\qquad\quad x = 1$

①→ $3\text{ⓧ} - 2y = 1$

$\quad 3 \times 1 - 2y = 1$

$\quad -2y = -2$

$\quad y = 1$

$$\begin{cases} x = 1 \\ y = 1 \end{cases} \cdots (答)$$

23章

340 次の連立方程式を解きなさい。

(1) $3x + 17y = -6x - 10y = 8$

(2) $2x + y = x - 5y - 4 = 3x - y$

(3) $\begin{cases} x - 2 : y + 3 = 3 : 2 \\ 3x + 5y = 10 \end{cases}$

(4) $\begin{cases} 4(x - y) = 9 - y \\ x : y = 4 : 5 \end{cases}$

341 次の連立方程式を解きなさい。

(1) $\begin{cases} 2(x+2y)+3y=8 \\ 11x-3(3x+2y)=-18 \end{cases}$

(2) $\begin{cases} x-3y-7=3x+7y \\ 2x+y=-5x+3(y-2) \end{cases}$

(3) $5x + 2y + 1 = 4x + y = -3y - 2x + 2$

(4) $\begin{cases} 4(x+y) = y - 5 \\ x - 7 : x - y = 3 : 1 \end{cases}$

23
章

●様々な連立方程式②

!Point　小数が含まれる式はすべて整数に直してから計算する。

例題 3　次の連立方程式を解け。

(1) $\begin{cases} 0.2x - 0.3y = 1 & \cdots① \\ 0.03x - 0.02y = -0.05 & \cdots② \end{cases}$

①→ $10 \times (0.2x - 0.3y) = 10 \times 1$
　　　$2x - 3y = 10$ $\cdots③$

②→ $100 \times (0.03x - 0.02y) = 100 \times (-0.05)$
　　　$3x - 2y = -5$ $\cdots④$

③, ④式を加減法で解く。

③×3 →　　　$6x - 9y = 30$
④×2 →　$-)\ \ 6x - 4y = -10$
　　　　　　　$-5y = 40$
　　　　　　　　$y = -8$

③→ $2x - 3⨀y = 10$

$2x - 3 \times (-8) = 10$
$2x + 24 = 10$
$+)\quad -24\quad -24$
　　$2x\qquad = -14$
　　　$x = -7$

$\begin{cases} x = -7 \\ y = -8 \end{cases} \cdots(答)$

(2) $\begin{cases} 0.5x - 0.3(x-y) = 1.7 & \cdots① \\ 0.04x - 0.1(x+y) = -0.54 & \cdots② \end{cases}$

①→ $10 \times \{0.5x - 0.3(x-y)\} = 10 \times 1.7$
　　$5x - 3(x-y) = 17$
　　$5x - 3x + 3y = 17$
　　$2x + 3y = 17 \cdots③$

②→ $100 \times \{0.04x - 0.1(x+y)\} = 100 \times (-0.54)$
　　$4x - 10(x+y) = -54$
　　$4x - 10x - 10y = -54$
　　$-6x - 10y = -54$
　　$(-1) \times (-6x - 10y) = (-1) \times (-54)$
　　　　　$6x + 10y = 54$
③×3 →　$-)\ \ 6x + \ 9y = 51$
　　　　　　　　$y = 3$

---ミス注意-------------------

$10 \times \{0.5x - 0.3(x-y)\} = 10 \times 1.7$

分配法則によって{ }を外すと…

× 　$5x - 3(10x - 10y) = 17$
○ 　$5x - 3(x - y) = 17$

$1 + 2 \times 3 = 7$ この両辺を10倍すると
どちらの式が正しいか考えてみよう。
　　$10 + 20 \times 30 = 70$
　　$10 + 20 \times 3 = 70$

③→ $2x + 3⨀y = 17$

$2x + 3 \times 3 = 17$
$2x + 9 = 17$
$2x = 17 - 9$
$2x = 8$
$x = 4$

$\begin{cases} x = 4 \\ y = 3 \end{cases} \cdots(答)$

342 次の連立方程式を解きなさい。

(1) $\begin{cases} -0.2x + 0.3y = 0.8 \\ 0.03x + 0.15y = 0.27 \end{cases}$

(2) $\begin{cases} 0.2(x + 2y) + 0.3y = 0.8 \\ 0.11x - 0.03(3x + 2y) = -0.18 \end{cases}$

343 次の連立方程式を解きなさい。

(1) $\begin{cases} 0.7x - 0.3y = 1 \\ 0.14x - 0.04y = 0.6 \end{cases}$

(2) $\begin{cases} 5x - 2y = 1.5(x + 1) \\ 3x - 2.5y = -5 \end{cases}$

(3) $\begin{cases} 0.03x + 0.05y = 0.19 \\ 0.4x + 0.6y - 1 = -0.8y + 3 \end{cases}$

(4) $\begin{cases} 0.3(x - 2y) + 0.5y = 0.2 \\ 0.04x - 0.03(2x - y) = 0.08 \end{cases}$

●様々な連立方程式③

!Point　分数が含まれる式はすべて整数に直してから計算する。

例題 4　次の連立方程式を解きなさい。

(1) $\begin{cases} \dfrac{1}{4}x - \dfrac{2}{3}y = 6 & \cdots① \\ \dfrac{1}{2}x + \dfrac{1}{3}(y-3) = 1 & \cdots② \end{cases}$

$12 \times ① \rightarrow 12 \times \left(\dfrac{1}{4}x - \dfrac{2}{3}y \right) = 12 \times 6$

$\qquad 12 \times \dfrac{1}{4}x - 12 \times \dfrac{2}{3}y = 12 \times 6$

$\qquad 3x - 8y = 72 \quad \cdots③$

$6 \times ② \rightarrow 6 \times \left\{ \dfrac{1}{2}x + \dfrac{1}{3}(y-3) \right\} = 6 \times 1$

$\qquad 6 \times \dfrac{1}{2}x + 6 \times \dfrac{1}{3}(y-3) = 6 \times 1$

$\qquad 3x + 2(y-3) = 6$

$\qquad\qquad 3x + 2y - 6 = 6$

$\qquad\qquad 3x + 2y = 6 + 6$

$\qquad\qquad 3x + 2y = 12$

$③ \rightarrow \quad -)\ \underline{3x - 8y = 72}$

$\qquad\qquad\qquad 10y = -60$

$\qquad\qquad\qquad y = -6$

$③ \rightarrow \quad 3x - 8\circled{y} = 72$

$\qquad 3x - 8 \times (-6) = 72$

$\qquad 3x + 48 = 72$

$\qquad 3x = 72 - 48$

$\qquad 3x = 24$

$\qquad x = 8 \qquad \begin{cases} x = 8 \\ y = -6 \end{cases} \cdots(答)$

---

(2) $\begin{cases} \dfrac{x+1}{2} - \dfrac{y-4}{3} = 1 & \cdots① \\ \dfrac{2}{3}x - y = -5 & \cdots② \end{cases}$

$6 \times ① \rightarrow 6 \times \left(\dfrac{x+1}{2} - \dfrac{y-4}{3} \right) = 6 \times 1$

$\qquad 6 \times \dfrac{x+1}{2} - 6 \times \dfrac{y-4}{3} = 6$

$\qquad 3(x+1) - 2(y-4) = 6$

$\qquad 3x + 3 - 2y + 8 = 6$

$\qquad 3x - 2y + 11 = 6$

$\qquad 3x - 2y = 6 - 11$

$\qquad 3x - 2y = -5 \quad \cdots③$

$3 \times ② \rightarrow 3 \times \left(\dfrac{2}{3}x - y \right) = 3 \times (-5)$

$\qquad 3 \times \dfrac{2}{3}x - 3y = -15$

$\qquad 2x - 3y = -15 \quad \cdots④$

$2 \times ③ \rightarrow \qquad 6x - 4y = -10$

$3 \times ④ \rightarrow \quad -)\ \underline{6x - 9y = -45}$

$\qquad\qquad\qquad 5y = 35$

$\qquad\qquad\qquad y = 7$

$③ \rightarrow \quad 3x - 2\circled{y} = -5$

$\qquad 3x - 2 \times 7 = -5$

$\qquad 3x - 14 = -5$

$\qquad 3x = -5 + 14$

$\qquad 3x = 9$

$\qquad x = 3$

$\qquad\qquad \begin{cases} x = 3 \\ y = 7 \end{cases} \cdots(答)$

23章

344 次の連立方程式を解きなさい。

(1)
$$\begin{cases} \dfrac{1}{2}x - \dfrac{1}{4}y = 1 \\ \dfrac{1}{3}(x-6) + \dfrac{3}{2}y = 2 \end{cases}$$

(2)
$$\begin{cases} x - \dfrac{1}{2}y = -1 \\ \dfrac{x+1}{2} - \dfrac{y-2}{3} = 0 \end{cases}$$

345 次の連立方程式を解きなさい。

(1) $\begin{cases} \dfrac{1}{4}x - \dfrac{2}{3}y = 6 \\ \dfrac{1}{2}x + \dfrac{1}{3}y = 2 \end{cases}$

(2) $\begin{cases} x + 3y = 6 \\ y - \dfrac{x-1}{2} = 0 \end{cases}$

23章

(3) $\begin{cases} 7x - 2(x-y) = 9 \\ \dfrac{1}{2}x + \dfrac{2}{3}(x-y) = -\dfrac{1}{6} \end{cases}$

(4) $\begin{cases} x + 2y = -5 \\ \dfrac{x+3}{2} - \dfrac{x-3y}{10} = 1 \end{cases}$

23章

●様々な連立方程式④

例題 5 　連立方程式 $\begin{cases} ax - 2by = -5 \\ bx + ay = 8 \end{cases}$ の解が $x = 1, y = 2$ のとき，a, b の値を求めなさい。

$x = 1, y = 2$ が解なので，2式にそれぞれ $x = 1, y = 2$ を代入して成り立つはずである。

$\begin{cases} ax - 2by = -5 \\ bx + ay = 8 \end{cases}$ に $x = 1, y = 2$ を代入すると，$\begin{cases} a - 4b = -5 & \cdots① \\ b + 2a = 8 & \cdots② \end{cases}$

①,②は a, b についての連立方程式として解くことができる。

この連立方程式を解くと，$a = 3, b = 2$　　　　　　　　$a = 3, b = 2$ …(答)

例題 6 　次の2組の連立方程式が同じ解をもつとき，次の問いに答えなさい。

$\begin{cases} 4x + 7y = 1 \\ ax - by = 10 \end{cases}$ $\begin{cases} 5x - 2y = 12 \\ bx + ay = 5 \end{cases}$

(1) この連立方程式の解を求めなさい。

どの4式も同じ解をもつので a, b を含んでいない2式を選んで連立方程式を解けばよい。

つまり，$\begin{cases} 4x + 7y = 1 \\ 5x - 2y = 12 \end{cases}$ を解くと，$x = 2, y = -1$ と求められる。

$x = 2, y = -1$ …(答)

(2) a, b の値を求めなさい。

残りの式の $ax - by = 10$，$bx + ay = 5$ に，(1)で求めた $x = 2, y = -1$ をそれぞれ代入すると，次のようになる。

$\begin{cases} 2a + b = 10 \\ 2b - a = 5 \end{cases}$ これは a, b についての連立方程式として解くことができる。

これを解くと，$a = 3, b = 4$ となる。　　　　　　$a = 3, b = 4$ …(答)

!Point

連立方程式の解がすでにわかっている問題は，その解をもとの方程式に代入すればよい。これは方程式を解いた後にする検算と同じである。

23章

346 次の問いに答えなさい。

(1) x,y の二元一次連立方程式 $\begin{cases} ax+by = -11 \\ bx+ay = 10 \end{cases}$ の解が $(x,y)=(-1,2)$ であるとき，a,b の値を求めなさい。

(2) 次の 2つの連立方程式は同じ解をもつという。このとき，a,b の値を求めなさい。

$$\begin{cases} ax+by = 1 \\ 6x+5y = 13 \end{cases} \qquad \begin{cases} 4x+7y = 5 \\ bx-ay = 17 \end{cases}$$

23
章

★ 章 末 問 題 ★

347 次の連立方程式を解きなさい。

(1) $\begin{cases} x - 1 : y - 1 = 2 : 3 \\ x + 2 = 5(y - x) - 3 \end{cases}$

(2) $\begin{cases} 1.2x + 0.9y = -0.3 \\ 0.8x - 0.3y = 0.7 \end{cases}$

23
章

(3) $\begin{cases} 0.5x - 0.3(x - y) = 1.8 \\ 0.04x - 0.1(x + y) = -0.58 \end{cases}$

(4) $\begin{cases} \dfrac{1}{2}x - \dfrac{1}{4}y = 1 \\ \dfrac{1}{3}x + \dfrac{1}{2}y = 2 \end{cases}$

(5) $\begin{cases} 0.5x + 0.3y = 6 \\ \dfrac{x}{6} - \dfrac{y-3}{4} = 1 \end{cases}$

(6) $\begin{cases} \dfrac{1}{2}(x+1) - \dfrac{1}{3}(y-4) = 1 \\ \dfrac{2}{3}x - y = -5 \end{cases}$

(7) $6x - 3y + 7 = 4x + 6y = 2x + 3$

348 連立方程式 $\begin{cases} ax + by = 9 \\ 2bx - ay = -6 \end{cases}$ の解が $x = 1, y = 2$ であるとき，a,b の値を求めなさい。

349 次の2組の連立方程式の解が一致するとき，a,b の値を求めなさい。

$$\begin{cases} x + y = 5 \\ 2x + y = a \end{cases} \qquad \begin{cases} 2x - y = 4 \\ x + by = 11 \end{cases}$$

24章 ||| 連立方程式Ⅲ

●文字式の復習①

例題 1　次の問いに答えなさい。

(1) 1本80円のボールペンを x 〔本〕買うとき，2000円払うとおつりはいくらか。

答え：$2000 - 80x$ (円)

(2) 1個140円のりんごを x 〔個〕と1個160円のなしを y 〔個〕買ったときの合計金額はいくらか。

答え：$140x + 160y$ (円)

(3) 一の位が x，十の位が $y(y \neq 0)$である自然数を x，y を使って表しなさい。

答え：$10y + x$

●方程式の復習①

例題 2　ある数の5倍に6をたしたら31になった。ある数とはいくつか。

ある数を x とする。<u>ある数の5倍に6をたした</u> ⓛ <u>31になった</u>

$$5x + 6 \qquad = \qquad 31$$

この方程式を解くと $x = 5$　　答え：5

例題 3　一の位の数が5である2桁の自然数がある。この自然数の十の位の数と一の位の数を入れ換えると，もとの自然数より27大きい数になる。もとの自然数を求めなさい。

もとの数の十の位の数を x とすると，

(もとの数) $= 10x + 5$

(十の位の数と一の位の数を入れ換えた数) $= 50 + x$

<u>入れ換えた数</u> ⓗ <u>もとの数より27大きい</u>

$$50 + x \qquad = \qquad 10x + 5 + 27$$

この方程式を解くと $x = 2$　よって，十の位が2，一の位が5　　答え：25

350 次の問いに答えなさい。

(1) 1冊120円のノート x〔冊〕と1個50円の消しゴムを y〔個〕買ったときの合計金額はいくらか。

(2) 5000円を持っていて，a〔円〕のケーキ8つと b〔円〕のケーキ5つ買った。残金はいくらか。

(3) 一の位が x，十の位が y の整数がある。この整数の一の位と十の位を入れ換えた整数を x, y を使って表しなさい。

(4) ある分数に5を加えて，2倍すると15になった。この分数を求めなさい。

(5) 一の位が4の2桁の自然数がある。この自然数の一の位の数と十の位の数を入れ換えた数は，もとの自然数より18小さくなるという。もとの自然数を求めなさい。

● 連立方程式の利用①

例題 4　1個50円の果物と1個80円の果物を合わせて15個買い，さらに1つ50円のお菓子を4つ買って1100円払った。2種類の果物をそれぞれ何個買ったか。

50円の果物を x〔個〕，80円の果物を y〔個〕買ったとする。

合わせて15個買ったので，$x + y = 15$ …①

代金が1100円なので，$50x + 80y + 50 \times 4 = 1100$ …②

①,②の連立方程式を代入法で解くと，$x = 10, y = 5$

$$\text{答え} \begin{cases} 50\text{円の果物：}10\text{個} \\ 80\text{円の果物：}5\text{個} \end{cases}$$

!Point

②式を整理すると，$50x + 80y = 900$ となる。

さらに両辺に $\dfrac{1}{10}$ を掛けると，$\dfrac{1}{10}(50x + 80y) = \dfrac{1}{10} \times 900$ となり，（　）を外すと，

$5x + 8y = 90$ となる。このように式を簡単にしてから加減法や代入法を使う。

例題 5　2桁の自然数がある。この数の十の位の数と一の位の数の和は9で，十の位の数と一の位の数を入れ換えてできる数は，もとの数よりも27大きくなるという。もとの自然数を求めなさい。

もとの数の十の位の数を x，一の位の数を y とする。

十の位の数と一の位の数の和は9なので，$x + y = 9$ …①

もとの数… $10x + y$　　位を入れ換えてできる数… $10y + x$

入れ換えてできる数 (は)，**もとの数よりも 27 大きくなる**

$$(10y + x) \quad = \quad (10x + y) \; + \; 27 \text{ …②}$$

連立方程式①，②を解くと $x = 3, y = 6$　　答え：36

!Point

②式を整理すると，$-9x + 9y = 27$ となる。さらに両辺に $\dfrac{1}{9}$ を掛けると，

$$\dfrac{1}{9}(-9x + 9y) = \dfrac{1}{9} \times 27$$

よって，$-x + y = 3$ として式を簡単にすることができる。

351 次の問いに答えなさい。

(1) ある博物館の入館料は，大人が 1 人 700 円，小人が 1 人 400 円である。大人と小人合わせて 20 人のグループがその博物館に入館すると，入館料の合計は 9200 円であった。このグループの大人と小人の人数をそれぞれ求めなさい。

(2) 2 桁の自然数がある。この数の十の位の数と一の位の数の和は 10 になり，また，十の位の数と一の位の数字を入れ換えてできる数は，もとの数より 18 大きくなる。もとの自然数を求めなさい。

● **文字式の復習②**

復習　$1 \text{ km} = 1000 \text{ m}$　$1 \text{ 時間} = 60 \text{ 分}$

km $\xrightarrow{\times 1000}$ m　時間 $\xrightarrow{\times 60}$ 分
km $\xleftarrow{\div 1000}$ m　時間 $\xleftarrow{\div 60}$ 分

例題 6　次の（　　）に当てはまる数を答えなさい。

(1) $3.5 \text{ km} = ($　　$) \text{ m}$　答え：3500　考え方：$3.5 \times 1000 = 3500$

(2) $500 \text{ m} = ($　　$) \text{ km}$　答え：0.5　考え方：$500 \div 1000 = 0.5$

(3) $20 \text{ 分} = ($　　$) \text{ 時間}$　答え：$\dfrac{1}{3}$　考え方：$\dfrac{20}{60} = \dfrac{1}{3}$

(4) $1 \text{ 時間 } 40 \text{ 分} = ($　　$) \text{ 時間}$　答え：$1\dfrac{2}{3}\left(\dfrac{5}{3}\right)$　考え方：$1\dfrac{40}{60} = 1\dfrac{2}{3}$

(5) $\dfrac{1}{2} \text{ 時間} = ($　　$) \text{ 分}$　答え：30　考え方：$\dfrac{1}{2} \times 60 = 30$

復習　距離＝速さ×時間　速さ＝距離÷時間＝$\dfrac{距離}{時間}$　時間＝距離÷速さ＝$\dfrac{距離}{速さ}$

例題 7　次の問いに答えなさい。

(1) x〔km〕の道のりを3時間かけて歩いたときの時速はいくらか。

速さ＝距離÷時間＝$x \div 3 = \dfrac{x}{3}$　答え：時速 $\dfrac{x}{3}$〔km〕

(2) 分速55mで y〔分〕歩いたときに進む距離は何mか。

距離＝速さ×時間 ＝$55 \times y = 55y$　答え：$55y$〔m〕

(3) 時速80kmで a〔km〕進むときにかかる時間は何時間か。

時間＝距離÷速さ＝$a \div 80 = \dfrac{a}{80}$　答え：$\dfrac{a}{80}$〔時間〕

24章

352 次の（　　）に当てはまる数を書きなさい。

(1) $1.5 \text{ 時間} = ($　　　　　$) \text{ 分}$　　(2) $10 \text{ 分} = ($　　　　　$) \text{ 時間}$

(3) $1300 \text{m} = ($　　　　　$) \text{ km}$　　(4) $2.4 \text{km} = ($　　　　　$) \text{ m}$

(5) $2 \text{ 時間 } 40 \text{ 分} = ($　　　　　$) \text{ 時間}$　　(6) $1 \text{ 時間 } 30 \text{ 分} = ($　　　　　$) \text{ 時間}$

353 次の問いに答えなさい。

(1) 分速 60 m で 15 分進むときの道のりは何 m か。

(2) 40 km の距離を進むのに 2 時間かかった。このときの速さは時速何 km か。

(3) 時速 50 km で 150 km の距離を進むと，何時間かかるか。

(4) 時速 100 km で x〔時間〕進んだときの距離はいくらか。

(5) x〔m〕の距離を分速 60 m で進むと何分かかるか。

(6) a〔km〕を 5 時間でかけて進んだ。このときの時速はいくらか。

(7) A 地点から B 地点までは x〔km〕，B 地点から C 地点までは y〔km〕ある。A 地点から B 地点まで時速 15 km で進み，さらに B 地点から C 地点まで時速 10 km で進む。このときにかかる時間はいくらか。

(8) S 君は自転車で分速 x〔m〕で 5 分走り，その後分速 y〔m〕で 10 分走った。S 君は合計で何 m 走ったか。

(9) T 君は自宅から分速 50 m で 2 km 離れた学校へ向かった。T 君が自宅を出発してから x〔分〕たったとき，学校までの残りの距離は何 m か。

●連立方程式の利用②

例題 8　A地から36km離れたC地へ行くのに，途中のB地までは時速4kmで歩き，B地からC地までは時速12kmで自転車で走ったら，全体で4時間30分かかったという。AB間，BC間の距離をそれぞれ求めなさい。

AB間を x〔km〕，BC間を y〔km〕とする。

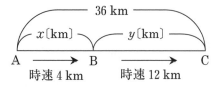

AC間の距離は36kmなので，

$x + y = 36$ …①

AB間でかかった時間は，x〔km〕を時速4kmで進んだので，$\dfrac{x}{4}$〔時間〕

BC間でかかった時間は，y〔km〕を時速12kmで進んだので $\dfrac{y}{12}$〔時間〕

全体で4時間30分（$4\dfrac{1}{2} = \dfrac{9}{2}$ 時間）かかったので，$\dfrac{x}{4} + \dfrac{y}{12} = \dfrac{9}{2}$ …②

①，②より次の連立方程式を解けばよい。 $\begin{cases} x + y = 36 & \cdots① \\ \dfrac{x}{4} + \dfrac{y}{12} = \dfrac{9}{2} & \cdots② \end{cases}$

この連立方程式を解くと，$x = 9, y = 27$

答え：AB間は9km，BC間は27km

!Point

②式の分母を払って式を簡単にしよう。両辺に4と12の最小公倍数である12を掛ける。

$12\left(\dfrac{x}{4} + \dfrac{y}{12}\right) = 12 \times \dfrac{9}{2}$　よって　$12 \times \dfrac{x}{4} + 12 \times \dfrac{y}{12} = 12 \times \dfrac{9}{2}$ となり，

$3x + y = 54$ となる。この式と①式を組み合わせて，加減法や代入法で解けばよい。

354 A 市から B 市を経て C 市まで行く道のりは 160 km である。ある人が自動車で，A 市から C 市まで行くのに，A 市から B 市までは時速 80 km，B 市から C 市までは時速 40 km で走り，2 時間 30 分かかった。A 市から B 市，B 市から C 市までの距離をそれぞれ求めなさい。

355 バイクで A 地点から B 地点を経て C 地点まで行くのに，AB 間を毎時 40 km，BC 間を毎時 30 km の速さで行くと合計で 1 時間 30 分かかる。もし AB 間を毎時 30 km，BC 間を毎時 60 km の速さで行くとすれば合計で 1 時間 10 分かかるという。AB 間と BC 間の距離はそれぞれいくらか。

★ 章 末 問 題 ★

356 次の(　　)に当てはまる数を書きなさい。

(1) 600 m＝(　　　　　　) km

(2) 35 分＝(　　　　　　) 時間

(3) 2 時間 15 分＝(　　　　　　) 時間

(4) $1\frac{1}{3}$ 時間＝(　　　　　　) 分

357 次の問いに答えなさい。

(1) 時速 60 km で 5 分走ったときに進む距離は何 km か。

(2) 時速 60 km で x〔km〕進むには何時間かかるか。

(3) ある数から 10 を引いて，5 で割ると 4 になった。ある数を求めなさい。

358 ある草刈り機の燃料は，ガソリンとエンジンオイルの比が 25：1 の混合油を用いる必要がある。この混合油をちょうど 13 L 作るには，ガソリンとエンジンオイルをそれぞれ何 L ずつ混ぜる必要があるか。それぞれ小数で答えなさい。

359 ２桁の整数がある。この整数は十の位の数と一の位の数の和は 10 で，十の位と一の位を入れ換えた整数は，もとの２桁の整数より 36 大きいという。もとの２桁の整数を求めなさい。

360 全長が 12 km のコースをスタートから A 地点までは自転車で進み，A 地点からさきは自転車を降りて走る。自転車の速さが毎時 16 km，走る速さが毎時 8 km であるとスタートからゴールまで合計で 1 時間かかるという。スタートから A 地点，及び A 地点からゴールまでの道のりをそれぞれ求めなさい。

25章 ||| 連立方程式Ⅳ

● 文字式の復習③

例題 1　次の割合を小数で表しなさい。

(1) 13% … (　　　　)　　　　(2) 4割 … (　　　　)　　　　(3) 1分2厘 … (　　　　)

答え：(1) 0.13　　(2) 0.4　　(3) 0.012

例題 2　次の問いに答えなさい。

(1) x〔円〕の17%はいくらか。

答え：$0.17x$(円)または$\dfrac{17}{100}x$(円)

(2) a〔人〕の3割は何人か。

答え：$0.3a$(人)または$\dfrac{3}{10}a$(人)

(3) y〔円〕の7%引きは何円か。　→これはy〔円〕の93%と同じ意味

答え：$0.93x$(円)または$\dfrac{93}{100}y$(円)

(4) x〔円〕の1割引きは何円か。　→これはx〔円〕の9割と同じ意味

答え：$0.9x$(円)または$\dfrac{9}{10}x$(円)

(5) x〔人〕が3%増加すると何人になるか。　→これはx人の103%と同じ意味

答え：$1.03x$(人)または$\dfrac{103}{100}x$(人)

(6) y〔人〕が11%減少すると何人になるか。　→これはy〔人〕の89%と同じ意味

答え：$0.89y$(人)または$\dfrac{89}{100}y$(人)

(7) 9%の食塩水がx〔g〕ある。この食塩水に含まれる食塩は何gか。

【溶けている食塩の重さ】＝【食塩水の重さ】×【濃度】　答え：$0.09x$(g)または$\dfrac{9}{100}x$(g)

!注意　食塩水の濃度(%)＝$\dfrac{食塩 (g)}{食塩水 (g)}×100$

361 次の割合を分数に直しなさい。

(1) 1% … （　　　　　　　　）　　(2) 1割　… （　　　　　　　　　）

(3) 70% … （　　　　　　　　）　　(3) 2割3分 … （　　　　　　　　）

362 次の問いに答えなさい。

(1) 1000円の3割は何円か。

(2) 1000円の3割引きは何円か。

(3) a〔円〕の3割は何円か。

(4) a〔円〕の3割引きは何円か。

(5) 300円の5%は何円か。

(6) 200円の5%引きは何円か。

(7) x〔円〕の13%は何円か。

(8) x〔円〕の13%引きは何円か。

(9) 300人が9%増加すると何人か。

(10) y〔人〕が11%増加すると何人か。

(11) ある中学の去年の生徒の人数は320人で，今年の人数は去年よりも5%増加した。この中学の今年の生徒の人数は何人か。

(12) ある中学校の去年の生徒の人数は250人で，今年の人数は去年よりも2%減少した。この中学の今年の生徒の人数は何人か。

(13) ある中学の去年の男子の人数はx〔人〕，女子はy〔人〕いた。今年は去年と比べて男子が1%減少し，女子は3%増加した。この中学校の今年の生徒数は何人か。

(14) 6%の食塩水が200g ある。この食塩水に含まれる食塩は何g か。

(15) 1%の食塩水x〔g〕と3%の食塩水をy〔g〕混ぜると，混ぜた食塩水には食塩が何g 含まれているか。

(16) 190g の水に10g の食塩を溶かして作った食塩水の濃度を求めなさい。

●連立方程式の利用③

例題 3　ある中学校のテニス部の昨年の部員数は，男女あわせて 40 人でした。今年は昨年と比べて，男子は 20%増え，女子は 10%減ったので，男女あわせて 39 人になった。今年の男子と女子の部員数をそれぞれ求めなさい。

昨年の男子の人数を x〔人〕，女子の人数を y〔人〕とする。

昨年の部員数は，男女あわせて 40 人だったので，$x+y=40$ …①

男子は 20%増え，女子は 10%減ったので，

【今年の男子数】＝【去年の男子数の 120%】　　【今年の女子数】＝【去年の女子数の 90%】

$$=\frac{120}{100}x\,(人)\qquad\qquad\qquad\qquad =\frac{90}{100}y\,(人)$$

今年の人数は 39 人なので，$\dfrac{120}{100}x+\dfrac{90}{100}y=39$ …②

連立方程式①,②を解くと，$x=10,\ y=30$　　これらは去年の人数なので，

今年の男子は，$10\times\dfrac{120}{100}=12$ 人，女子は $30\times\dfrac{90}{100}=27$ 人

答え：今年の男子の人数：12 人　今年の女子の人数：27 人

◇この問題の注意点

　・今年の人数を文字でおくと難しくなる。去年の人数を文字でおこう。

　・x,y が答えではない。最後に今年の人数を求めるのを忘れないようにしよう。

◇計算のポイント

　②式は $\dfrac{120}{100}$ や $\dfrac{90}{100}$ を約分しないで，そのまま両辺に 100 を掛けて式を簡単にしよう。

　$100\left(\dfrac{120}{100}x+\dfrac{90}{100}y\right)=100\times39$ となり，$120x+90y=3900$

　さらに両辺に $\dfrac{1}{30}$ をかけると，$\dfrac{1}{30}(120x+90y)=\dfrac{1}{30}\times3900$ となり，

　$4x+3y=13$ と式を簡単にできる。この式と①式を連立して方程式を解けばよい。

363 ある中学の昨年度の生徒数は，男女合わせて 525 人であった。本年度は昨年度にくらべて，男子が 8% 増え，女子が 4% 減り全体で 534 人になった。昨年度の男子，女子の生徒数をそれぞれ求めなさい。

364 ある学校の昨年度の全生徒数は 300 人で，本年度の生徒数は，昨年度にくらべると，男子の生徒数は 10%，女子の生徒数は 5% それぞれ増加したので，全体で昨年よりも 7% 増加した。このとき次の問いに答えなさい。

(1) 本年度の全生徒数を求めなさい。

(2) 本年度の男子，女子の生徒数をそれぞれ求めなさい。

●連立方程式の利用④

例題 4　5%の食塩水と 10%の食塩水を混ぜて 8%の食塩水を 200 g つくりたい。5%と 10%の食塩水はそれぞれ何 g 混ぜればよいか。

5%の食塩水を x〔g〕，10%の食塩水を y〔g〕とすると，溶かした食塩の重さは次のようになる。

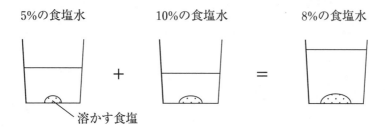

食塩水の重さ：　　x〔g〕　　　　　　　y〔g〕　　　　　　　　　200 g

食塩の重さ：　　$\dfrac{5}{100}x$〔g〕　　　　$\dfrac{10}{100}y$〔g〕　　　　　$200 \times \dfrac{8}{100}$ g

200 g の食塩水をつくるので，$x + y = 200$ …①

混ぜる前後で，食塩の量は変わらないので，$\dfrac{5}{100}x + \dfrac{10}{100}y = 200 \times \dfrac{8}{100}$ …②

連立方程式①,②を解くと，$x = 80, y = 120$

答え：5%の食塩水は 80 g，10%の食塩水は 120 g

!Point

【溶けている食塩の重さ】＝【食塩水の重さ】×【濃度】をしっかり暗記しよう。

!Point

まずは②式の右辺を計算すると，$\dfrac{5x}{100} + \dfrac{10y}{100} = \dfrac{1600}{100}$ となり，両辺を 100 倍すると，

$5x + 10y = 1600$ となる。さらに両辺に $\dfrac{1}{5}$ を掛けていくと $x + 2y = 320$ となり，

式を簡単にすることができる。この式と①を連立して方程式を解けばよい。

!注意　食塩水の濃度 (%) ＝ $\dfrac{\text{食塩 (g)}}{\text{食塩水 (g)}} \times 100$

365 10%の食塩水と5%の食塩水がある。これらの食塩水を混ぜ合わせて，7%の食塩水を600 g
作りたい。それぞれ何g混ぜればよいか。

366 5%の食塩水と水を混ぜて4%の食塩水を250g作りたい。それぞれ何gずつ混ぜればよいか。

★章末問題★

367 ある中学校で図書館の利用者数を調査した。1月は男女合わせて650人であったが，2月は1月に比べ男子が40％減り，女子が20％増えたので，合計で630人だった。 2月の男子と女子の利用者数はそれぞれ何人か。

368 96 g の水に 4 g の食塩を溶かして食塩水 A を作った。次の問いに答えなさい。

(1) 食塩水 A の濃度を求めなさい。

(2) 食塩水 A に水を加えて濃度を1％にするには，水を何 g 加えればよいか。

(3) A と同じ濃度の食塩水を 150 g 作るには，水と食塩をそれぞれ何 g ずつ混ぜればよいか。

369 あるリサイクル工場ではスチール缶とアルミ缶を回収している。先週はスチール缶とアルミ缶を合わせて 400 kg 回収し，今週は先週に比べて，スチール缶が10％減り，アルミ缶が20％増えたので，全体で 450 kg 回収できた。先週のスチール缶とアルミ缶の回収量はそれぞれ何 kg だったか。

370 ある工場では部品 A，部品 B を 8：3 の割合で製造している。ある週の部品A，部品Bの不良品率はそれぞれ 2％，3％で，不良品の合計は 100 個であった。この週に製造した部品A，部品Bの製造個数をそれぞれ求めなさい。

26章 | 一次関数Ⅰ

●比例・反比例の復習

例題 1 次の問いに答えなさい。

(1) A〜Eの座標を答えなさい。

!Point （x座標，y座標）

答え　A（3，2）　　　D（−3，0）

B（3，−2）　　　E（0，4）

C（−1，−4）

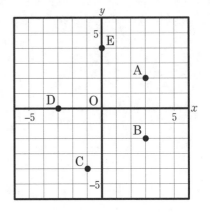

(2) yはxに比例し，$x=3$のとき$y=-9$である。yをxの式で表しなさい。

!Point 比例の式は$y=ax$　（aは比例定数）

$y=ax$ …① に$x=3, y=-9$を代入すると，

$-9=a\times3$　これを解くと$a=-3$　これを①に代入して$y=-3x$ …(答)

(3) yはxに反比例し，$x=2$のとき$y=3$である。yをxの式で表しなさい。

!Point 反比例の式は$y=\dfrac{a}{x}$　（aは比例定数）

$y=\dfrac{a}{x}$ …② に$x=2, y=3$を代入すると，

$3=\dfrac{a}{2}$　これを解くと$a=6$　これを②に代入して$y=\dfrac{6}{x}$ …(答)

(4) 下の表を埋めることによって(2), (3)の関数のグラフをかきなさい。

(2)

x	−4	−3	−2	−1	0	1	2	3	4
y	12	9	6	3	0	−3	−6	−9	−12

(3)

x	−6	−3	−2	−1	0	1	2	3	6
y	−1	−2	−3	−6	−	6	3	2	1

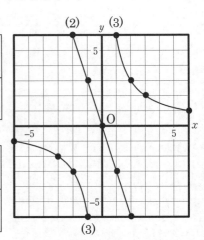

371 次の問いに答えなさい。

(1) 下の A～E の座標を答えなさい。

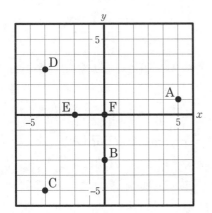

A(　,　)　B(　,　)

C(　,　)　D(　,　)

E(　,　)　F(　,　)

(2) y は x に比例し，$x = -10$ のとき $y = -5$ である。y を x の式で表しなさい。

(3) y は x に反比例し，$x = -2$ のとき $y = 4$ である。y を x の式で表しなさい。

(4) 下の表を埋めることによって(2), (3)の関数のグラフをかきなさい。

(2)

x	−8	−6	−4	−2	0	2	4	6	8
y									

(3)

x	−8	−4	−2	−1	0	1	2	4	8
y									

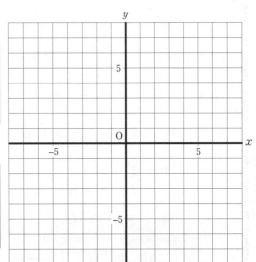

● 式の約分の注意事項

・以下の約分の計算は間違っている。その理由を考えてみよう。

$$\frac{4a+3b}{8} \rightarrow \frac{{}^1\cancel{4}a+3b}{\cancel{8}_2} = \frac{a+3b}{2}$$

$\dfrac{10+1}{5} = \dfrac{11}{5}$　この計算を上記のように約分してみると，

$\dfrac{{}^2\cancel{10}+1}{{}^1\cancel{5}} = \dfrac{2+1}{1} = \dfrac{3}{1} = 3$　となり，答えは $\dfrac{11}{5}$ にならない。

$\dfrac{10+1}{5} = \dfrac{10}{5} + \dfrac{1}{5}$　と式変形できるので，　$\dfrac{4a+3b}{8} = \dfrac{4a}{8} + \dfrac{3b}{8} = \dfrac{a}{2} + \dfrac{3b}{8}$ →これなら正しい

・以下の約分の計算は正しい。その理由を考えてみよう。

$$\frac{4a+6b}{8} \rightarrow \frac{{}^2\cancel{4}a+\overset{3}{\cancel{6}}b}{{}_4\cancel{8}} = \frac{2a+3b}{4}$$

上記のように　$\dfrac{10+1}{5} = \dfrac{10}{5} + \dfrac{1}{5}$　と同じ式変形ができることから，以下のように計算できることを理解しよう。

$$\frac{4a+6b}{8} = \frac{4a}{8} + \frac{6b}{8} = \frac{2a}{4} + \frac{3b}{4} = \frac{2a+3b}{4}$$

● 一次関数の式の形

2つの変数 x, y の関係が，$y = ax + b$ のように，y が x の1次式で表されるとき，y は x の一次関数であるという。この式の x の係数 a を「傾き」，定数 b を「切片」という。

例題 2　次の一次関数の傾きと切片を答えなさい。

(1) $y = 2x - 5$　　　　　　傾き：2　　　切片：-5 …(答)

(2) $y = -x + \dfrac{1}{2}$　　　　　傾き：-1　　　切片：$\dfrac{1}{2}$ …(答)

(3) $y = \dfrac{x}{3} + 4$　　　　　傾き：$\dfrac{1}{3}$　　　切片：4 …(答)

(4) $y = \dfrac{6x-1}{3}$　　→　$y = \dfrac{6x}{3} - \dfrac{1}{3} = 2x - \dfrac{1}{3}$ と変形する　　傾き：2　　切片：$-\dfrac{1}{3}$ …(答)

(5) $3x - 4y - 12 = 0$ → y について解く（$y = \cdots$ の形に式変形する）

$$
\begin{array}{l}
3x - 4y - 12 = 0 \\
\underline{+)\quad -3x \quad\quad + 12 \quad -3x + 12} \\
\quad\quad -4y \quad\quad = -3x + 12y \\
-1 \times (-4y) = -1 \times (-3x + 12) \\
\quad\quad 4y = 3x - 12
\end{array}
$$

$\dfrac{1}{4} \times 4y = \dfrac{1}{4}(3x - 12)$

$y = \dfrac{3}{4}x - 3$

傾き：$\dfrac{3}{4}$　切片：-3 …(答)

372 次の式は左辺を約分すると右辺になることを表している。この約分が正しければ○，誤っていれば×を書きなさい。

(1) $\dfrac{9x + y}{6} = \dfrac{3x + y}{2}$　　(　　　)

(2) $\dfrac{4a - 10b}{6} = \dfrac{2a - 5b}{3}$　　(　　　)

(3) $\dfrac{12x + 8}{4} = 3x + 2$　　(　　　)

(4) $\dfrac{-5a + 4b}{6} = \dfrac{-5a + 2b}{3}$　　(　　　)

(5) $\dfrac{2x - 16}{8} = \dfrac{1}{4}x - 2$　　(　　　)

(6) $\dfrac{-4x + 5y}{8} = -\dfrac{x}{2} + \dfrac{5}{2}y$　　(　　　)

373 次の空欄に入る整数を答えなさい。

$$\dfrac{3x - 8y}{12} = \dfrac{\boxed{①}}{4}x - \dfrac{\boxed{②}}{3}y$$

①(　　　)

②(　　　)

③(　　　)

$$\dfrac{6x - 8y}{12} = \dfrac{\boxed{③}\,x - 4y}{\boxed{④}}$$

④(　　　)

374 次の(　　　)に当てはまる言葉を書きなさい。

2つの変数 x，y の関係が $y = ax + b$ のように，y が x の1次式で表されるとき，y は x の①(　　　　　　　　)であるという。この式の x の係数 a を②(　　　　　　　　)，定数 b を③(　　　　　　　　)という。

375 次の一次関数の傾きと切片を答えなさい。

(1) $y = 5x + 3$　傾き：　　　切片：

(2) $y = x - 2$　傾き：　　　切片：

(3) $y = -\dfrac{x}{3} + 1$　傾き：　　　切片：

(4) $y = \dfrac{2}{3}x - \dfrac{1}{4}$　傾き：　　　切片：

(5) $y = \dfrac{3x - 8}{4}$　傾き：　　　切片：

(6) $x - 3y - 9 = 0$　傾き：　　　切片：

26章

例題 3　表を埋めることによって次の一次関数のグラフをかきなさい。

① $y = 2x + 3$

x	-3	-2	-1	0	1	2	3
y							

$x = -3$ のとき,$y = 2 \times (-3) + 3 = -3$　　$x = -2$ のとき,$y = 2 \times (-2) + 3 = -1$

$x = -1$ のとき,$y = 2 \times (-1) + 3 = 1$　　$x = 0$ のとき,$y = 2 \times 0 + 3 = 3$

$x = 1$ のとき,$y = 2 \times 1 + 3 = 5$　　　$x = 2$ のとき,$y = 2 \times 2 + 3 = 7$

$x = 3$ のとき,$y = 2 \times 3 + 3 = 9$

よって,表は次のようになる。

x	-3	-2	-1	0	1	2	3
y	-3	-1	1	3	5	7	9

上の表からグラフは次の座標を通る。

　$(-3,-3)$ $(-2,-1)$ $(-1,1)$ $(0,3)$ $(1,5)$ $(2,7)$ $(3,9)$

これらの座標に点を打って,点を結べばグラフは完成する。

同様にして次の一次関数の表も埋めてみる。

② $y = 2x$

x	-3	-2	-1	0	1	2	3
y	-6	-4	-2	0	2	4	6

③ $y = 2x - 3$

x	-3	-2	-1	0	1	2	3
y	-9	-7	-5	-3	-1	1	3

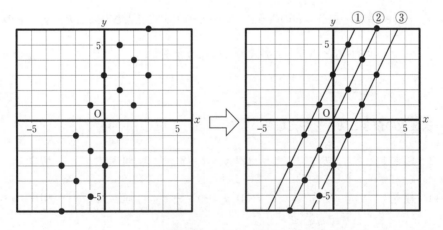

重要　・傾きが同じ一次関数のグラフは平行になる
　　　・y 軸との交点の y 座標が切片と等しい

376 次の問いに答えなさい。

(1) 次の①〜③の一次関数のグラフを，表を埋めることによってかきなさい。またそれぞれの関数の傾きと切片を求めなさい。

① $y = -x + 4$　　　傾き（　　　　）　切片（　　　　）

x	−3	−2	−1	0	1	2	3
y							

② $y = -x$　　　傾き（　　　　）　切片（　　　　）

x	−3	−2	−1	0	1	2	3
y							

③ $y = -x - 3$　　　傾き（　　　　）　切片（　　　　）

x	−3	−2	−1	0	1	2	3
y							

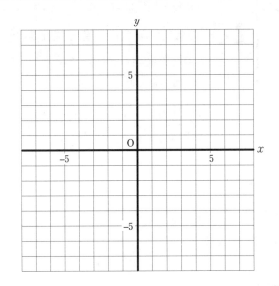

(2) 上のグラフを読み取って，次の空欄に当てはまる言葉や数値を，選択または埋めなさい。

①〜③の式は A（　傾き　・　切片　）がすべて等しい。

このとき①〜③のグラフは互いに B（　　　　　　）な直線になることがわかる。また

①のグラフの y 軸との交点の座標は C（　　，　　）　①の切片は D（　　　　　）

②のグラフの y 軸との交点の座標は E（　　，　　）　②の切片は F（　　　　　）

③のグラフの y 軸との交点の座標は G（　　，　　）　③の切片は H（　　　　　）

よって，y 軸との交点の y 座標は I（　傾き　・　切片　）と等しいことがわかる。

26章

●x の増加量と y の増加量

一次関数 $y = 2x + 3$ を考えてみる。

$y = 2x + 3$

x	-3	-2	-1	0	1	2	3
y	-3	-1	1	3	5	7	9

+3

+6

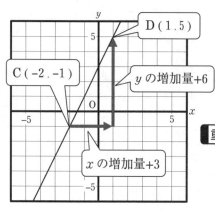

x の値が −2 から 1 まで変化したとき，

x の値は 3 増えたことになる。

このとき「x の増加量は+3」であるという。

このとき y は −1 から 5 まで変化するので

「y の増加量は+6」であるという。

重要 増加量＝(変化後の値)−(変化前の値)

x の増加量 $= 1 - (-2) = 3$

y の増加量 $= 5 - (-1) = 6$

$\dfrac{y \text{ の増加量}}{x \text{ の増加量}} = \dfrac{6}{3} = 2$　これは傾きと等しくなっている

$y = 2x + 3$

x	-3	-2	-1	0	1	2	3
y	-3	-1	1	3	5	7	9

+2

+4

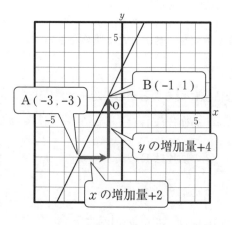

x の値が −3 から −1 まで変化したとき，

y の値が −3 から 1 まで変化する。

x の増加量 $= -1 - (-3) = 2$

y の増加量 $= 1 - (-3) = 4$

$\dfrac{y \text{ の増加量}}{x \text{ の増加量}} = \dfrac{4}{2} = 2$　これは傾きと等しくなっている

重要 どんな一次関数でも，$\dfrac{y \text{ の増加量}}{x \text{ の増加量}} = $ 傾き　となる。

例題 **4**　一次関数 $y = -\dfrac{1}{2}x + 1$ に関して次の問いに答えなさい。

(1) 下の表を埋めなさい。

x	-6	-4	-2	0	2	4	6
y							

$x = -6$ のとき $y = -\dfrac{1}{2} \times (-6) + 1 = 4$

$x = -4$ のとき $y = -\dfrac{1}{2} \times (-4) + 1 = 3$　…以下同様にして求めると次のようになる。

x	-6	-4	-2	0	2	4	6
y	4	3	2	1	0	-1	-2

(2) この表をもとにグラフをかきなさい。

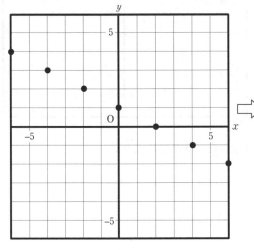　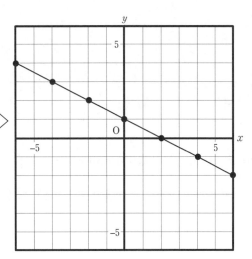

(3) x の値が -4 から 2 まで変化するときの x と y の増加量を求めなさい。

　x の増加量 $= 2 - (-4) = 6$ …(答)　　y の増加量 $= 0 - 3 = -3$ …(答)

(4) x の値が 4 から 0 まで変化するときの x と y の増加量を求めなさい。

　x の増加量 $= 0 - 4 = -4$ …(答)　　y の増加量 $= 1 - (-1) = 2$ …(答)

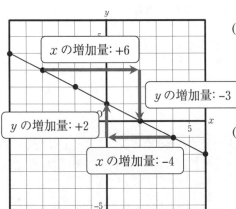

(5) (3)のとき $\dfrac{y \text{ の増加量}}{x \text{ の増加量}}$ の値を求めなさい。

　$\dfrac{y \text{ の増加量}}{x \text{ の増加量}} = \dfrac{-3}{6} = -\dfrac{1}{2}$ …(答)

(6) (4)のとき $\dfrac{y \text{ の増加量}}{x \text{ の増加量}}$ の値を求めなさい。

　$\dfrac{y \text{ の増加量}}{x \text{ の増加量}} = \dfrac{2}{-4} = -\dfrac{1}{2}$ …(答)

26章

377 一次関数 $y = \dfrac{1}{3}x + 2$ に関して次の問いに答えなさい。

(1) この一次関数の傾きと切片を答えなさい。　傾き：(　　　　　　　)　切片：(　　　　　　　)

(2) この関数に対応するように次の表を埋めて，この関数のグラフをかきなさい。

x	−6	−3	0	3	6
y					

(3) 次の(　　　)には適切な数値を，[　　　]には適切な言葉を埋めなさい。

　　x の値が −6 から 3 まで変化するときの x と y の増加量を求めると，

　　　　　　x の増加量：①(　　　　　　　　)　y の増加量：②(　　　　　　　　)

　　このとき，$\dfrac{y \text{の増加量}}{x \text{の増加量}} = $ ③$\dfrac{(\qquad\qquad)}{(\qquad\qquad)}$ となり，

　　　　　　　　　　　　　　これを約分すると④(　　　　　　　)になる。

　　x の値が 3 から −3 まで変化するときの x と y の増加量を求めると，

　　　　　　x の増加量：⑤(　　　　　　　　)　y の増加量：⑥(　　　　　　　　)

　　このとき，$\dfrac{y \text{の増加量}}{x \text{の増加量}} = $ ⑦$\dfrac{(\qquad\qquad)}{(\qquad\qquad)}$ となり，

　　　　　　　　　　　　　　これを約分すると⑧(　　　　　　　)になる。

　　以上のことから $\dfrac{y \text{の増加量}}{x \text{の増加量}}$ の値は⑨[　　　　　　　]と等しくなっていることがわかる。

378 一次関数 $y = -x + 2$ に関して次の問いに答えなさい。

(1) この一次関数の傾きと切片を答えなさい。　傾き：(　　　　　　　)　切片：(　　　　　　　)

(2) この関数に対応するように次の表を埋めて，この関数のグラフをかきなさい。

x	–3	–2	–1	0	1	2	3
y							

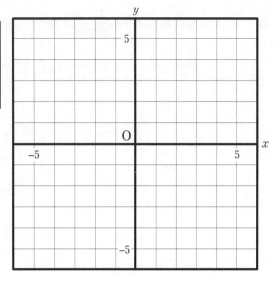

(3) 次の(　　)には適切な数値を，[　　]には適切な言葉を埋めなさい。

x の値が –3 から 2 まで変化するときの x と y の増加量を求めると，

x の増加量：①(　　　　　　　　)　y の増加量：②(　　　　　　　)

このとき，$\dfrac{y の増加量}{x の増加量} =$ ③$\dfrac{(\qquad\qquad)}{(\qquad\quad)}$ となり，

これを約分すると④(　　　　　　)になる。

x の値が 4 から 1 まで変化するときの x と y の増加量を求めると，

x の増加量：⑤(　　　　　　)　y の増加量：⑥(　　　　　　)

このとき，$\dfrac{y の増加量}{x の増加量} =$ ⑦$\dfrac{(\qquad\qquad)}{(\qquad\quad)}$ となり，

これを約分すると⑧(　　　　　)になる。

以上のことから $\dfrac{y の増加量}{x の増加量}$ の値は⑨[　　　　　　]と等しくなっていることがわかる。

26章

●変化の割合と傾き

変化の割合は $\dfrac{y \text{ の増加量}}{x \text{ の増加量}}$ で定義され，一次関数の場合は傾きと等しい。

> 変化の割合 $= \dfrac{y \text{ の増加量}}{x \text{ の増加量}} =$ 傾き
>
> 右向きの進みが x の増加量，上向きの進みが y の増加量

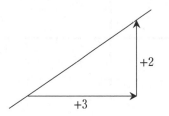

① 左のグラフでは，

x の増加量は+3, y の増加量は+2

変化の割合 $= \dfrac{+2}{+3} = \dfrac{2}{3}$

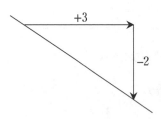

② 左のグラフでは，

x の増加量は+3, y の増加量は–2

変化の割合 $= \dfrac{-2}{+3} = \dfrac{2}{3}$

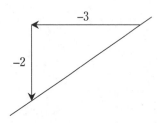

③ 左のグラフでは，

x の増加量は–3, y の増加量は–2

変化の割合 $= \dfrac{-2}{-3} = \dfrac{2}{3}$

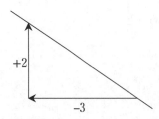

④ 左のグラフでは，

x の増加量は–3, y の増加量は+2

変化の割合 $= \dfrac{+2}{-3} = -\dfrac{2}{3}$

26章

重要

２つの直線のグラフが平行であるとき，傾き（＝変化の割合）は等しい。

傾き（＝変化の割合）が正のときは，グラフは必ず右上がりになる。

傾き（＝変化の割合）が負のときは，グラフは必ず右下がりになる。

●グラフを素早くかくコツ

[例題 5]　$y = \dfrac{3}{4}x + 1$ のグラフをかきなさい。

このグラフの切片は1なので，y軸との交点が（0,1）となる。

傾きが $\dfrac{3}{4}$ なので，この点から次のようなグラフの傾きをかけばよい。

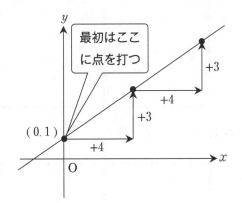

切片が 1 なので，（0,1）に点を打つ。

傾きが $\dfrac{3}{4}$ なので，この点から

右に 4，上に 3 と階段状に点を打つ。

これらの点を結べばグラフが完成！

[例題 6]　$y = -\dfrac{2}{3}x + 4$ のグラフをかきなさい。

このグラフの切片は4なので，y軸との交点が（0,4）となる。

傾きが $-\dfrac{2}{3} = \dfrac{-2}{+3}$ なので，この点から次のようなグラフの傾きをかけばよい。

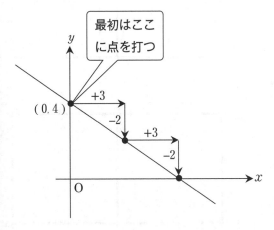

切片が 4 なので，（0,4）に点を打つ。

傾きが $\dfrac{-2}{+3}$ なので，この点から

右に 3，下に 2 と階段状に点を打つ。

これらの点を結べばグラフが完成！

26章

379 一次関数 $y = 3x + 1$ について次の空欄を埋めて，グラフをかきなさい。

(1) $x = 0$ のとき，$y =$ ①（　　　　　　）となる。

　このことからこのグラフは，

②（　　，　　）を通ることになる。

　またこの一次関数の傾きは③（　　　　）なので，

変化の割合 $= \dfrac{④（\qquad）}{+1}$ となる。

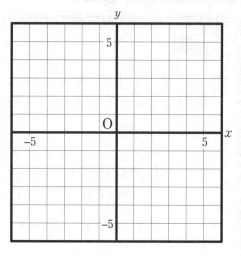

(2) 上記のことからこの関数のグラフをかきなさい。

380 一次関数 $y = -2x - 1$ について次の空欄を埋めて，グラフをかきなさい。

(1) $x = 0$ のとき，$y =$ ①（　　　　　）となる。

　このことからこのグラフは，

②（　　，　　）を通ることになる。

　またこの一次関数の傾きは③（　　　　）なので，

変化の割合 $= \dfrac{④（\qquad）}{+1}$ となる。

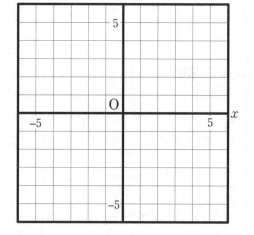

(2) 上記のことからこの関数のグラフをかきなさい。

381 一次関数 $y = x - 3$ について次の空欄を埋めて，グラフをかきなさい。

(1) $x = 0$ のとき，$y =$ ①（　　　　　）となる。

　このことからこのグラフは，

②（　　，　　）を通ることになる。

　またこの一次関数の傾きは③（　　　　）なので，

変化の割合 $= \dfrac{④（\qquad）}{+1}$ となる。

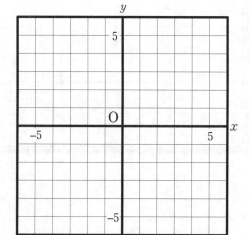

(2) 上記のことからこの関数のグラフをかきなさい。

382 一次関数 $y = \dfrac{3}{2}x - 3$ について次の空欄を埋めて，グラフをかきなさい。

(1) $x = 0$ のとき，$y = $ ①（　　　　）となる。

　このことからこのグラフは，

②（　　，　　）を通ることになる。

　またこの一次関数の傾きは③（　　　）なので，

　変化の割合 $= \dfrac{④（）}{+2}$ となる。

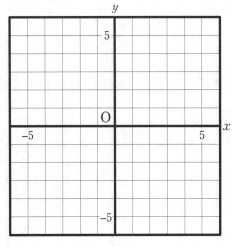

(2) 上記のことからこの関数のグラフをかきなさい。

383 一次関数 $y = -\dfrac{1}{3}x + 2$ について次の空欄を埋めて，グラフをかきなさい。

(1) $x = 0$ のとき，$y = $ ①（　　　　）となる。

　このことからこのグラフは，

②（　　，　　）を通ることになる。

　またこの一次関数の傾きは③（　　　）なので，

　変化の割合 $= \dfrac{④（）}{+3}$ となる。

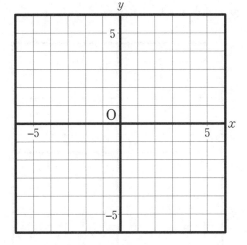

(2) 上記のことからこの関数のグラフをかきなさい。

384 一次関数 $y = -x - 5$ について次の空欄を埋めて，グラフをかきなさい。

(1) $x = 0$ のとき，$y = $ ①（　　　　）となる。

　このことからこのグラフは，

②（　　，　　）を通ることになる。

　またこの一次関数の傾きは③（　　　）なので，

　変化の割合 $= \dfrac{④（）}{+1}$ となる。

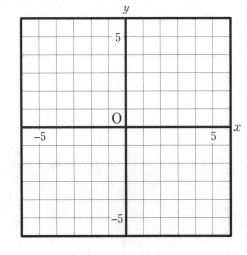

(2) 上記のことからこの関数のグラフをかきなさい。

26章

385 次の１次関数のグラフをかきなさい。

(1) $y = x + 3$

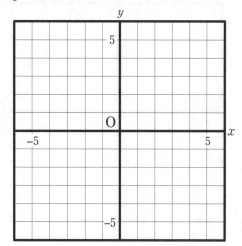

(2) $y = 3x$

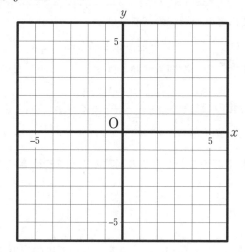

(3) $y = -3x + 1$

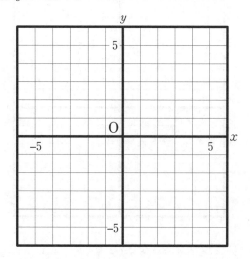

(4) $y = \dfrac{x}{4} - 3$

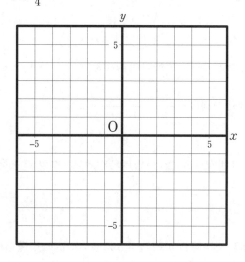

(5) $y = \dfrac{3}{2}x + 2$

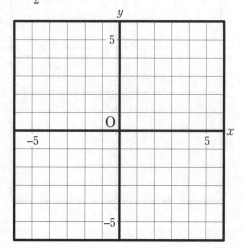

(6) $y = -\dfrac{2}{3}x - 5$

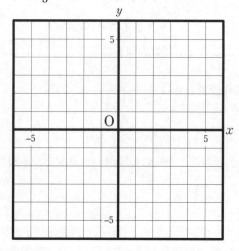

26章

386 次の一次関数のグラフの方程式を求めなさい。

(1)

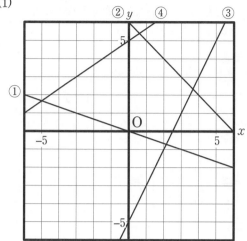

(2)

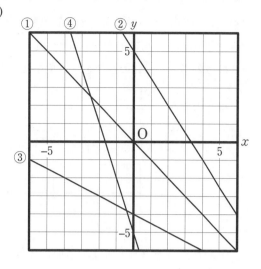

①

②

③

④

①

②

③

④

387 下のグラフについて，次の空欄に入る数値を答えなさい。

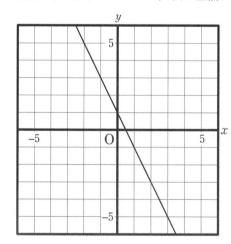

(1) x の値が -1 から 2 まで変化するとき，y の値は①

(　)から②(　)まで変化し，このとき x の増

加量は③(　)，y の増加量は④(　)であるの

で，変化の割合は⑤(　)となる。

(2) x の値が 2 から -2 まで変化するとき，y の値は①

(　)から②(　)まで変化し，このとき x の増

加量は③(　)，y の増加量は④(　)であるの

で，変化の割合は⑤(　)となる。

★章末問題★

388 次の空欄に入る適切な言葉や数値を入れなさい。ただし[　　]には言葉を入れること。

一次関数 $y = ax + b$ で x の係数 a を①[　　　　　　]といい，定数 b を②[　　　　　　]という。

一次関数の場合，変化の割合を，言葉を使って式にすると，

$$変化の割合 = \frac{④[\qquad\qquad\qquad]}{③[\qquad\qquad\qquad]} = ⑤[\qquad\qquad\qquad]となる。$$

$y = 2x + 1$ において，表を作ると以下のようになる。

⑥

x	1	2	3	4	5
y					

この関数で，x が1から5まで増加したときの x の増加量は⑦(　　　　　)で，
このときの y の増加量は⑧(　　　　　)となる。よって，このとき

$$変化の割合 = \frac{⑩(\qquad\quad)}{⑨(\qquad\quad)} = ⑪(\qquad)となり，この値は⑫[\qquad]と等しいことがわ$$

かる。また，$x = 0$ のときの y の値は⑬(　　　　　)であるので，このグラフは
点⑭(　　,　　)を通ることになる。この点は⑮(　　　)軸上にあり，
この点の⑯(　　　)座標は⑰[　　　　　　]と等しくなっている。

389 一次関数 $y = \dfrac{x-8}{4}$ について，次の問いに答えなさい。

(1) 傾きと切片はそれぞれいくらか。

傾き：(　　　　)　　切片：(　　　　)

(2) この関数のグラフをかきなさい。

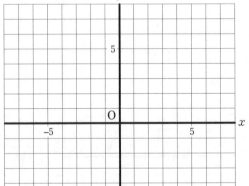

(3) (2)でかいたグラフと平行になる方程式を次からすべて選びなさい。

ア．$y = \dfrac{3x+19}{12}$　　イ．$y = -\dfrac{1}{4}x + 2$　　ウ．$y = -\dfrac{x}{8} - 2$　　エ．$y = \dfrac{x-4}{2}$　　オ．$y = \dfrac{2x-1}{8}$

390 下の直線①のグラフについて，次の問いに答えなさい。

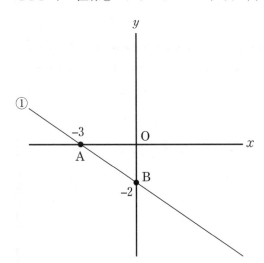

(1) 図の点A，点Bの座標を答えなさい。

A(　　，　　)　　B(　　，　　)

(2) x の値が−3から0まで変化するときの x と y の増加量はそれぞれいくらか。

x の増加量：(　　　　)

y の増加量：(　　　　)

(3) (2)のときの変化の割合はいくらか。

(4) 傾きはいくらか。　　(5) 切片はいくらか。

(6) この一次関数の方程式を求めなさい。

391 一次関数①〜④について文中の[　　]内を選択し，それぞれのグラフをかきなさい。

①$y = 3x - 2$　　　②$y = 3x + 2$　　　③$y = -\dfrac{3}{4}x - 2$　　　④$y = -\dfrac{3}{4}x + 3$

①と②及び③と④はそれぞれ A.[　傾き ・ 切片　]が等しいので，グラフは互いに

B.[　垂直 ・ 平行　]になる。また①，②のグラフは，傾きが C.[　正 ・ 負　]なので，

D.[　右上がり ・ 右下がり　]のグラフになり，③，④のグラフは傾きが E.[　正 ・ 負　]なので，

F[　右上がり・右下がり　]のグラフになる。

①，②のグラフをこの下にかきなさい。　　　③，④のグラフをこの下にかきなさい。

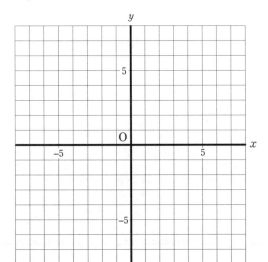 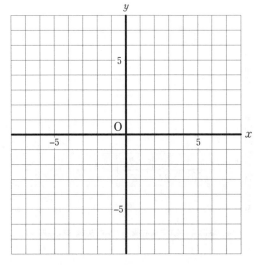

27章 ||| 一次関数Ⅱ

例題 1 次の問いに答えなさい。

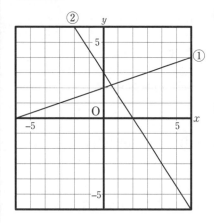

(1) 左の一次関数①，②の方程式を求めなさい。

①は傾きが $\frac{1}{3}$，切片は 2 なので $y = \frac{1}{3}x + 2$ …(答)

②は傾きが $-\frac{3}{2}$，切片は 3 なので $y = -\frac{3}{2}x + 3$ …(答)

(2) 直線①は(−12, □)を通る。□に当てはまる値を求めなさい。

(1)で求めた①式の x に −12 を代入すると，

$y = \frac{1}{3} \times (-12) + 2 = -4 + 2 = -2$　よって，$x = -12$ の

とき，$y = -2$　よって□に当てはまる数は −2 …(答)

(3) 直線①は(□, 20)を通る。□に当てはまる数を答えなさい。

(1)で求めた①式の y に 20 を代入すると，$20 = \frac{1}{3}x + 2$　左辺と右辺を入れ換えて，

$\frac{1}{3}x + 2 = 20$　両辺を3倍して，$3\left(\frac{1}{3}x + 2\right) = 3 \times 20$　つまり，$x + 6 = 60$ より $x = 54$

よって，$y = 20$ のとき，$x = 54$　つまり□に当てはまる数は 54 …(答)

(4) 直線②が(a, 18)，(12, b)を通るとき，a, b の値をそれぞれ求めなさい。

(1)で求めた②式の x に a，y に 18 を代入すると，

$18 = -\frac{3}{2}a + 3$　これを a について解くと，$a = -10$ …(答)

さらに，②式の x に 12，y に b を代入すると，

$b = -\frac{3}{2} \times 12 + 3$ これを計算すると，$b = -15$ …(答)

例題 2 ある一次関数を表にすると次のようになった。この一次関数の方程式を求めなさい。

x	−3	−2	−1	0	1	2	3
y	−2	2	6	10	14	18	22

直線は(0, 10)を通るので切片は 10

x の増加量が +1 のとき，

$+1$　$+1$　$+1$

x	−3	−2	−1	0	1	2	3
y	−2	2	6	10	14	18	22

y の増加量が +4 であるので，

傾き $= \frac{+4}{+1} = 4$

$+4$　$+4$　$+4$

よって，$y = 4x + 10$ …(答)

392 次の問いに答えなさい。

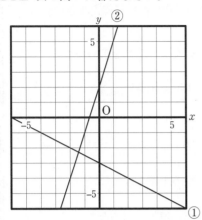

(1) 左の一次関数①，②の方程式を求めなさい。

(2) 直線①は $(14, \square)$ を通る。□に当てはまる値を求めなさい。

(3) 直線①は $(\square, 15)$ を通る。□に当てはまる数を答えなさい。

(4) 直線②が $(a, -10)$，$(8, b)$ を通るとき，a, b の値をそれぞれ求めなさい。

(1) ① (　　　　　　　　　　) ② (　　　　　　　　　　　) (2) (　　　　　) (3) (　　　　　)

(4) $a =$ (　　　　　　　), $b =$ (　　　　　　　)

393 ある一次関数を表にすると次のようになった。この一次関数の方程式を求めなさい。

(1)

x	-3	-2	-1	0	1	2	3
y	-8	-11	-14	-17	-20	-23	-26

(2)

x	-6	-4	-2	0	2	4	6
y	-18	-13	-8	-3	2	7	12

例題 3 　一次関数 $y = x + 2$ …①, $y = 2x + 1$ …② について次の問いに答えなさい。

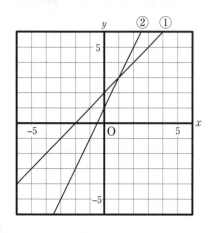

(1) ①と②の直線との交点の座標を求めなさい。

(2) 次の連立方程式を解きなさい。

$$\begin{cases} y = x + 2 \cdots ① \\ y = 2x + 1 \cdots ② \end{cases}$$

(3) ①と y 軸との交点の座標を求めなさい。

(4) ②と x 軸との交点の座標を求めなさい。

(1) グラフをかくと交点は $(1, 3)$ とわかる。　$(1, 3)$ …(答)

(2) $y = x + 2$ …①

$y = 2x + 1$ …②　　代入法により y を消去する。

$2x + 1 = x + 2$

$2x - x = 2 - 1$

$x = 1$

これを①に代入して $y = 1 + 2 = 3$　よって，$(x, y) = (1, 3)$ …(答)

※これは(1)の結果と等しいことに注意しよう。

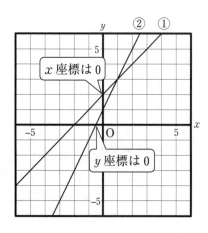

(3) y 軸上の座標はどこでも x 座標が0なので，

①式に $x = 0$ を代入すると，$y = 0 + 2 = 2$

よって，①と y 軸との交点の座標は $(0, 2)$ …(答)

(4) x 軸上の座標はどこでも y 座標が0なので，

②式に $y = 0$ を代入すると，

$0 = 2x + 1$　より，$-2x = 1$

両辺に $-\dfrac{1}{2}$ を掛けると，

$\left(-\dfrac{1}{2}\right) \times (-2x) = \left(-\dfrac{1}{2}\right) \times 1$

$x = -\dfrac{1}{2}$

よって，①と x 軸との交点の

座標は $\left(-\dfrac{1}{2}, 0\right)$ …(答)

394 次の問いに答えなさい。

(1) 次の連立方程式を解きなさい。

$$\begin{cases} y = x - 2 & \cdots ① \\ y = -2x + 1 & \cdots ② \end{cases}$$

(2) (1)の①，②の一次関数のグラフ
をかきなさい。

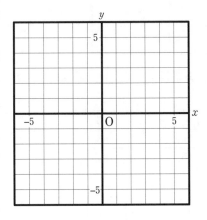

(3) (2)のグラフから，直線①，②の交点の座標を読み取りなさい。

(4) ①と y 軸との交点の座標を求めなさい。

(5) ②と x 軸との交点の座標を求めなさい。

27章

例題 4　次の(1)〜(3)の直線の方程式のグラフをかきなさい。

(1) $-x + 3y + 6 = 0$　　　　(2) $x = 3$　　　　(3) $y + 2 = 0$

(1)　!Point　$y = ax + b$ の形に直す

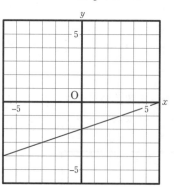

$$-x + 3y + 6 = 0$$
$$\underline{+)\ +x\qquad -6\quad\ x - 6}$$
$$3y = x - 6$$
$$\frac{1}{3} \times 3y = \frac{1}{3}(x - 6)$$
$$y = \frac{1}{3}x - 2$$

(2) 直線 $x = 3$ は傾きや切片がなく，y の値がどんな値でも常に x は 3 という直線。
　表にすると以下のようになる。

x	3	3	3	3	3	3	3
y	-3	-2	-1	0	1	2	3

　これらの座標の点を打つと以下のようなグラフになる。

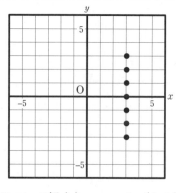 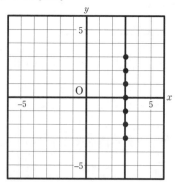

(3) y について解くと，$y = -2$　（この場合，傾き $= 0$，切片 $= -2$）

　これは x の値がどんな値でも常に y は -2 という直線。表にすると以下のようになる。

x	-3	-2	-1	0	1	2	3
y	-2	-2	-2	-2	-2	-2	-2

　これらの座標の点を打つと以下のようなグラフになる。

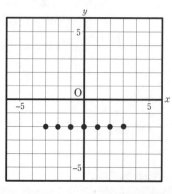 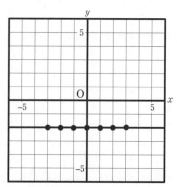

395 次の①〜③の直線の方程式のグラフをかきなさい。

① $3x + 2y - 8 = 0$　　② $x + 4 = 0$　　③ $y - 1 = 0$

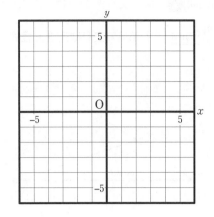

396 次の直線の方程式を求めなさい。

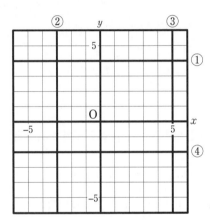

① (　　　　　　　　　)

② (　　　　　　　　　)

③ (　　　　　　　　　)

④ (　　　　　　　　　)

397 次の①〜③の直線の方程式を求めなさい。

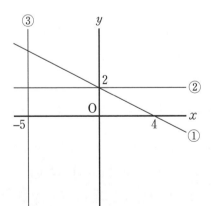

① (　　　　　　　　　)

② (　　　　　　　　　)

③ (　　　　　　　　　)

27章

例題 **5**　図の交点 P の座標を求めなさい。

!Point　2直線の交点は連立方程式の解と等しい

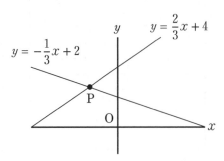

$y = \dfrac{2}{3}x + 4 \cdots ①$　　$y = -\dfrac{1}{3}x + 2 \cdots ②$

この連立方程式を解くと，代入法で

y を消去して，$\dfrac{2}{3}x + 4 = -\dfrac{1}{3}x + 2$

両辺を3倍して，

$3 \times \left(\dfrac{2}{3}x + 4\right) = 3 \times \left(-\dfrac{1}{3}x + 2\right)$

$$2x + 12 = -x + 6$$
$$+\underline{)\quad x - 12 \qquad x - 12}$$
$$3x = -6$$

$\dfrac{1}{3} \times 3x = \dfrac{1}{3} \times (-6)$

$x = -2$

これを①式に代入して，

$y = \dfrac{2}{3} \times (-2) + 4 = -\dfrac{4}{3} + \dfrac{12}{3} = \dfrac{8}{3}$

つまり，$x = -2, y = \dfrac{8}{3}$ となる。

よって，$P\left(-2, \dfrac{8}{3}\right) \cdots$(答)

例題 **6**　図の直線①の方程式は $y = \dfrac{1}{2}x + 3$，②は x 軸と平行，③は y 軸と平行であるとき，次の問いに答えなさい。

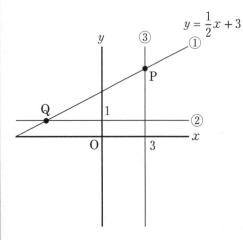

(1) 直線②，③の方程式を求めなさい。

②は y 軸と $(0, 1)$ で交わっているので，

　②：$y = 1$　…(答)

③は x 軸と $(3, 0)$ で交わっているので，

　③：$x = 3$　…(答)

(2) 図の交点 P，Q の座標を求めなさい。

P の x 座標は3なので，①式に $x = 3$ を代入すると，

$y = \dfrac{1}{2} \times 3 + 3 = \dfrac{3}{2} + \dfrac{6}{2} = \dfrac{9}{2}$　よって，$P\left(3, \dfrac{9}{2}\right)$

同様に Q の y 座標は1なので，①式に $y = 1$ を代入すると，

$1 = \dfrac{1}{2}x + 3$　両辺を2倍して，$2 \times 1 = 2\left(\dfrac{1}{2}x + 3\right)$　より，

$2 = x + 6$　つまり，$x = -4$　よって，$Q(-4, 1)$

398 図の交点 P の座標を求めなさい。

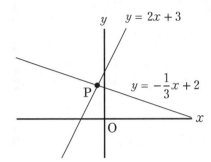

399 図の直線①の方程式は $y = -\dfrac{2}{3}x + 1$，②は y 軸と平行，③は x 軸と平行な直線であるとき，次の問いに答えなさい。

(1) 直線②，③の方程式を求めなさい。　①（　　　　　　　　　　）　②（　　　　　　　　　　）

(2) 図の交点 P，Q の座標を求めなさい。

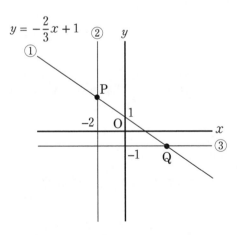

27
章

例題 7 次の①〜④の直線の方程式を，次のア〜エから選びなさい。

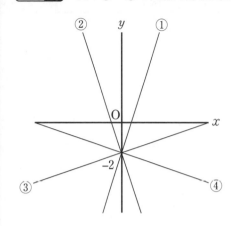

ア. $y = -3x - 2$ 　　イ. $y = 3x - 2$

ウ. $y = \dfrac{1}{3}x - 2$ 　　エ. $y = -\dfrac{1}{3}x - 2$

!Point

・右上がりのグラフは傾きが正。

・右下がりのグラフは傾きが負。

・切片はすべて –2 で等しい。

①，③は右上がりで傾きは正なので，イかウが考えられる。

イの傾きは 3 　　　ウの傾きは $\dfrac{1}{3}$

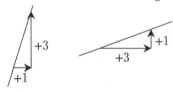

よって，①はイ 　…(答)

③はウ 　…(答)

②，④は右下がりで傾きは負なので，アかエが考えられる。

アの傾きは –3 　　　エの傾きは $-\dfrac{1}{3}$

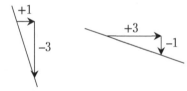

よって，②はア 　…(答)

④はエ 　…(答)

例題 8 図の①〜④の直線はすべて平行で，①の方程式は $y = -x + 3$ であるとき，②〜④の直線の方程式を求めなさい。

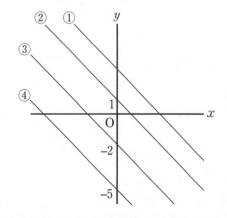

!Point

①〜④はすべて平行なので，傾きが等しい。

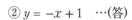

② $y = -x + 1$ 　…(答)

③ $y = -x - 2$ 　…(答)

④ $y = -x - 5$ 　…(答)

400 次の①〜④の直線の方程式を，次のア〜エから選びなさい。

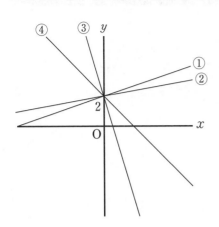

ア．$y = -x + 2$　　　　イ．$y = -3x + 2$

ウ．$y = \frac{1}{3}x + 2$　　　　エ．$y = \frac{1}{6}x + 2$

① （　　　　　　　） ② （　　　　　　　）

③ （　　　　　　　） ④ （　　　　　　　）

401 図の①〜④の直線はすべて平行で，①の方程式は $y = \frac{1}{5}x + 2$ であるとき，②〜④の直線の方程式を求めなさい。

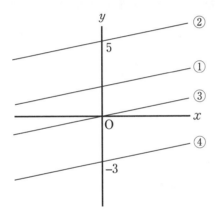

② （　　　　　　　　　　　　）

③ （　　　　　　　　　　　　）

④ （　　　　　　　　　　　　）

402 図の直線①と②が平行で，直線③と④が平行である時，次の①〜④の直線の方程式を求めなさい。

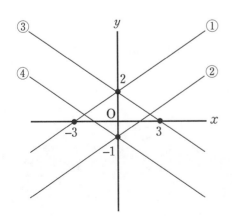

① （　　　　　　　　　　　　）

② （　　　　　　　　　　　　）

③ （　　　　　　　　　　　　）

④ （　　　　　　　　　　　　）

27章

★章末問題★

403 一次関数①～⑧に関して，次の問いに答えなさい。

① $y = 2x + 9$　　② $y = -\dfrac{1}{3}x - 10$　　③ $y = -x + 7$　　④ $y = \dfrac{1}{4}x + 1$

⑤ $y = 4x + 1$　　⑥ $y = -x - 6$　　⑦ $y = -3x - 10$　　⑧ $y = 2x - 9$

(1) グラフが平行になる組を記号ですべて答えなさい。

(2) グラフが右上がりになる関数を記号ですべて選びなさい。

(3) グラフが右下がりになる関数を記号ですべて選びなさい。

404 図の直線①は傾きが−2で原点を通る直線である。また直線①と②，直線③と y 軸，直線④と x 軸はそれぞれ互いに平行である。これらの直線について次の問いに答えなさい。

(1) 直線①～④の方程式を求めなさい。

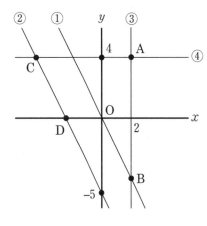

① (　　　　　　　　　　　　　)

② (　　　　　　　　　　　　　)

③ (　　　　　　　　　　　　　)

④ (　　　　　　　　　　　　　)

(2) 図の交点 A, B, C, D の座標をそれぞれ求めなさい。

A(　　,　　)　　B(　　,　　)　　C(　　,　　)　　D(　　,　　)

405 ある一次関数を表にすると次のようになった。この一次関数の方程式を求めなさい。

(1)

x	−3	−2	−1	0	1	2	3
y	−16	−10	−4	2	8	14	20

(2)

x	−15	−10	−5	0	5	10	15
y	6	5	4	3	2	1	0

406 次の問いに答えなさい。

(1) 次の連立方程式を解きなさい。

$$\begin{cases} x + 4y - 4 = 0 & \cdots① \\ 3x + 2y + 8 = 0 & \cdots② \end{cases}$$

(2) (1)の①，②の一次関数のグラフをかきなさい。

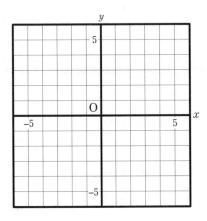

(3) (2)のグラフから，直線①,②の交点の座標を読み取りなさい。

(4) ①とy軸との交点の座標を求めなさい。

(5) ②とx軸との交点の座標を求めなさい。

(6) ①の直線が点$(16, k)$を通るとき，kの値を求めなさい。

(7) ②の直線が$(\square, 11)$を通るとき，$\square$に当てはまる数はいくらか。

28章 ‖‖ 一次関数Ⅲ

●変化の割合

x の増加量に対する y の増加量を**変化の割合**といい，一次関数の場合，次の式が成り立つ。

$$変化の割合 = \frac{y \text{ の増加量}}{x \text{ の増加量}} = 傾き$$

例題 1 一次関数 $y = 3x + 1$ について，次の問いに答えなさい。

(1) x の値が 1 から 5 まで増加するときの，x の増加量と y の増加量を求めなさい。

$x = 1$ のとき，$y = 3 \times 1 + 1 = 4$, $x = 5$ のとき，$y = 3 \times 5 + 1 = 16$

x	1	→	5
y	4	→	16

この表は必ず書くこと！

重要 増加量＝(変化後の値)−(変化前の値)

左の表より，x の増加量 $= 5 - 1 = 4$ …(答)

y の増加量 $= 16 - 4 = 12$ …(答)

(2) x の値が 1 から 5 まで増加するときの変化の割合を求めなさい。

(1)の結果より，変化の割合 $= \dfrac{y \text{ の増加量}}{x \text{ の増加量}} = \dfrac{12}{4} = 3$ …(答)

※一次関数の場合は（変化の割合）＝（傾き）なので，傾きをそのまま答えてもよい。

(3) x の増加量が 8 のときの y の増加量を求めなさい。

このときの y の増加量を Y とおくと，一次関数の変化の割合は一定（同じ）であるので，

$\dfrac{Y}{8} = 3$ 両辺に 8 をかけて，$8 \times \dfrac{Y}{8} = 8 \times 3$ よって，$Y = 24$ …(答)

例題 2 一次関数 $y = -\dfrac{1}{2}x + 1$ について，次の問いに答えなさい。

(1) x の値が 4 から 8 まで増加するときの変化の割合を求めなさい。

$x = 4$ のとき，$y = -\dfrac{1}{2} \times 4 + 1 = -1$, $x = 8$ のとき，$y = -\dfrac{1}{2} \times 8 + 1 = -3$

x	4	→	8
y	−1	→	−3

この表は必ず書くこと！

左の表より，変化の割合 $\dfrac{-3 - (-1)}{8 - 4} = \dfrac{-2}{4} = -\dfrac{1}{2}$ …(答)

(2) x の増加量が −6 のときの y の増加量を求めなさい。

y の増加量を Y とおくと，$\dfrac{Y}{-6} = -\dfrac{1}{2}$ → $(-6) \times \dfrac{Y}{-6} = (-6) \times \left(-\dfrac{1}{2}\right)$ → $Y = 3$ …(答)

407 次の空欄に入る適切な言葉を埋めなさい。

x の増加量に対する y の増加量を①(　　　　　　　　　)といい，一次関数の場合，

$$(\quad ① \quad) = \frac{②(\qquad\qquad)}{③(\qquad\qquad)} = ④(\qquad\qquad)となる。$$

408 関数 $y = -2x + 1 \cdots ①$　　$y = \dfrac{6}{x} \cdots ②$　について，次の問いに答えなさい。

(1) ①,②について，正しい記述を次から記号で選びなさい。(　　　)

　ア．①のみが一次関数である　　イ．①も②も一次関数である　　ウ．①も②も一次関数でない

(2) x の値が 2 から 6 まで増加するときの，①，②の変化の割合をそれぞれ求めなさい。

① (　　　　) ② (　　　　)

(3) x の値が 1 から 3 まで増加するときの，①，②の変化の割合をそれぞれ求めなさい。

①(　　　　) ②(　　　　)

(4) x の値が –6 から –1 まで増加するときの，①，②の変化の割合をそれぞれ求めなさい。

①(　　　　) ②(　　　　)

409　一次関数 $y = \dfrac{2}{3}x + 1$ について，次の問いに答えなさい。

(1) x の値が –3 から –6 まで増加するときの変化の割合を求めなさい。

(2) x の増加量が –6 のときの y の増加量を求めなさい。

(3) y の増加量が 12 のときの x の増加量を求めなさい。

●直線上にある点

例題 3 　次の中で，直線 $y = 2x - 8$ が通る点をすべて選びなさい。

　ア.$(6, 1)$　　　イ.$(2, -4)$　　　ウ.$(-3, 2)$　　　エ.$(0, 8)$　　　オ.$(4, 0)$

※直線上に点があれば，x 座標，y 座標を $y = 2x - 8$ の x, y に代入して「=」が成り立つ。

ア：$x = 6$ を代入 → $y = 2 \times 6 - 8 = 4$ ×　　　　イ：$x = 2$ を代入 → $y = 2 \times 2 - 8 = -4$ ○

ウ：$x = -3$ を代入 → $y = 2 \times (-3) - 8 = -14$ ×　エ：$x = 0$ を代入 → $y = 2 \times 0 - 8 = -8$ ×

オ：$x = 4$ を代入 → $y = 2 \times 4 - 8 = 0$ ○　　　　　　　　　　　よって，イ，オ …(答)

●関数の決定①

例題 4 　次の条件を満たす直線の方程式を求めなさい。

(1) 点 $(2, 7)$ を通り，傾きが4の直線

　直線の方程式を $y = ax + b$ とおくと，傾きが4なので，$a = 4$ となる。

　よって，$y = 4x + b$ となり，$(2, 7)$ を通るので，$x = 2, y = 7$ を代入して，

　$7 = 4 \times 2 + b$　これを解くと，$b = -1$　よって，直線の方程式は $y = 4x - 1$ …(答)

(2) 切片が -5 で，点 $(4, -3)$ を通る直線

　直線の方程式を $y = ax + b$ とおくと，切片が -5 なので，$b = -5$ となる。

　よって，$y = ax - 5$ となり，$(4, -3)$ を通るので，$x = 4, y = -3$ を代入して，

　$-3 = a \times 4 - 5$　これを解くと，$a = \dfrac{1}{2}$　よって直線の方程式は $y = \dfrac{1}{2}x - 5$ …(答)

(3) $x = 2$ のとき $y = 4$ で，変化の割合が3の直線

　直線の方程式を $y = ax + b$ とおくと，変化の割合(=傾き)が3なので，$a = 3$ となる。

　よって $y = 3x + b$ となり，$x = 2, y = 4$ を代入して，

　$4 = 3 \times 2 + b$　これを解くと，$b = -2$　よって直線の方程式は $y = 3x - 2$ …(答)

(4) $y = 2x - 1$ に平行で，点 $(5, 3)$ を通る直線

　重要　2直線の傾きが等しい ⟷ 2直線は互いに平行

　直線の方程式を $y = ax + b$ とおくと，$y = 2x - 1$ と平行なので，

　この直線と傾きが等しい。つまり $a = 2$ となる。

　よって，$y = 2x + b$ となり，$(5, 3)$ を通るので，$x = 5, y = 3$ を代入して，

　$3 = 2 \times 5 + b$　これを解くと，$b = -7$　よって，直線の方程式は $y = 2x - 7$ …(答)

410 次の中で, 直線 $y = -4x + 7$ が通る点をすべて選びなさい。

ア.$(2, -1)$　　イ.$(-5, 3)$　　ウ.$(-1, 11)$　　エ.$(0, -7)$　　オ.$(7, 0)$

411 次の条件を満たす直線の方程式を求めなさい。

(1) 点 $(-3, 11)$ を通り, 傾きが -2 の直線

(2) 傾きが -6 で, 点 $(-4, 20)$ を通る直線

(3) 切片が -3 で, 点 $(1, -9)$ を通る直線

(4) 点 $(2, -3)$ を通り, 切片が 11 である直線

(5) $x = -3$ のとき $y = 21$ で, 変化の割合が -5 の直線

(6) $y = \dfrac{2}{3}x - 1$ に平行で, 点 $(9, -2)$ を通る直線

28章

●**関数の決定②**

例題 5　2点(−3, 9), (5, −7)を通る直線の方程式を求めなさい。

●**連立方程式を解いて求める方法**

直線の方程式を $y = ax + b$ とおく。

$(-3, 9)$を通るので，$9 = a \times (-3) + b$　つまり，$-3a + b = 9$ …①

$(5, -7)$を通るので，$-7 = a \times 5 + b$　つまり，$5a + b = -7$ …②

①,②の連立方程式を解くと，

$$
\begin{array}{r}
-3a + b = 9 \\
-)\ \ 5a + b = -7 \\
\hline
-8a = 16
\end{array}
$$

$-\dfrac{1}{8} \times (-8a) = -\dfrac{1}{8} \times 16$

$a = -2$　これを①式に代入して，

$$
\begin{array}{r}
6 + b = 9 \\
+)\ \ -6\quad -6 \\
\hline
b = 3
\end{array}
$$

$a = -2, b = 3$ より，　$y = -2x + 3$ …(答)

●**傾きを簡単に求める方法**

2点$(-3, 9)$, $(5, -7)$を通るので，下の表を書くことができる。

$$
\begin{array}{c|ccc}
 & \overset{+8}{\frown} & & \\
x & -3 & \to & 5 \\
\hline
y & 9 & \to & -7 \\
 & \underset{-16}{\smile} & &
\end{array}
$$

復習

増加量 ＝ (変化後の値)−(変化前の値)

変化の割合 ＝ $\dfrac{y\text{の増加量}}{x\text{の増加量}}$ ＝傾き

x の増加量 $= 5 - (-3) = +8$

y の増加量 $= -7 - 9 = -16$

直線の方程式を $y = ax + b$ とおく。左の表より，

$a = \dfrac{y\text{の増加量}}{x\text{の増加量}} = \dfrac{-7-9}{5-(-3)} = \dfrac{-16}{8} = -2$

$y = -2x + b$ となり，点$(-3, 9)$を通るので

$x = -3, y = 9$ を代入して，

$9 = -2 \times (-3) + b$　これを解いて，$b = 3$

$a = -2, b = 3$ より，$y = -2x + 3$ …(答)

注意　$y = -2x + b$ は点$(5, -7)$を通るので，

$x = 5, y = -7$ を代入して，

$-7 = -2 \times 5 + b$　これを解くと $b = 3$

となり，同じ結果になる。

●**公式を利用する方法**

$y = ax + b$ …① で表される直線が点(x_1, y_1)を通るとき，この座標を①に代入すると，

$y_1 = ax_1 + b$ …② が得られる。

①−②を計算すると，

$$
\begin{array}{r}
y = ax + b \quad\ \cdots① \\
-)\ y_1 = ax_1 + b \quad\ \cdots② \\
\hline
y - y_1 = a(x - x_1)
\end{array}
$$
よって，

傾きが a で (x_1, y_1) を通る直線は，

公式：$y - y_1 = a(x - x_1)$

この公式を利用すると，

上記の傾きを簡単に求める方法によって

$a = -2$ で，$(-3, 9)$を通るので，

$y - 9 = -2\{x - (-3)\}$

$y - 9 = -2(x + 3)$

$y - 9 = -2x - 6$

$y = -2x + 3$ …(答)

412 次の条件を満たす直線の方程式を求めなさい。

(1) 2点 (−2, 6), (3, 1) を通る直線

(2) $x = 1$ のとき $y = 4$ で，$x = 5$ のとき $y = 16$ となる直線

413 次の問いに答えなさい。

(1) 傾きが $-\dfrac{1}{3}$ で点 $(-6, -1)$ を通る直線が $(-12, k)$ を通るとき，k の値を求めなさい。

(2) 2点 A (3, 6), B (−5, m) を通る直線の傾きが $\dfrac{1}{4}$ であるとき，m の値を求めなさい。

(3) 3点 A (−3, 9), B (5, 1), C (n, −2) が一直線上にあるとき，n の値を求めなさい。

●不等式の意味と変域

 $-3 \leqq x < 5$ → x は−3 以上 5 未満

 $y > 6$ → y は 6 より大きい

> a より大きい
> a より小さい＝a 未満 ⎱ a を含まない
>
> a 以上
> a 以下 ⎱ a を含む

28章

例題 6　一次関数 $y = -2x + 3$ に関して次の問いに答えなさい。

(1) この関数に関して，次の表を完成させなさい。

x	−1	0	1	2	3
y					

x	−1	0	1	2	3
y	5	3	1	−1	−3

(2) x の変域が $-1 \leqq x < 3$ のとき，この関数のグラフをかきなさい。

$-1 \leqq x < 3$…x は−1 以上 3 未満

つまり x の値は −1 〜 2.9999…までとれる

$\boxed{-1 \leqq}\ x\ \boxed{< 3}$

$x = -1$ は　　$x = 3$ は
含まれるので　含まれないので
この点では● この点では○
にする。　　　にする。

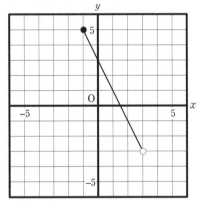

(3) x の変域が $-1 \leqq x < 3$ のときの y の変域を求めなさい。

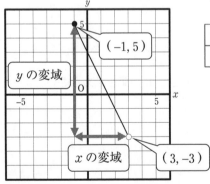

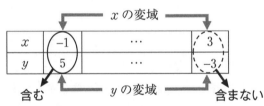

●は含み，○は含まないので，

y の変域は　$-3 < y \leqq 5$ …(答)

例題 7　$y = \dfrac{1}{2}x + 2\ (x \leqq 2)$ のグラフをかき，y の
変域を求めなさい。

$(x \leqq 2)$ なので $x = 2$ での点は●とする。

右のグラフより y の変域は，$y \leqq 3$ …(答)

!注意　グラフの点線は残しておいてもよい。

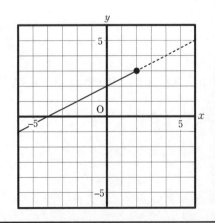

414 x が与えられた変域にあるとき，説明として適切なものを記号で選びなさい。

(1) $-1 < x \leqq 2$ （　　　）

　　ア．x は -1 より大きく2未満

　　イ．x は -1 以上で2より小さい

　　ウ．x は -1 より大きく2以下

(2) $x > 0$ （　　　）

　　ア．x は自然数

　　イ．x は正の数

　　ウ．x は0以上の数

415 一次関数 $y = 2x - 4$ に関して次の問いに答えなさい。

(1) x の変域が $1 \leqq x < 4$ のとき，この関数に関して，下の表を完成させてグラフをかきなさい。

x	1	2	3	4
y				

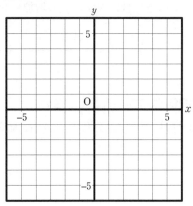

(2) x の変域が $1 \leqq x < 4$ のときの y の変域を求めなさい。

416 次の方程式のグラフをかき，y の変域を求めなさい。

(1) $y = -3x + 1$ （$-1 \leqq x \leqq 2$）　　(2) $y = \dfrac{3}{2}x - 3$ （$0 \leqq x < 4$）　　(3) $y = -x - 2$ （$x < 3$）

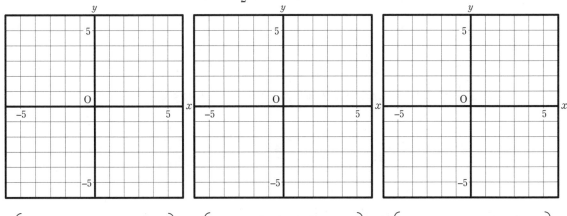

417 次の関数の y の変域を求めなさい。

(1) $y = 4x - 5$ （$-3 < x \leqq 5$）　　(2) $y = -3x + 7$ （$-2 < x \leqq 6$）

★ 章 末 問 題 ★

418 次の中で，直線 $y = -2x - 5$ が通る点をすべて選びなさい。

　　ア.$(4, 3)$　　イ.$(-6, 7)$　　ウ.$(-1, -7)$　　エ.$(2, -9)$　　オ.$(-5, 0)$

419 次の空欄に入る適切な言葉を埋めなさい。

　x の増加量に対する y の増加量を①(　　　　　　　　　)といい，一次関数の場合，

　$$(\quad ① \quad) = \frac{②(\qquad\qquad\qquad)}{③(\qquad\qquad\qquad)} = ④(\qquad\qquad\qquad)となる。$$

420 次の問いに答えなさい。

(1) 切片が -5 で，点 $(5, -10)$ を通る直線の方程式を求めなさい。

(2) $y = \dfrac{5}{2}x - 19$ で，x の増加量が -10 のときの y の増加量を求めなさい。

(3) $y = -3x + 1$ で，x が -1 から 4 まで増加するときの y の増加量を求めなさい。

(4) 傾きが 7 で点 $(2, -4)$ を通る直線の方程式を求めなさい。

(5) $y = 6x - 1$ で，x が 2 から 5 まで増加するときの変化の割合を求めなさい。

(6) $y = -\dfrac{1}{2}x - 22$ に平行で，点 $(1, 1)$ を通る直線の方程式を求めなさい。

(7) 変化の割合が -8 で $(0, 5)$ を通る直線の方程式を求めなさい。

(8) 2点 $(1, 4)$，$(5, 16)$ を通る直線の方程式を求めなさい。

(9) 2点 $A(7, k)$，$B(9, -3)$ を通る直線の傾きが2であるとき，k の値を求めなさい。

421 次の方程式のグラフをかき，y の変域を求めなさい。

(1) $y = x + 2 \ (x \leqq 3)$　　　(2) $y = -4x + 1 \ (x < 1)$　　　(3) $y = -\dfrac{2}{3}x - 1 \ (-3 < x \leqq 3)$

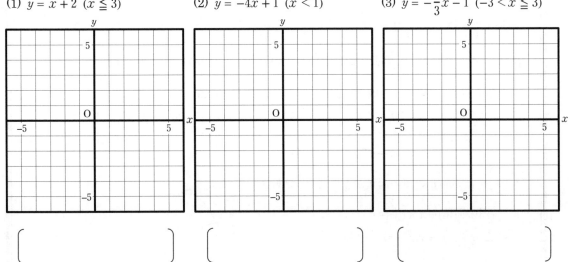

29章 一次関数Ⅳ

●一次関数の判定

変数 x, y に対し，y が x の式で表されているとき，y は x の関数であるという。特に y が x の **1次式で表される場合を一次関数**といい，一般に一次関数の式の形は $y = ax + b$ となる。

!注意 $y = 2$ や $x = 5$ などは一次関数とはいわない。

例題 1 次のうち一次関数であれば○，そうでない場合は×をつけなさい。

① $y = \dfrac{2}{x} - 5$ → ×　　② $y = \dfrac{24}{x}$ → ×　　③ $y = 2x^2 + 3$ → ×

④ $y = 5x$ → ○　　⑤ $y = 7 - 3x$ → ○　　⑥ $3x + y = -2$ → ○

　※切片は0でも　　　　※ $y = -3x + 7$ となる　　　※ $y = -3x - 2$ となる
　一次関数といえる

例題 2 次の場合について，それぞれ y を x の式で表し，それが一次関数である場合は○，そうでない場合は×をつけなさい。

(1) 1冊120円のノート x〔冊〕の代金の合計は y〔円〕である。

　　(代金の合計) = (ノートの値段) × (冊数)　よって，　$y = 120x$（○）…(答)

(2) 面積が12 cm² の三角形の底辺の長さが x〔cm〕，高さが y〔cm〕である。

　　(三角形の面積) = $\dfrac{1}{2}$ × (底辺) × (高さ)

　　　　　よって，$12 = \dfrac{1}{2}xy$　→　$2 \times \dfrac{1}{2}xy = 2 \times 12$　→　$\dfrac{1}{x} \times xy = \dfrac{1}{x} \times 24$

両辺を入れ換えて，$\dfrac{1}{2}xy = 12$　　　　　　　$xy = 24$　　　　　　　$y = \dfrac{24}{x}$（×）…(答)

(3) 周囲の長さが 40 cm の長方形の縦の長さが x〔cm〕，横の長さが y〔cm〕である。

　　(縦の長さ) + (横の長さ) = 20 cm　　　　周囲が 40 cm

　　よって，　$x + y = 20$
　　　　　　$\underline{+)\ \ -x\ \ \ \ \ -x}$
　　　　　　　　$y = -x + 20$（○）…(答)

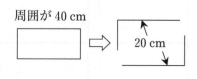

(4) 半径 x〔cm〕の円の面積が y〔cm²〕である。

　　(円の面積) = π × (半径)²

　　よって，$y = \pi x^2$（×）…(答)

422 次の空欄に適切な言葉を入れなさい。

変数 x, y に対し，y が x の式で表されているとき，y は x の①（　　　　　　　）

であるという。特に y が x の1次式で表される場合を②（　　　　　　　）という。

423 次のうち一次関数であれば○，そうでない場合は×をつけなさい。

① $y = x - 3$　　　　　② $y = \dfrac{6}{x}$　　　　　③ $y = -\dfrac{1}{2}x - 3$

④ $y = 4 - 10x$　　　　⑤ $y = \dfrac{24}{x} - 2$　　　　⑥ $-9x + y = 0$

⑦ $xy = 7$　　　　　　⑧ $y = -4x^2 - 3$　　　　⑨ $y = \dfrac{3x - 4}{2}$

424 次の場合について，それぞれ y を x の式で表し，それが一次関数である場合は○，そうでない場合は×をつけなさい。

(1) 90円の定規1つと30円の鉛筆を x〔本〕の代金の合計が y〔円〕である。

(2) 一辺が x〔cm〕の正方形の面積が y〔cm²〕である。

(3) 周囲の長さが100 cm の長方形の縦の長さが x〔cm〕，横の長さが y〔cm〕である。

(4) 半径 x〔cm〕の円の円周が y〔cm〕である。

(5) 50円の消しゴムを x 個買い，1000円出したときのおつりが y 円である。

(6) 10 km の道のりを時速 x〔km〕で進むと y 時間かかる。

例題 3　300 L まで入る水槽があり，すでに何 L か水が入っている。この水槽に一定の割合で水を入れるときの，入れ始めてから x〔分〕後の水槽の中の水の量を y〔L〕とする。グラフはこのときの x と y の関係を表している。これについて次の問いに答えなさい。

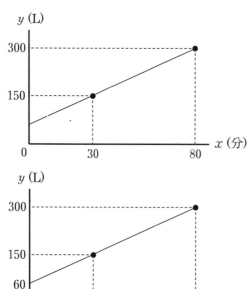

(1) このグラフの直線の方程式を求め，x,y の変域をそれぞれ求めなさい。

2点 $(30, 150)$，$(80, 300)$ を通ることから直線の方程式を求めと，

傾き $= \dfrac{300-150}{80-30} = \dfrac{150}{50} = 3$ より，

求める直線を $y = 3x + b$ とおく。これが $(30, 150)$ を通るので，$150 = 3 \times 30 + b$

これを解くと $b = 60$ となる。

よって，$y = 3x + 60$ …(答)

グラフより x の変域は $0 \leqq x \leqq 80$ …(答)

切片が 60 なので，この直線と y 軸との交点が 60 となる。よって，$60 \leqq y \leqq 300$ …(答)

(2) 水槽に水は毎分何 L 入れたか。

1分間に何 L 入るかを求めればよい。

x の増加量が1のときの y の増加量を Y とおくと，(1)より変化の割合が3とわかるので，

変化の割合 $= \dfrac{Y}{1} = 3$　つまり，$Y = 3$

よって，毎分 3 L …(答)

(3) 初め水は何 L 入っていたか。

$x = 0$ のときの y の値を求めればよい。

これは切片（y 軸との交点）と等しい。

よって，60 L …(答)

(4) 水を入れてから50分後では水槽に水は何 L 入っているか。

$x = 50$ での y の値を求めればよい。

$x = 50$ を $y = 3x + 60$ に代入して，

$y = 3 \times 50 + 60$

$\quad = 150 + 60$

$\quad = 210$ L …(答)

(5) 水槽に水が270 L 入るのは水を入れてから何分後か。

$y = 270$ での x の値を求めればよい。

$y = 270$ を $y = 3x + 60$ に代入して，

$270 = 3x + 60$

これを x について解くと，

$x = 70$（分後）…(答)

425 ある容積の水槽に水が満杯に入っている。この水槽の水を一定の割合で抜くときの, 抜き始めてから x〔分〕後の水槽の中の水の量を y〔L〕とする。グラフはこのときの x と y の関係を表している。これについて次の問いに答えなさい。

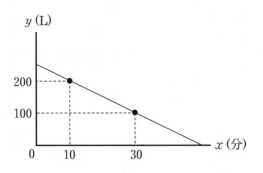

(1) このグラフの直線の方程式を求め, x, y の変域をそれぞれ求めなさい。

(2) 水は毎分何 L で抜いたか。

(3) この水槽の容積は何 L か。

(4) 水を抜いてから 15 分後では水槽に水は何 L 入っているか。

(5) 水槽にすべて水がなくなるのは水を抜き始めてから何分後か。

例題 4　学校から図書館までの 1500 m の道のりを，A君が自転車で毎分 300 m の速さで進むとき，学校を出発してから x〔分〕後の図書館までの残りの距離を y〔m〕とする。このとき次の問いに答えなさい。

(1) y を x の式で表しなさい。

　x 分後の学校からの距離 = 速さ×時間
　　　　　　　　　　　　 $= 300x$〔m〕

　y は図書館までの残りの距離なので

　$y = 1500 - 300x$ …(答)

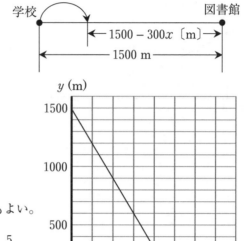

(2) (1)で求めた式のグラフをかきなさい。

　(1)より式は $y = -300x + 1500$ となり，

　傾きが -300，切片が 1500 より，

　グラフは右のようになる。

　また以下のように表を作ってから書いてもよい。

x	0	1	2	3	4	5
y	1500	1200	900	600	300	0

次に，A君が学校を出発するのと同時に，B君が図書館から学校に向かって同じ道のりを自転車で分速 200 m の速さで進んだとする。このとき次の問いに答えなさい。

(3) B君が図書館を出発してから x〔分〕後のB君が進む距離を y〔m〕とするとき，y を x の式で表しなさい。

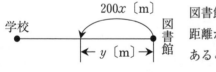

図書館からの距離が y〔m〕であることに注意

　上図より進んだ距離 = 速さ×時間 なので，
　　　　　　 $y = 200x$ …(答)

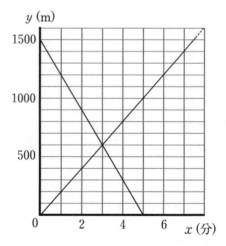

(4) (3)で求めた式のグラフを(2)と同じ図にかきなさい。

　$0 \leqq y \leqq 1500$ に注意して書く。答えは右図

(5) A君とB君がすれ違うのは2人が出発してから何分後で，その位置は図書館から何 m 離れたところか。

　2直線の交点が，2人がすれ違った時刻と地点を表す。

　よって，3分後 …(答)　図書館から 600 m …(答)

　※グラフから読み取れない場合は，$y = 1500 - 300x$，$y = 200x$ の連立方程式を解く。

426 学校から図書館までの 700 m の道のりを，A君が自転車で毎分 250 m の速さで進むとき，学校を出発してから x〔分〕後の図書館までの残りの距離を y〔m〕とする。このとき次の問いに答えなさい。

(1) y を x の式で表しなさい。

(2) (1)で求めた式のグラフをかきなさい。

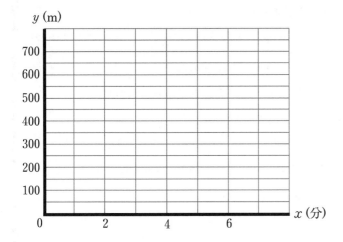

　次に，A君が学校を出発するのと同時に，B君が図書館から学校に向かって分速 100 m の速さで同じ道のりを歩いたとする。このとき次の問いに答えなさい。

(3) B君が図書館を出発してから x〔分〕後の B君が進む距離を y〔m〕とするとき，y を x 式で表しなさい。

(4) (3)で求めた式のグラフを(2)と同じ図にかきなさい。

(5) A君とB君がすれ違うのは2人が出発してから何分後で，その位置は図書館から何 m 離れたところか。

（　　　　　）分後で図書館から（　　　　　　）m 離れたところ

例題 5 AB＝8 cm, AD＝10 cm の長方形 ABCD があり，点 P は A から B,C を通り D まで毎秒 2 cm の速さで動く。点 P が A を出発してから x〔秒〕後の△APD の面積を y〔cm^2〕とするとき，次の問いに答えなさい。

(1) 点 P が A を出発してから B に達するのは何秒後か。

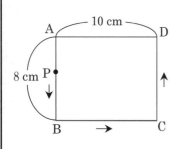

AB＝8 cm で，P の速さは毎秒 2 cm なので，

時間 ＝ $\dfrac{距離}{速さ}$ ＝ $\dfrac{8}{2}$ ＝ 4 秒後 …(答)

(2) 点 P が A を出発してから C に達するのは何秒後か。

AB＋BC＝18 cm で，P の速さは毎秒 2 cm なので，

時間 ＝ $\dfrac{距離}{速さ}$ ＝ $\dfrac{18}{2}$ ＝ 9 秒後 …(答)

(3) 点 P が A を出発してから D に達するのは何秒後か。

AB＋BC＋CD＝26 cm で P の速さは毎秒 2 cm なので，時間 ＝ $\dfrac{距離}{速さ}$ ＝ $\dfrac{26}{2}$ ＝ 13 秒後 …(答)

(4) P が AB 上にあるとき，y を x の式で表し，x の変域を求めなさい。

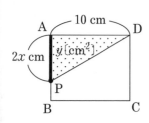

速さが毎秒 2 cm で x〔秒〕間進むときの距離は

距離 ＝ 速さ × 時間 ＝ 2 × x ＝ 2x〔cm〕

つまり，x 秒後は AP＝2x〔cm〕　このとき，

△APD＝$\dfrac{1}{2}$ × AD × AP ＝ $\dfrac{1}{2}$ × 10 × 2x ＝ 10x〔cm^2〕

よって，$y＝10x$ …(答)

また(1)より，P が AB 上にあるのは $0 \leqq x \leqq 4$ …(答)

(5) P が BC 上にあるとき，y を x の式で表し，x の変域を求めなさい。

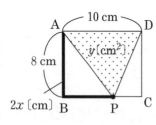

P が BC 上にあるとき，底辺の AD と高さの AB は変わらないので，△APD＝$\dfrac{1}{2}$ × AD × AB ＝ $\dfrac{1}{2}$ × 10 × 8 ＝ 40〔cm^2〕

よって，$y＝40$ …(答)

また(1)(2)より，P が BC 上にあるのは $4 \leqq x \leqq 9$ …(答)

(6) P が CD 上にあるとき，y を x の式で表し，x の変域を求めなさい。

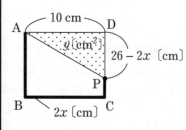

P が CD 上にあるとき，PD＝AB＋BC＋CD－2x

AB＋BC＋CD＝8＋10＋8＝26 より PD＝26－2x　よって，

△APD＝$\dfrac{1}{2}$ × AD × DP ＝ $\dfrac{1}{2}$ × 10 × (26－2x) ＝ 130－10x

よって，$y＝130－10x$ …(答)

また(2)(3)より，P が CD 上にあるのは $9 \leqq x \leqq 13$ …(答)

(7) x, y の関係をグラフに表しなさい。

(4)より $y = 10x \, (0 \leqq x \leqq 4)$ のグラフをかく

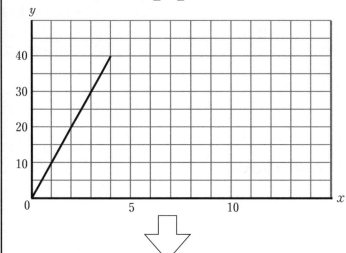

$y = 10x \, (0 \leqq x \leqq 4)$ より
$x = 0$ のとき $y = 0$
$x = 4$ のとき $y = 40$ となる
よって，原点と$(4, 40)$を
結べばよい。

(5)より $y = 40 \, (4 \leqq x \leqq 9)$ のグラフを追加する

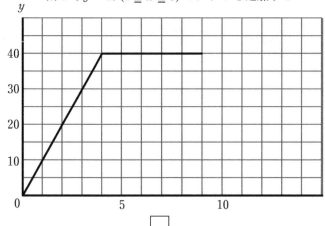

$y = 40 \, (4 \leqq x \leqq 9)$ より
$x = 4$ のとき $y = 40$
$x = 9$ のとき $y = 40$ となる
よって，$(9, 40)$と$(4, 40)$
を結べばよい。

(6)より $y = 130 - 10x \, (9 \leqq x \leqq 13)$ のグラフを追加する

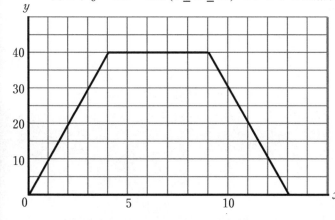

$y = 130 - 10x \, (9 \leqq x \leqq 13)$ より，
$x = 9$ のとき $y = 40$
$x = 13$ のとき $y = 0$　となる
よって，$(9, 40)$と$(13, 0)$
を結べばよい。

…(答)

427 AB＝10 cm, AD＝20 cm の長方形 ABCD があり，点 P は B から A,D を通り C まで毎秒 2 cm の速さで動く。点 P が B を出発してから x〔秒〕後の△BPC の面積を y〔cm²〕とするとき，次の問いに答えなさい。

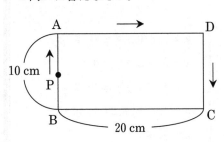

(1) 点 P が B を出発してから A に達するのは何秒後か。

(2) 点 P が B を出発してから D に達するのは何秒後か。

(3) 点 P が B を出発してから C に達するのは何秒後か。

(4) P が AB 上にあるとき，y を x の式で表し，x の変域を求めなさい。

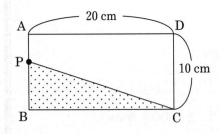

(5) P が AD 上にあるとき，y を x の式で表し，x の変域を求めなさい。

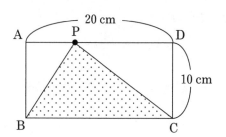

29章

(6) P が CD 上にあるとき，y を x の式で表し，x の変域を求めなさい。

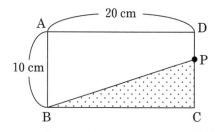

(7) x, y の関係をグラフに表しなさい。

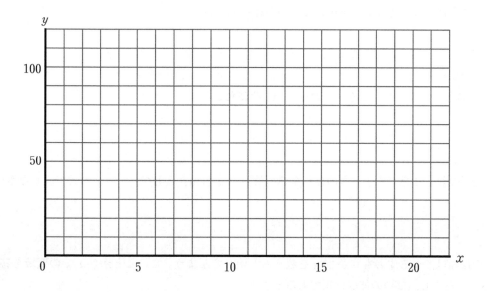

★ 章 末 問 題 ★

428 次のうち一次関数であれば○，そうでない場合は×をつけなさい。

① $y = 4 - 3x^2$　　　　② $y = 4 - 6x$　　　　③ $y = -\dfrac{1}{2}x - 3$

④ $x + y = -\dfrac{1}{2}$　　　　⑤ $xy = -2$　　　　⑥ $y = x$

29章

429 次の場合について，それぞれ y を x の式で表し，それが一次関数である場合は○，そうでない場合は×をつけなさい。

(1) 1辺が x〔cm〕の正三角形の周りの長さが y〔cm〕である。

(2) 底辺が x〔cm〕，高さが y〔cm〕の平行四辺形の面積が $16\ \mathrm{cm}^2$ である。

(3) 時速 4 km で x〔時間〕歩いたときの道のりが y〔km〕である。

430 ばねにおもりをつるすと，ばねの伸びはおもりの重さに比例する。下の表は，あるばねにいろいろな重さのおもりをつるしてばね全体の長さを調べたものである。この表について，次の問いに答えなさい。

おもりの重さ(g)	0	4	8	12	16
ばね全体の長さ(cm)	15	17	19	21	23

(1) おもりを何もつるさないときのばねの長さは何 cm か。

(2) 4 g のおもりをつるしたとき，ばねは何 cm 伸びたか。

(3) x〔g〕のおもりをつるすときのばね全体の長さを y〔cm〕として，y を x の式で表しなさい。

(4) このばねは，つるすおもりが 80 g を超えると壊れてしまう。このことから x, y の変域を答えなさい。ただし，ばねの伸びは正であるとする。

431 家から 950 m 離れた駅へ，弟は徒歩で，兄は自転車で行った。図はその時の時刻と家からの道のりの関係を表している。これについて次の問いに答えなさい。

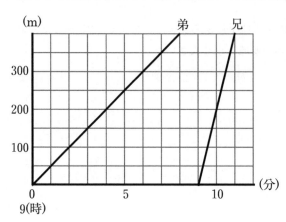

(1) 兄は弟が家を出発してから何分後に出発したか。

(2) 弟の歩く速さは分速何 m か。

(3) 兄の自転車の速さは分速何 m か。

(4) 9 時 x 分における家からの距離を y〔m〕として，兄，弟についてそれぞれの y を x の式で表しなさい。

(5) 弟が駅に着くまでに兄は弟に追いつくことができるか。できる場合はその時刻と家からの距離を求めなさい。

432 AB＝3 cm, AD＝8 cm の長方形 ABCD があり，点 P は B から C,D を通り A まで毎秒 1 cm の速さで動く。点 P が B を出発してから x 秒後の△APB の面積を y〔cm²〕とするとき，次の問いに答えなさい。

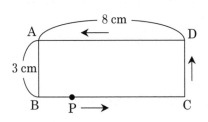

(1) 点 P が BC 上にあるとき，y を x の式で表しなさい。また x の変域も求めなさい。

(2) 点 P が CD 上にあるとき，y を x の式で表しなさい。また x の変域も求めなさい。

(3) 点 P が AD 上にあるとき，y を x の式で表しなさい。また x の変域も求めなさい。

(4) x,y の関係をグラフに表しなさい。

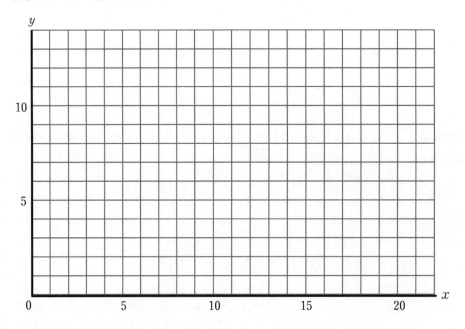

344

★ ★ ★ 微風出版の中学英語シリーズ ★ ★ ★

基礎から英文法を講義・豊富な練習問題
YouTube で短い英文を反復してリスニング！

中学英語必修ワーク（上）
B5 判／1900 円＋税

中学英語必修ワーク（下）
B5 判／1900 円＋税

※内容に関するお問い合わせ，誤植のご連絡は微風出版ウェブサイトからお願い致します。

※最新情報，訂正情報も微風出版ウェブサイトでご確認下さい。

※ご注文・在庫に関するお問い合わせは（株）星雲社へお願い致します。

中学数学 必修ワーク（上）第 3 版　　2023 年 4 月 10 日　第 3 版発行

著者　児保祐介　　監修　田中洋平　　印刷所　モリモト印刷株式会社

発行所 合同会社 微風出版
〒283 − 0038 千葉県東金市関下 348
tel：050 − 5359 − 4325
mail：rep@soyo-kaze.biz

発売元 （株）星雲社（共同出版社・流通責任出版社）
〒112 − 0005 東京都文京区水道 1 − 3 − 30
tel：03 − 3868 − 3275
fax：03 − 3868 − 6588

微風出版

中学数学

必修ワーク

第3版

上

塾の現場がたどり着いた学習システム

- ●講義・例題を見ながら書き込んで覚える
- ●精選した良問で効率よく基礎が身につく

1章 計算の復習

1 ① 1.08　② 1.16　③ 0　④ 8　⑤ 1　⑥ 6
　　⑦ 1.09　⑧ 1.07　⑨ 1.18　⑩ 0.98　⑪ 0.116
　　⑫ 0.0116　⑬ 116　⑭ 1160　⑮ 0.0108　⑯ 0.0108

2 (1) 最も大きい数：30.1　最も小さい数：0.03331
　　(2) 最も大きい数：9.1　最も小さい数：0.099

3 (1) 67.05　(2) 19.55　(3) 56.2　(4) 596.2
　　(5) 500　(6) 2500　(7) 0.02　(8) 0.16
　　(9) 0.07　(10) 0.07　(11) 0.72　(12) 72
　　(13) 338　(14) 3.64　(15) 93150

4 (1) 3…4　(2) 3…40　(3) 3…400　(4) 3…0.4

5 (1) 1.5　(2) 0.15　(3) 15　(4) 1.5

6 (1) 1.7…0.02　(2) 30.9…0.11　(3) 277.7…0.0014

7 (1) 200　(2) 110　(3) 2005

8 (1) 仮分数　(2) 真分数

9 (1) $\frac{1}{5}$　(2) $\frac{1}{4}$　(3) $\frac{14}{5}$ $\left(2\frac{4}{5}\right)$　(4) $\frac{21}{2}$ $\left(10\frac{1}{2}\right)$

10 (1) $\frac{5}{7}$　(2) $\frac{1}{2}$

11 (1) 0.3　(2) 1.25

12 (1) $\frac{7}{5}$　(2) $\frac{13}{4}$

13 (1) $4\frac{1}{2}$　(2) $2\frac{7}{12}$

14 (1) 36, 0　(2) 70, 5, 65　(3) 0.5, 4　(4) 7, 2, 1

15 (1) $4+10=14$　(2) $6\times5=30$　(3) $2\times2=4$
　　(4) $20\div20=1$　(5) $15-2=13$　(6) $9\div3=3$
　　(7) $6+4=10$　(8) $3\times10\div2=30\div2=15$

16 (1) 6　(2) 1　(3) 18　(4) 2

17 (1) <　(2) >　(3) <　(4) >

18 (1) 2　(2) $\frac{10}{7}\left(1\frac{3}{7}\right)$　(3) $\frac{7}{5}\left(1\frac{2}{5}\right)$　(4) $\frac{7}{12}$　(5) $\frac{1}{24}$
　　(6) $\frac{33}{8}\left(4\frac{1}{8}\right)$　(7) $\frac{17}{15}\left(1\frac{2}{15}\right)$　(8) $\frac{9}{10}$　(9) $\frac{5}{8}$
　　(10) $\frac{10}{9}\left(1\frac{1}{9}\right)$　(11) 3　(12) 48　(13) 24　(14) $\frac{6}{25}$
　　(15) $\frac{3}{10}$　(16) $\frac{10}{27}$　(17) $\frac{7}{18}$　(18) $\frac{23}{6}$

19 ① 2　② 4　③ 0　④ 27　⑤ 27.5

20 (1) 1　(2) 10　(3) 0.001　(4) 9.9　(5) 100.1
　　(6) 0.1　(7) 88.75　(8) 4500　(9) 0.024
　　(10) 140　(11) 55　(12) 83　(13) 825　(14) 20

21 (1) 115000　(2) 4.3005　(3) 24570

22 (1) 0.73…0.02　(2) 40.76…0.0012

23 ① 分母　② 分子　③ 通分　④ 約分

24 (1) エ　(2) イ

25 (1) ① $\frac{3}{4}$　② 0.75
　　(2) ① $\frac{6}{8}\left(\frac{3}{4}\right)$　② 0.75　(3) $3\frac{2}{13}$

26 (1) $\frac{7}{10}$　(2) $\frac{3}{25}$　(3) $\frac{23}{2}\left(11\frac{1}{2}\right)$　(4) $\frac{7}{500}$

27 (1) <　(2) =　(3) >　(4) =

28 (1) $\frac{19}{18}\left(1\frac{1}{18}\right)$　(2) $\frac{5}{27}$　(3) $\frac{15}{4}\left(3\frac{3}{4}\right)$　(4) $\frac{2}{17}$
　　(5) $\frac{91}{36}\left(2\frac{19}{36}\right)$

2章 正の数と負の数

29 (1) ① 正　② 負　(2) 自然数　(3) 原点

30 A：－6　B：－2.5　C：＋3　D：＋6

31 (1) $+3$, $+\frac{5}{2}$, $+2.6$　(2) -6, -3, $-\frac{1}{3}$　(3) $+3$
　　(4) -6, -3, 0, 3

32 (1) 5　(2) 7　(3) 0　(4) 10　(5) 6.5

33 (1) <　(2) >　(3) >　(4) >

34 (1) 東方2 km の場所　(2) 12 kg の増加
　　(3) 30 人少ない　(4) 南へ6 km 進む

35 21℃

36 (1) 9, －3　(2) －8, －2　(3) －2　(4) －4
　　(5) 3, －3　(6) 0.5, －0.5　(7) －1　(8) 0

37 (1) >　(2) <　(3) >　(4) <　(5) >
　　(6) <　(7) >　(8) <　(9) >

38 (1) 正　(2) 負　(3) 自然数　(4) 原点
　　(5) 3.5　(6) 不等号

39 負の数：-2, $-\frac{3}{4}$, -2.3, -1　自然数：5

40 9, －9

41 A：－0.51　B：－0.43　C：－0.36　D：－0.29

42 (1) $+3$　(2) $-\frac{1}{3}$　(3) -5　(4) -5, 0, $+3$
　　(5) $-5<-2.5<-\frac{1}{3}<0<+0.4<+3$

43 (1) -5 人多い　(2) -3 kg 重い
　　(3) 2 cm 短い　(4) 3 だけ減る

44 (1) <　(2) <　(3) <　(4) >　(5) <　(6) >

45 (1) 6つ　(2) 4つ　(3) －3　(4) －4

46 (1) $+5$　(2) -5　(3) -7　(4) $+7$　(5) -4　(6) $+1$

47 (1) 最も大きい：エ　　最も小さい：オ

3章 正負の数の加法・減法

48 (1) 1　(2) －5　(3) －4　(4) 4　(5) －2　(6) 0
　　(7) －3　(8) －2　(9) 0　(10) 2

49 (1) 3　(2) －3　(3) 5　(4) 5　(5) －9　(6) －9
　　(7) 3　(8) 3

50 (1) ウ　(2) エ

51 (1) 5　(2) －5　(3) －4　(4) －1　(5) 10　(6) 0
　　(7) －4　(8) 0　(9) －1　(10) －4

52 (1) ① 35 ② 15　(2) ① 70 ② 30

53 (1) −5　(2) 2　(3) −3　(4) −10　(5) −12
(6) −2　(7) −34　(8) 0　(9) −34　(10) −8

54 (1) −100　(2) −40　(3) 40　(4) 100　(5) −61　(6) −8
(7) 0　(8) 50　(9) −58　(10) −67

55 (1) +5　(2) −4　(3) +3　(4) −25　(5) +1　(6) −15
(7) −2.2　(8) −1.2　(9) −12.5　(10) −1.7

56 (1) 0　(2) 5.8

57 (1) 2　(2) $-\frac{7}{12}$　(3) $-\frac{1}{12}$　(4) $-\frac{4}{3}$　(5) $-\frac{5}{2}$　(6) $-\frac{1}{18}$

58 (1) −11　(2) −7　(3) −5　(4) +10　(5) 0　(6) 7
(7) −11　(8) 26　(9) −46　(10) 13.5　(11) −1.2
(12) −0.4　(13) −1　(14) $-\frac{11}{5}$　(15) $-\frac{5}{12}$
(16) 11　(17) −7　(18) 5　(19) 0

59 (1) −4　(2) 7　(3) 0　(4) −16　(5) −22　(6) −5
(7) −24　(8) −66　(9) 10　(10) −0.4　(11) 13
(12) −8.2　(13) −2　(14) $-\frac{1}{6}$　(15) 0　(16) −11
(17) −8　(18) −2　(19) −1.6

4章 正負の数の乗法・除法

60 (1) 42　(2) −15　(3) −90　(4) −27　(5) 0　(6) 36
(7) 24　(8) −120　(9) −40　(10) 160　(11) $-\frac{5}{4}$
(12) $\frac{3}{2}$　(13) $\frac{8}{3}$　(14) $-\frac{1}{6}$　(15) $-\frac{24}{35}$　(16) 10

61 (1) $-\frac{2}{3}$　(2) $\frac{1}{3}$　(3) 2　(4) 8　(5) 12　(6) $-\frac{1}{14}$
(7) $-\frac{2}{15}$　(8) −6　(9) 12　(10) 1　(11) $\frac{8}{3}$　(12) $-\frac{2}{25}$

62 (1) ウ　(2) イ　(3) イ　(4) イ　(5) ア　(6) ウ

63 (1) 64　(2) −1　(3) 16　(4) −1000　(5) 25
(6) −1　(7) −8　(8) −27　(9) −25　(10) $\frac{25}{3}$　(11) $\frac{25}{9}$
(12) $-\frac{25}{3}$　(13) $\frac{27}{5}$　(14) $\frac{1}{16}$　(15) $-\frac{49}{4}$

64 (1) 1　(2) −1　(3) 1　(4) −1　(5) 1　(6) −1

65 (1) −4　(2) −4　(3) −13　(4) −81　(5) 26
(6) −14　(7) $\frac{3}{5}$　(8) $-\frac{6}{5}$

66 (1) ア．63　イ．75
(2) ① 70　② +3 + (−7) + 0 + (+5) + (−11)　③ 68
④ 73 + 63 + 70 + 75 + 59　⑤ 68

67 (1) 2, 3, 11, 41　(2) 2, 3, 7　(3) ① $2^2 \times 3$　② 3^3
③ $2^3 \times 3^2$　④ $2^3 \times 3 \times 5$　⑤ $2^2 \times 3 \times 5^2$
⑥ $3^2 \times 5 \times 7$

68 (1) −25　(2) 25　(3) −25　(4) $\frac{9}{5}$　(5) $\frac{9}{25}$
(6) −40　(7) −48　(8) $\frac{8}{7}$　(9) $\frac{1}{7}$　(10) $\frac{3}{14}$　(11) $\frac{12}{7}$
(12) 2　(13) −39　(14) 33　(15) $\frac{3}{2}$　(16) $\frac{1}{6}$
(17) −4　(18) −5　(19) 216

69 (1) 2, 3, 5, 7, 11, 13, 17, 19
(2) ① $3^2 \times 5$　② 2^5　③ $2^2 \times 5^2$　④ $2 \times 3 \times 17$

70 (1) 16　(2) −16　(3) $-\frac{25}{2}$　(4) $\frac{25}{4}$　(5) $-\frac{1}{3}$　(6) $\frac{7}{3}$
(7) 2　(8) −1　(9) 50　(10) $\frac{25}{4}$　(11) $-\frac{1}{2}$　(12) 2

71 154.6 cm

【解説】
$155 + \dfrac{0+(+2)+(-6)+(-7)+(+9)}{5} = 155 - 0.4 = 154.6$ cm

5章　文字式 I

72 (1) $x + y$〔円〕　(2) $1000 - a$〔円〕　(3) $x + 5$〔cm〕

73 (1) ○　(2) x　(3) ax　(4) ○　(5) $5(a + c)$
(6) a^2bc　(7) $-xy^2$　(8) ○　(9) ○　(10) ○
(11) ○　(12) $b - \frac{c}{3}$　(13) $xy + z^2$
(14) ○　(15) ○　(16) $\frac{2}{5}a + b$　(17) $\frac{ac}{b}$　(18) ○

74 (1) $3a$　(2) xy　(3) b^3　(4) $-a^2b^2$
(5) $-5(a + b)$　(6) $-(y - z)^2$　(7) $\frac{a}{3}$　(8) $\frac{x-y}{4}$
(9) $a + \frac{c}{4}$　(10) $-\frac{yz}{3}$　(11) $-\frac{y}{3x}$　(12) $-\frac{3y}{x}$
(13) $\frac{b}{5} + 4a$　(14) $s - \frac{9}{7}t$　(15) $\frac{9}{7}(s - t)$

75 (1) イ　(2) ウ, エ　(3) イ, エ

76 (1) $21x$　(2) $-18a$　(3) $-2x$　(4) $3b$
(5) $-\frac{x}{2}$ または $-\frac{1}{2}x$　(6) $-12y$

77 (1) $xy + xz$　(2) $ax + bx - cx$　(3) $\frac{y}{x} - \frac{z}{x}$
(4) $6x - 12$　(5) $28x - 21$　(6) $-2x + y - 9$
(7) $-4a + 10$　(8) $3a - 5$　(9) $8x - \frac{20}{3}y$

78 (1) イ　(2) ア

79 (1) $3z + 15y$　(2) $10x - 20$　(3) $8y - 6$

80 (1) $a^2, -5b$　(2) $x, -\frac{2}{3}y, -1$　(3) $x^2, -\frac{1}{2}x, -\frac{5}{6}$

81 (1) $-\frac{4}{9}$　(2) 4　(3) −1　(4) $\frac{1}{7}$

82 (1) $9x$　(2) $-5a$　(3) $-9t$　(4) y
(5) 0　(6) $9a$　(7) $0.7x$　(8) $-1.3a$
(9) $0.4y$　(10) $-2a$　(11) $\frac{2}{3}x$　(12) $\frac{1}{6}x$
(13) $\frac{11}{4}x$　(14) $-\frac{1}{3}m$　(15) $-\frac{1}{4}h$

83 (1) $5x - 1$　(2) $a - 8b$　(3) $10y$　(4) $6x - 5$
(5) $-2b - 13$　(6) $-0.1x - 3.7$　(7) $4x - 8$　(8) y
(9) $5a + 10$　(10) $3b - 1$　(11) $\frac{3}{2}x - y$
(12) $-\frac{1}{10}a + \frac{23}{4}$

84 (1) $x, -2y, 3$　(2) $a^2, -2ab, -8b^2$　(3) $-\frac{1}{2}s, \frac{t}{6}, 4$

85 (1) 10　(2) −1　(3) $\frac{1}{4}$　(4) $-\frac{2}{5}$　(5) 1

86 (1) $7a^2 - a$　(2) $-2ab^2$　(3) $\frac{x-y}{3}$　(4) $x - \frac{y}{3}$
(5) $4ax - 3by$　(6) $4x - \frac{y}{3}$　(7) $5x$　(8) $6x^2$
(9) $3a$　(10) a^3　(11) $-20y^2$　(12) $-y$　(13) 0
(14) $-12b^3$　(15) $-7x + 11$　(16) $-6a - 27$
(17) $5x - 9y$　(18) $\frac{ac}{b}$　(19) $\frac{a}{bc}$　(20) $\frac{3}{x} + y$　(21) $\frac{3}{x+y}$

87 (1) $x-y$　(2) $-3x+24$　(3) $-10c+16$
　(4) $\frac{3}{4}k-6$　(5) $14z-21$　(6) $-\frac{5}{4}y$　(7) $7x-8$
　(8) $-\frac{5}{6}y$　(9) $17x+16$　(10) $\frac{3}{2}a-\frac{2}{3}b$

6章　文字式Ⅱ

88 (1) $-y-1$　(2) $-y-1$　(3) $9x+14$　(4) $9x+14$
　(5) $-9x-2$　(6) $-x+4$　(7) $7a$　(8) $-3a-2b$
　(9) $-9y$　(10) $6x+7y$　(11) $3a-5b+c$
　(12) $13x-18$

89 (1) 和：$-a-5$　差：$11a-13$
　(2) 和：$-5x-11y$　差：$-19x+31y$

90 (1) イ　(2)ア　(3) イ　(4) ウ　(5) イ

91 (1) $9x-4$　(2) $-\frac{1}{3}$　(3) $\frac{-11x+34}{12}$　(4) $\frac{6x-23}{5}$

92 (1) ア　(2) イ　(3) イ

93 (1) -21　(2) -7　(3) 11　(4) -6　(5) 9　(6) 31

94 (1) 23　(2) 34　(3) -16　(4) 3　(5) -27　(6) $\frac{9}{20}$

95 (1) 9　(2) $-\frac{45}{16}$　(3) $-\frac{27}{16}$　(4) $\frac{81}{40}$

96 (1) $2x-2y$　(2) $-12y$　(3) $x-4y-2z$
　(4) $-6s+4t$　(5) $-5a-4b$　(6) $2a-c$

97 (1) 0　(2) $-\frac{1}{4}$　(3) $\frac{1}{4}$　(4) 81　(5) $-\frac{7}{2}$　(6) $\frac{35}{4}$

98 (1) 和：$2x$　差：$-2y$
　(2) 和：$-7b-8c$　差：$-2a+11b-6c$

99 (1) イ　(2) ウ

100 (1) $\frac{x-7}{6}$　(2) 0　(3) $\frac{7x+1}{10}$　(4) $\frac{4x+1}{3}$

7章　文字式Ⅲ

101 (1) 480 円　(2) $12a$〔円〕　(3) 12 g　(4) $\frac{x}{6}$〔g〕
　(5) 490 円　(6) $50x+80y$〔円〕　(7) 730 円
　(8) $1000-9x$〔円〕　(9) 70 点　(10) $\frac{w+x+y+z}{4}$〔点〕

102 (1) $\frac{15}{2}$ cm²　(2) $\frac{xh}{2}$〔cm²〕　(3) 16 cm
　(4) $2a+2b$〔cm〕　(5) 12 cm　(6) $4b$〔cm〕
　(7) 25 cm²　(8) a^2〔cm²〕

103 (1) $35=3\times(10)+5$
　　　　$259=2\times(100)+5\times(10)+9$
　(2) $10a+b$　(3) $100x+10y+z$

104 速さ＝$\frac{距離}{時間}$　　時間＝$\frac{距離}{速さ}$　　距離＝速さ×時間

105 (1) 5 時間　(2) $\frac{x}{80}$〔時間〕　(3) 2500 m
　(4) $35t$〔m〕　(5) 時速 20 km　(6) 時速 $\frac{y}{3}$〔km〕
　(7) 800 m　(8) $1500-70x$〔m〕　(9) 11　(10) $2x+5$
　(11) 25　(12) $5(x+2)$

106 (1) 0.07　(2) 0.3　(3) 0.2　(4) 0.05　(5) 0.23
　(6) 1　(7) 1.08

107 (1) 60 円　(2) $\frac{x}{20}$〔円〕（$0.05x$〔円〕）　(3) 1200 円
　(4) $\frac{2}{5}y$〔円〕（$0.4y$〔円〕）　(5) 4550 円　(6) $\frac{91}{100}a$〔円〕
　（$0.91a$〔円〕）　(7) 1600〔円〕　(8) $\frac{4}{5}b$〔円〕（$0.8b$〔円〕）
　(9) 33〔人〕　(10) $\frac{11}{10}x$〔人〕（$1.1x$〔人〕）
　(11) 230 人　(12) $\frac{23}{20}y$〔人〕（$1.15y$〔人〕）

108 イ，オ

【解説】
a 以上，a 以下は a を含む。a より大きい，a より小さい，a 未満は a を含まない。

109 (1) $x>10$ $(10<x)$　(2) $y\leqq-5$ $(-5\geqq y)$
　(3) $a<3$ $(3>a)$　(4) $b<9$ $(9>b)$　(5) $1\leqq n\leqq 9$

110 (1) $x=\frac{y}{2}-5$　(2) $4(a-b)>7$
　(3) $2x+10<8000$　(4) $a=2b-3$
　(5) $100-3a\geqq b$　(6) $40x>y$
　(7) $70\leqq\frac{a+b+c}{3}<75$　(8) $10y+x=5m+3$

111 (1) $\frac{3}{10}x$〔円〕（$0.3x$〔円〕）
　(2) $\frac{3}{100}x$〔円〕（$0.03x$〔円〕）
　(3) $\frac{7}{10}x$〔円〕（$0.7x$〔円〕）　(4) $\frac{13}{10}x$〔円〕（$1.3x$〔円〕）
　(5) $\frac{97}{100}x$〔円〕（$0.97x$〔円〕）　(6) $\frac{103}{100}x$〔円〕（$1.03x$〔円〕）
　(7) $\frac{x}{7}$〔L〕　(8) hx〔cm²〕　(9) $10a+50b+100c$
　(10) $\frac{x}{50}$〔分〕　(11) 分速 $\frac{a}{30}$〔m〕　(12) $30m$〔kg〕
　(13) $80x+100y$〔km〕　(14) $\frac{19}{20}x$〔円〕（$0.95x$〔円〕）
　(15) $\frac{13}{20}a$〔円〕（$0.65a$〔円〕）　(16) $\frac{51}{50}y$〔人〕（$1.02y$〔人〕）

112 (1) $x=y+500$　(2) $y=\frac{x-6}{7}$　(3) $\frac{xy}{2}\leqq k$
　(4) $n=ab+c$　(5) $x^3<V$　(6) $\frac{x}{90}\geqq y$
　(7) $2a+2b=x$　(8) $1000-ak-bk\leqq 150$
　(9) $100\leqq 100c+10b+a<1000$

8章　方程式Ⅰ

113 (1) 3　(2) 7　(3) 5　(4) 5　(5) 9　(6) 9
　(7) $\frac{5}{6}$　(8) 50

114 (1) $x=2$　(2) $a=9$　(3) $b=5$　(4) $c=2$
　(5) $y=10$　(6) $t=5$　(7) $x=5$　(8) $y=-9$　(9) $a=\frac{4}{3}$

115 (1) エ，オ，カ

116 (1) $x=-3$　(2) $x=21$　(3) $x=-13$
　(4) $x=6$　(5) $x=-14$　(6) $x=-4$

117 (1) $x=7$　(2) $x=-\frac{1}{3}$　(3) $x=0$
　(4) $x=3$　(5) $x=-\frac{1}{2}$　(6) $x=\frac{1}{5}$

118 (1) $a=10$　(2) $a=3$　(3) $b=8$　(4) $b=\frac{7}{3}$

119 (1) $x=20$　(2) $x=-18$　(3) $x=27$
　(4) $x=80$　(5) $x=\frac{5}{3}$　(6) $x=0$　(7) $x=-15$
　(8) $x=-\frac{3}{4}$　(9) $x=-\frac{3}{2}$

120 (1) $a = -\frac{4}{3}$ (2) $a = -12$ (3) $a = 7$

121 (1) $x = -2$ (2) $x = \frac{3}{5}$ (3) $x = -2$ (4) $x = -9$
(5) $x = \frac{10}{3}$ (6) $x = -25$ (7) $x = 63$ (8) $x = -\frac{1}{16}$
(9) $x = -1$ (10) $x = -4$

122 (1) $x = -30$ (2) $t = -20$ (3) $y = \frac{4}{3}$
(4) $b = -7$ (5) $a = 0$ (6) $a = -15$ (7) $z = -61$
(8) $c = -4$ (9) $x = \frac{1}{20}$ (10) $x = -19$

123 (1) $x = 3$ (2) $x = -\frac{1}{2}$ (3) $x = -1$ (4) $x = 9$
(5) $x = 4$ (6) $x = -\frac{2}{3}$ (7) $x = 0$ (8) $x = -\frac{1}{3}$

124 (1) $x = -7$ (2) $x = -15$ (3) $x = 3$
(4) $x = -\frac{1}{2}$ (5) $x = 0$ (6) $x = \frac{12}{7}$ (7) $x = 2$
(8) $x = \frac{1}{3}$

125 (1) $y = 3$ (2) $z = -60$ (3) $t = -3$
(4) $s = -12$ (5) $a = -\frac{1}{2}$ (6) $b = -1$
(7) $c = -20$ (8) $x = -\frac{4}{3}$

9章　方程式Ⅱ

126 (1) $x = -2$ (2) $x = -8$ (3) $y = 0$ (4) $a = \frac{5}{2}$

127 (1) $x = -12$ (2) $x = \frac{1}{4}$ (3) $y = \frac{3}{4}$ (4) $t = \frac{1}{3}$

128 (1) $x = 2$ (2) $x = 30$

129 (1) $x = -7$ (2) $x = 6$ (3) $x = -1$

130 (1) $x = 2$ (2) $x = 0$ (3) $x = -2$
(4) $a = 5$ (5) $x = -14$ (6) $x = 6$

131 (1) $x = 8$ (2) $x = 3$ (3) $x = 4$
(4) $x = 1$ (5) $x = -3$ (6) $x = \frac{13}{5}$

132 (1) $x = 10$ (2) $x = \frac{5}{2}$ (3) $x = 6$ (4) $x = 2$

133 (1) $a = 10$ (2) $a = 1$

134 (1) 9 (2) -1

【解説】
(1) $5x + 15 = 60$
(2) $15(x + 5) = 60$

135 (1) $x = 8$ (2) $x = 0$ (3) $x = \frac{4}{3}$ (4) $x = -3$
(5) $x = -\frac{3}{5}$ (6) $x = 2$ (7) $x = -3$ (8) $x = 2$
(9) $x = 5$ (10) $x = 3$

136 (1) $k = -17$ (2) 6

【解説】(2) $7(10 - x) = 28$

10章　方程式Ⅲ

137 (1) $x = 12$ (2) $x = 15$

【解説】

(1) $7x + 10 = 2(x + 35)$
(2) $7(x - 4) = 5x + 2$

138 (1) -2 (2) 1

【解説】
ある数を x とする。
(1) $2(x - 3) = 3x - 4$
(2) $9 - x = 4x + 4$

139 4 g

【解説】 $2 + 3x = 10 + x$

140 (1) 70 円 (2) 4 つ

【解説】
(1) $9x + 150 = 1000 - 220$
(2) $200x + 250 \times 3 = 2000 - 450$

141 (1) 11 個
(2) 120 円のノート：7 冊　150 円のノート：2 冊

【解説】
(1) $60x + 130(17 - x) = 1440$
(2) $120x + 150(9 - x) + 100 = 1240$

142 (1) 450 円 (2) 50 円

【解説】
(1) $600 - x = 3(500 - x)$ (2) $5x + 110 = 2(2x + 80)$

143 (1) 鉛筆：60 円　ボールペン：90 円
(2) 大人の入場券：640 円　子供の入場券：340 円

【解説】
(1) $8x + 3(x + 30) = 750$
(2) $2x + 3(x - 300) = 2300$

144 生徒の人数：28 人　ノートの冊数：106 冊

【解説】
$3x + 22 = 4x - 6$ より，$x = 28$
$3 \times 28 + 22 = 106$

145 長いすの数：21 脚　生徒の人数：90 人

【解説】
$4x + 6 = 5(x - 3)$ より，$x = 21$
$4 \times 21 + 6 = 90$

146 (1) 速さ＝$\frac{距離}{時間}$　時間＝$\frac{距離}{速さ}$　距離＝速さ×時間
(2) ① 300 分　② $\frac{2}{3}$ 時間　③ $60h$〔分〕
④ $\frac{m}{60}$〔時間〕　⑤ 250 m　⑥ $\frac{1}{20}$ km
⑦ $1000a$〔m〕　⑧ $\frac{b}{1000}$〔km〕

147 (1) $80x$〔km〕 (2) $\frac{4}{3}x$〔km〕 (3) $\frac{x}{90}$〔分〕
(4) $\frac{100}{9}x$〔分〕 (5) 家から A 地点：$\frac{x}{40}$ 時間
A 地点から S 駅：$\frac{10-x}{50}$ 時間 (6) $65(x - 7)$〔m〕

148 家から 630 m の地点で追いつく

【解説】
x〔分〕後に追いつくとすると，

$70x = 210(x - 6)$ より，$x = 9$
$70 \times 9 = 630 < 1000$ より駅に着くまでに追いつくことができる。

149 5600 m

【解説】
AB 間の距離を x〔m〕とする。1 時間 10 分＝70 分であるので，$\frac{x}{40} - \frac{x}{80} = 70$

150 4

【解説】$5(x - 2) = 3x - 2$

151 50 円のお菓子：12 個　80 円のお菓子：8 個

【解説】$50x + 80(20 - x) = 1240$

152 700 円

【解説】$1000 - x = 3(800 - x)$

153 ボールペン：40 円　修正テープ：150 円

【解説】$3x + x + 110 = 500 - 230$

154 子供の数：12 人　鉛筆の本数：43 本

【解説】
$3x + 7 = 4x - 5$ より，$x = 12$
$3 \times 12 + 7 = 43$

155 2 km

【解説】$\frac{x}{15} + \frac{x}{10} = \frac{20}{60}$

156 家から 900 m の地点で追いつくことができる

【解説】
x〔分〕後に追いつくとすると，
$50x = 60(x - 3)$ より，$x = 18$
$50 \times 18 = 900 < 1000$ より学校に着くまでに追いつくことができる。

11 章　比例・反比例Ⅰ

157 (1) ① 変数　② 定数　③ 変域　④ 関数　⑤ ウ
(2) ① $-3 \leqq x \leqq 6$　② $-7 < x < -2$
③ $10 \leqq x < 20$　④ $x \leqq 30$

【解説】
(1) アは $y = x$，イは $y = 1000 - 5x$ という関係があり，y は x の関数である。ウは，例えば身長が 160 cm の人の体重が 1 つに決まるわけではないので，y は x の関数であるとはいえない。

158 (1) 0 より大きく 100 以下　(2) 150 以上 170 未満
(3) 20 以上　(4) 15 より大きい

159 (1) $y = x + 3$　(2) $y = -5x$　(3) $y = \frac{10}{x}$
(4) $y = -x - 6$　(5) $y = \frac{3}{2}x$　(6) $y = -2x$

160 (1) A（5，1）　(2)
B（-3，2）
C（2，0）
D（0，3）
E（0，-2）
F（-4，-5）
原点（0，0）

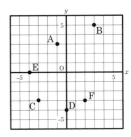

161 (1) 比例定数：①…-2　②…$\frac{1}{2}$

(2) ①

x	-3	-2	-1	0	1	2	3
y	6	4	2	0	-2	-4	-6

②

x	-6	-4	-2	0	2	4	6
y	-3	-2	-1	0	1	2	3

① 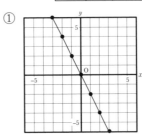　②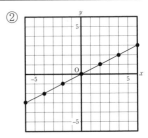

162

(1) 比例定数：$-3 = \frac{-3}{1}$

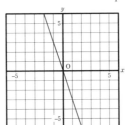

(2) 比例定数：$\frac{1}{3}$

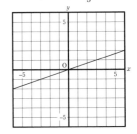

(3) 比例定数：$1 = \frac{1}{1}$

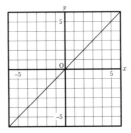

(4) 比例定数：$-1 = \frac{-1}{1}$

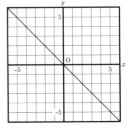

(5) 比例定数：$\frac{2}{3}$

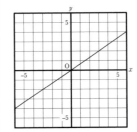

(6) 比例定数：$-1.5 = \frac{-3}{2}$

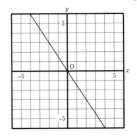

163

(1)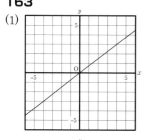

(2)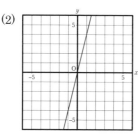

(3)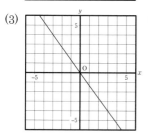

(4)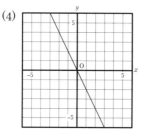

(5)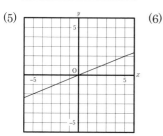

(6)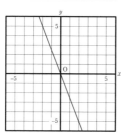

164 (1) $y = \frac{1}{3}x$　(2) $y = -\frac{3}{2}x$　(3) $y = 3x$

　　(4) $y = -x$　(5) $y = -\frac{2}{3}x$　(6) $y = x$

165

(1)

x	-2	-1	0	1
y	4	2	0	-2

(2)

x	-4	-2	0	2
y	-2	-1	0	1

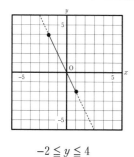

$-2 \leqq y \leqq 4$

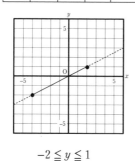

$-2 \leqq y \leqq 1$

166

(1)　　　　**(2)**　　　　**(3)**

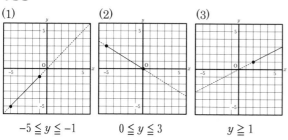

$-5 \leqq y \leqq -1$　　$0 \leqq y \leqq 3$　　$y \geqq 1$

167 (1) $a = -3$　(2) $y = 15$　(3) $x = -7$

168 (1) $y = -\frac{1}{3}x$　(2) $y = -8$　(3) $x = 30$

169 $y = -12$

170 (1) ① 原点　② $(0, 0)$

　　(2) A$(4, 0)$　B$(0, 4)$　C$(-3, -5)$　D$(-4, 2)$
　　　　E$(-2, 0)$　F$(3, -4)$

　　(3) ① 関数　② 変数　③ 比例　④ 変域

171

(1)　　　**(2)**　　　**(3)**

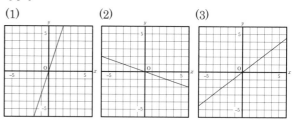

172 ① $y = -2x$　② $y = \frac{3}{2}x$　③ $y = -\frac{1}{3}x$

173 (1) ① $-8 < x \leqq 7$　② $-6 \leqq x < 0$　③ $x < 9$

　　(2) ア，ウ

【解説】

(2) ア．時間＝距離÷速さであり，$y = \frac{x}{6}$ であるので y
　　は x の関数である。

イ．例えば 2 人の年齢差 x が 5 であったとき，年齢の
　　和 y はそれぞれの年齢によって変わるため 1 つに決
　　まらない。

ウ．円周の長さ＝(直径)×(円周率)であるので，
　　$y = x \times 3.14$ となり，y は x の関数である。

エ．長方形の面積は底辺と高さで決まるため，周の長
　　さと面積は無関係である。

オ．平均点＝(全員の点数の合計)÷(人数)であるので，
　　最高点と最低点は無関係である。

174 (1) ① 比例定数：1　② 比例定数：$-\frac{2}{3}$

　　③ 比例定数：-3

(2) ①　　　②　　　③

$-2 \leqq y \leqq 3$　　$-2 \leqq y \leqq 0$　　$y \geqq 0$

175 (1) $y = -\frac{4}{5}x$　(2) $x = -10$

176 (1) $y = \frac{5}{x}$　(2) $y = -x + 5$　(3) $y = 5x$

12章 比例・反比例Ⅱ

177

(1) 比例定数：20   (2) 比例定数：−16

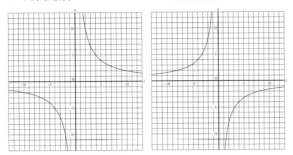

(3) 比例定数：6   (4) 比例定数：−10

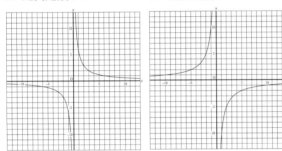

(5) 比例定数：12   (6) 比例定数：−36

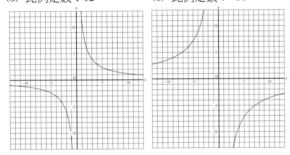

178 ① $y = \frac{16}{x}$ ② $y = -\frac{6}{x}$

①
x	−4	−3	−2	−1	0	1	2	3	4
y	−4	$-\frac{16}{3}$	−8	−16	×	16	8	$\frac{16}{3}$	4

②
x	−4	−3	−2	−1	0	1	2	3	4
y	$\frac{3}{2}$	2	3	6	×	−6	−3	−2	$-\frac{3}{2}$

179 (1) $y = -\frac{20}{x}$ (2) $a = -2$

180 (1) 下表 (2) $-6 \leqq y \leqq -2$ (3) 下図

x	−6	−5	−4	−3	−2
y	−2	$-\frac{12}{5}$	−3	−4	−6

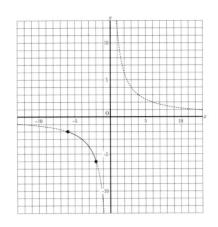

181 $-12 \leqq y \leqq -4$

182 (1) $y = -\frac{36}{x}$ (2) $y = 3$ (3) $x = -18$

183 (1) −20 (2) $y = -\frac{20}{x}$ (3) $y = \frac{10}{3}$

184 $y = -6$

185 (1)下表 (2) $y = -2x$ (3) 2倍，3倍…となる

(4) −2

x	−4	−3	−2	−1	0	1	2	3	4
y	8	6	4	2	0	−2	−4	−6	−8

186 (1) 下表 (2) $y = -\frac{12}{x}$ (3) $\frac{1}{2}$倍，$\frac{1}{3}$倍…となる

(4) −12

x	−4	−3	−2	−1	0	1	2	3	4
y	3	4	6	12	×	−12	−6	−4	−3

187 比例：ウ 式：$y = -4x$ 反比例：イ 式：$y = -\frac{36}{x}$

188 (1)A.比例　B.反比例　C.比例定数

(2)①
x	−4	−3	−2	−1	0	1	2	3	4
y	$\frac{4}{3}$	1	$\frac{2}{3}$	$\frac{1}{3}$	0	$-\frac{1}{3}$	$-\frac{2}{3}$	−1	$-\frac{4}{3}$

②
x	−4	−3	−2	−1	0	1	2	3	4
y	3	4	6	12	−	−12	−6	−4	−3

(3)

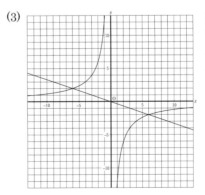

交わる点の座標
$(6, -2), (-6, 2)$

(4) −15

(5) $-\frac{1}{2}$

189 (1) $y = -\frac{1}{4}x$ (2) $y = -\frac{16}{x}$ (3) −14 (4) 2

190 ① 2倍, 3倍…　② 比例　③ $y = 6x$

191 ① $\frac{1}{2}$倍, $\frac{1}{3}$倍…　② 反比例　③ $y = \frac{60}{x}$

192 (1)下表　(2) $y = -9x$

x	-4	-3	-2	-1	0	1	2	3	4
y	36	27	18	9	0	-9	-18	-27	-36

193 (1) 下表　(2) $y = \frac{36}{x}$

x	-4	-3	-2	-1	0	1	2	3	4
y	-9	-12	-18	-36	×	36	18	12	9

194 (1)① $y = \frac{3}{2}x$　② $y = \frac{6}{x}$　(2) $a = 6, b = -\frac{3}{2}$

【解説】
(1) ①の式を $y = px$ とすると, この直線は(2,3)を通るので, $3 = p \times 2$　よって, $p = \frac{3}{2}$
②の式を $y = \frac{q}{x}$ とすると, この曲線は(2,3)を通るので, $3 = \frac{q}{2}$　よって, $q = 6$
(2) 直線 $y = \frac{3}{2}x$ は$(a, 9)$を通るので, $9 = \frac{3}{2} \times a$　よって, $a = 6$　また, 曲線 $y = \frac{6}{x}$ は$(-4, b)$を通るので, $b = \frac{6}{-4}$
よって, $b = -\frac{3}{2}$

195

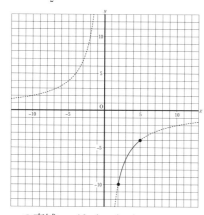

y の変域：$-10 \leqq y \leqq -4$

13章　比例・反比例Ⅲ

196 比例：③, ④, ⑥　反比例：②

197 (1) $y = -6x$　(2) ウ, オ

198 (1) $y = -\frac{27}{x}$　(2) イ, エ

199 (1) $y = 3x$ ○　(2) $y = 1000 - x$ ×
(3) $y = \frac{50}{x}$ △　(4) $y = 75x$ ○　(5) $y = \frac{15}{x}$ △
(6) $y = x^2$ ×　(7) $y = 5x$ ○
(8) $y = 16 - 2x$ ×　(9) $y = 4x$ ○

200 (1) $y = 2.7x$ $(y = \frac{27}{10}x)$　(2) 405 g　(3) 3000 cm³

201 (1) $y = \frac{255}{x}$　(2) 15 分　(3) 毎分 17 L

202 比例：④, ⑥　反比例：①, ⑤

203 (1) $y = 200 - x$ ×　(2) $y = 12x$ ○
(3) $y = \frac{10}{x}$ △

204 ウ, オ

205 ア

206 (1) $y = \frac{2}{5}x$　(2) 4 cm　(3) 20 g

207 (1) $y = \frac{42}{x}$　(2)① 14　② 21

14章　比例・反比例Ⅳ

208 (1) $y = 4x$　(2) $0 \leqq x \leqq 20$　(3) 下図
(4) 72 L　(5) 15 分後

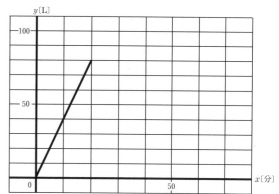

209 (1) 兄：6分後　弟：10分後
(2) 兄：毎分 100 m　弟：毎分 60 m
(3) 兄：$y = 100x$　弟：$y = 60x$　(4) 5分後
(5) 下表　(6) $y = 40x$ 比例する

時間(分)	1	2	3	4	5
兄の進む距離(m)	100	200	300	400	500
弟の進む距離(m)	60	120	180	240	300
2人の距離の差(m)	40	80	120	160	200

210 (1) $y = \frac{20}{x}$　(2) 下図　(3) 4 m 以上 10 m 以下

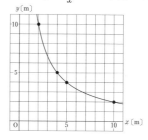

211 (1) $y = \dfrac{1200}{x}$　(2) 下図　(3) 20 分以内

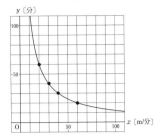

212 (1) 160 枚　(2) xy〔枚〕　(3) $y = \dfrac{160}{x}$　反比例

(4) 毎秒 8 回転　(5) 16 枚

213 (1) $y = 60x$　(2) 600 m

(3) 15 分後　(4) $0 \leqq x \leqq 20$

(5)

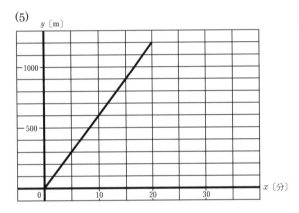

214 (1) 3 分　(2) $y = \dfrac{24}{x}$　(3) $3 \leqq x \leqq 12$

(4) 下図　(5) $2 \leqq y \leqq 8$　(6) 2 分以上 8 分以下

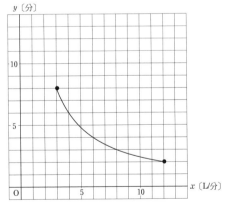

15 章　平面図形

215

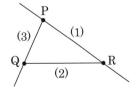

216 ①∠ACB（∠ACD，∠BCA，∠DCA でも可）

②∠BAD（∠DAB でも可）

③∠BAC（∠CAB でも可）

④∠ADB（∠BDA でも可）

⑤∠ADC（∠CDA でも可）

217 (1) AB//CD，AD//BC　(2) BE　(3) AD⊥BE

(4) ① 90　② 垂線　(5) 交わらない　(6) 交わる

218 (1) 対称の軸　(2) 点 H　(3) 辺 GF

(4) 90°　(5) IK

219

(1)　　　　　　　　(2)

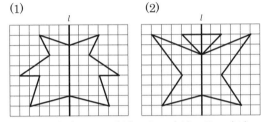

220 ① 1（本）　② 2（本）　③ 1（本）　④ 4（本）

⑤ 6（本）

221 (1) 右図

(2) 点 G

(3) 辺 EF

(4) 辺 EO

※A と E，D と H

などを結んで交点

を求めてもよい

222

(1)　　　　　　　　(2)

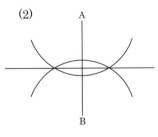

223 (1) ①,③,⑤　(2) ①,③,④,⑤　(3) ①,③,⑤

224

(1)　　　　　　　　(2)

225

(1)　　　　　(2)

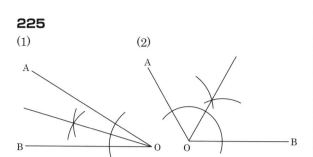

226

(1)(3) 右図
(2) OA＝OB＝OC
（すべて等しい）

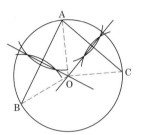

227

(1)　　　　　(2)

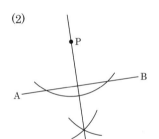

228

(1)　　　　　(2)

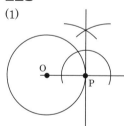

229

(1)　　　　　(2)

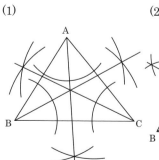
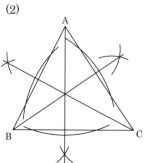

230

(1)　　　(2)　　　(3)

231

(1)　　　　　(2)

232

(1)　　　　　(2)

233

(1)

(2)

(3)

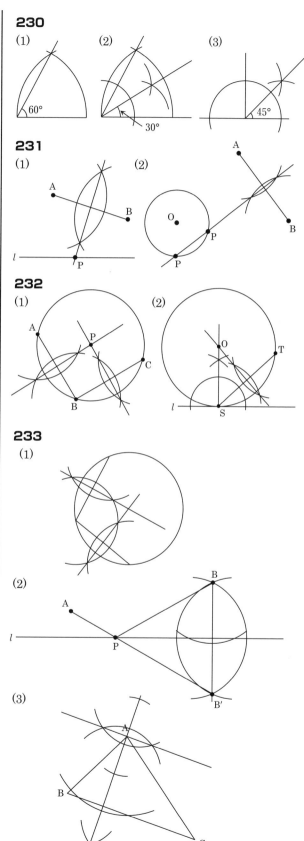

234 (1)

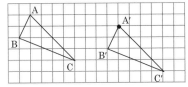

(2) ① AB＝(A'B')　②∠ABC＝∠(A'B'C')
　　③ AA'//(BB') //(CC')　④ B'C'//(BC)

235 (1)

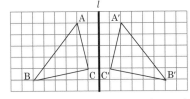

(2) ① l(⊥)AA'　②∠ACB＝∠(A'C'B')
　　③ AC＝(A'C')　④ B'

236 (1)

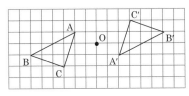

(2) ① OA'　② B'C'　③ B'

237 (1) ひし形 EDOF　(2) ひし形 AOEF
　　(3) ひし形 FAOE

238 (1)

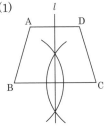

(2) ①⊥　②⊥　③//
　　④ DC　⑤ DCB
(3) 交わる：③
　　交わらない：①②④

239
(1)

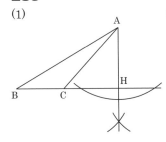

(2)

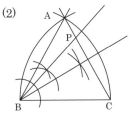

(3)

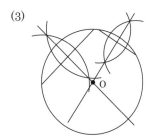

(4)

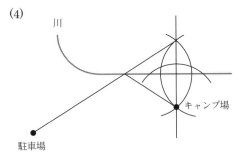

240

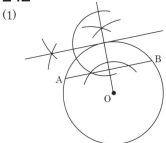

(1) ① 180
　　② 点対称
(2) 右図
(3) 点 F
(4) 点 G

241 (1) ア　(2) ウ, カ　(3) イ

242
(1)

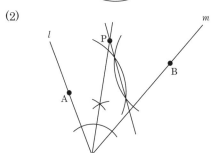

(2)

16章　空間図形

243 (1) 1つだけ存在する　(2) 無数に存在する
　　(3) 1つだけ存在する　(4) 1つだけ存在する

244 (1) 辺 AE, 辺 EF, 辺 DH, 辺 GH
　　(2) 辺 AB, 辺 EF, 辺 GH
　　(3) 辺 AD, 辺 BC, 辺 AE, 辺 BF
　　(4) 1つだけ存在する　(5) 存在しない
　　(6) 1つだけ存在する　(7) 存在しない
　　(8) 平行である　(9) ねじれの位置にある

245 (1) 1面　(2) 4面　(3) 2面　(4) 2面　(5) イ

【解説】
(1) 平面 EFGH の 1 面のみ。
(2) 平面 ABFE,平面 ADHE,平面 CDHG,平面 BCGF の 4 面ある。
(3) 平面 EFGH,平面 BCGF の 2 面ある。AD を含む平面は平行とはいわないので注意すること。
(4) 平面 ADHE,平面 BCGF の 2 面存在する。
(5) BD を含む平面 ABCD と直線 DH は垂直なので，直線 BD と直線 DH は垂直である。直線 CG と直線 BD は交わらないので垂直になり得ない。

246 (1) ウ,オ,カ　(2) オ　(3) ア,エ,オ

247 ① 円錐　② 五角柱　③ 三角錐　④ 円柱
　　　⑤ 三角柱　⑥ 六角柱　⑦四角錐　⑧ 六角錐

248 ① 底面　② 高さ　③ 母線　④ 側面

249 (1) 名前：円錐　母線：10 cm　高さ：6 cm
　　　底面積：200.96 cm²
　　(2) 名前：円柱　母線：14 cm　高さ：14 cm
　　　底面積：153.86 cm²

250 (1)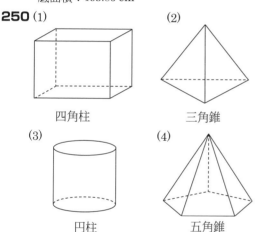

　　　四角柱　　　　　三角錐

　　　円柱　　　　　　五角錐

251 (1) ③　(2) 辺 GH　(3) 点 M,点 I

252 (1) 四角錐　(2) 辺 AH　(3) 辺 EF
　　(4) 点 B, 点 H

253 (1) 円錐　(2) 13 cm　(3) 78.5 cm²　(4) 31.4 cm

254 ① 多面体　② 合同

255 (1) ①正方形　② 長方形
　　(2) ① 正三角形　② 二等辺三角形
　　(3) ① 正六角形　② 長方形
　　(4) ① 正五角形　② 二等辺三角形

256 ① 正多角形　② 正多面体

257 (1) ① 正十二面体　② 正五角　③ 3
　　(2) ① 正二十面体　② 正三角　③ 5

258 (1) 円柱　(2) 五角錐　(3) 四角錐

259 (1)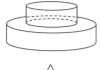
　　(2)

260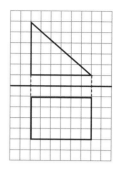

261 ① 交わる　② 平行　③ ねじれの位置
　　　④ 交わる　⑤ 平行　⑥ 交わる　⑦ 平行

262 ① 三角柱　② 円柱　③ 母線　④ 円錐　⑤ 5

263 (1) 図 1：正四面体　図 2：正八面体
　　(2) 正多面体

264 (1) 　(2)

265 (1) 右図
　　(2) 名前：三角柱
　　　底面：△ABD, △EFH
　　　高さ：辺 AE, 辺 BF, 辺 DH
　　(3) 3 面
　　(4) 平面 ABD, 平面 EFH
　　(5) ウ,ク

17 章　図形の計量

266 ① 直径　② 半径　③ 円周
　　円周の長さ＝直径×π
　　円の面積＝半径×半径×π

267 (1) 円周：10π cm　面積：25π cm²
　　(2) 円周：5π cm　面積：$\frac{25}{4}$π cm²

268 ① 半径　② 弧　③ 中心角
　　弧の長さ ＝ 円周×$\frac{中心角}{360}$
　　扇形の面積 ＝ 円の面積×$\frac{中心角}{360}$

269 (1) 弧：$\frac{8}{3}$π cm　面積：$\frac{16}{3}$π cm²
　　(2) 弧：$\frac{5}{4}$π cm　面積：$\frac{25}{16}$π cm²

270 (1) $l = 2\pi r$　(2) $S = \pi r^2$　(3) 14π cm
　　(4) 64π cm²　(5) 3π cm　(6) $\frac{81}{4}$π cm²

(7) $l = 2\pi r \times \frac{x}{360}$　(8) $S = \pi r^2 \times \frac{x}{360}$

(9) $\frac{2}{3}\pi$ cm　(10) 8π cm²　(11) $\frac{28}{3}\pi$ cm

(12) $\frac{27}{4}\pi$ cm²

271 (1) 周の長さ：6π cm　面積：$36 - 9\pi$ cm²

(2) 周の長さ：$15\pi + 12$ cm　面積：45π cm²

272 $60°$

273 $144°$

274 40π cm²

275 面積：12π cm²　中心角：$120°$

276 (1) 108 cm²　(2) 40π cm²　(3) 48 cm²

277 (1) 56 cm²　(2) 84π cm²

278 (1) $4\pi r^2$ cm²　(2) 64π cm²　(3) 108π cm²

279 (1) 120 cm³　(2) 120 cm³　(3) 96π cm³

280 (1) 96π cm³　(2) 21 cm³　(3) 25 cm³

281 (1) $\frac{4}{3}\pi r^3$ cm³　(2) 288π cm³　(3) $\frac{9}{2}\pi$ m³

282 (1) 円周：20π cm　面積：100π cm²

(2) 15π cm²　(3) 6π cm　(4) 25π cm²

(5) $108°$　(6) $80°$　(7) 90 cm³　(8) 120 cm³

(9) 展開図

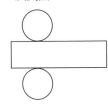

表面積：180π cm²
体積：324π cm³

(10) 展開図

表面積：90π cm²
体積：100π cm³

(11) 表面積：324π cm²　体積：972π cm³

(12) $25\pi - 50$ cm²

【解説】

(1) 円周 $= 2\pi r = 2\pi \times 10 = 20\pi$
面積 $= \pi r^2 = \pi \times 10^2 = 100\pi$

(2) $\pi r^2 \times \frac{中心度}{360} = \pi \times 6^2 \times \frac{150}{360} = 15\pi$

(3) $2\pi r \times \frac{中心度}{360} = 2\pi \times 9 \times \frac{120}{360} = 6\pi$

(4) $\frac{1}{2} \times 弧 \times 半径 = \frac{1}{2} \times 10\pi \times 5 = 25\pi$

(5) $2\pi \times 10 \times \frac{x}{360} = 6\pi$　これを解くと，$x = 108$

(6) $\pi \times 9^2 \times \frac{x}{360} = 18\pi$　これを解くと，$x = 80$

(7) $\frac{1}{2} \times 5 \times 12 \times 3 = 90$

(8) $\frac{1}{3} \times 6 \times 6 \times 10 = 120$

(9) 表面積 $= 2 \times (\pi \times 6^2) + 2 \times 6 \times 9 = 180\pi$

体積 $= \pi \times 6^2 \times 9 = 324\pi$

(10) 表面積 $= \pi \times 5^2 + \frac{1}{2} \times (2\pi \times 5) \times 13 = 90\pi$

体積 $= \frac{1}{3} \times \pi \times 5^2 \times 12 = 100\pi$

(11) 表面積 $= 4\pi r^2 = 4\pi \times 9^2 = 324\pi$

体積 $= \frac{4}{3}\pi r^3 = \frac{4}{3}\pi \times 9^3 = 972\pi$

(12) $\pi \times 10^2 \times \frac{90}{360} - \frac{1}{2} \times 10 \times 10 = 25\pi - 50$

18章　資料の整理

283 ① 度数分布表　② 階級　③ 階級の幅
④ 階級値　⑤ 度数　⑥ 相対度数

284 (1) 10 人　(2) 20%　(3) 7　(4) 0.23　(5) 下図

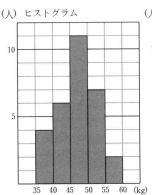

285 平均値：21.2 m　中央値：22 m　最頻値：24 m

範囲：16 m

【解説】

平均値 $= \frac{12\times3 + 16\times5 + 20\times12 + 24\times17 + 28\times3}{40} = 21.2$

資料の個数は $40 = 19 + 2 + 19$ なので，中央に来る資料は 20 番目と 21 番目である。$3 + 5 + 12 = 20$ なので 20 番目の階級値は 20，21 番目の階級値は 24。よって，中央値 $= \frac{20+24}{2} = 22$

範囲 $= 28 - 12 = 16$

286 平均値：5.1 点　中央値：5 点　最頻値：5 点

範囲：8 点

【解説】

平均値 $= \frac{1\times2 + 3\times5 + 5\times7 + 7\times4 + 9\times3}{21} ≒ 5.095 ≒ 5.1$

資料の個数は $21 = 10 + 1 + 10$ なので，中央に来る資料は 11 番目。$2 + 5 = 7, 2 + 5 + 7 = 14$ なので 11 番目の階級値は 5。

範囲 $= 9 - 1 = 8$

287

通学時間(分) 以上　　未満	度数(人)	累積度数	累積相対度数
0 〜 10	1	1	0.03
10 〜 20	3	4	0.13
20 〜 30	8	12	0.38
30 〜 40	9	21	0.66
40 〜 50	4	25	0.78
50 〜 60	5	30	0.94
60 〜 70	2	32	1.00
計	32		

メジアン：35分　モード：35分　レンジ：60分

288 (1)ア：0.42　イ：0.40　(2) ②

289 (1) ヒストグラム(柱状グラフ)　(2) 18 人
(3) 60 点　(4) 55 点　(5) 40 点　(6) 0.39　(7) 61.7 点

290 23.5

【解説】
記録を小さい順に並べると，
18, 20, 21, 22, 23, 24, 24, 25, 26, 28
5 番目と 6 番目の平均が中央値になるので，$\frac{23+24}{2}=23.5$

291 (1) 度数分布表　(2) 5 kg　(3) 37.5 kg
(4) $a=19, b=14, c=60, d=69$　(5) 52.5 kg
(6) 0.25　(7) 79%

【解説】
(4) $27+a=46$ より，$a=19$
$d+4=73$ より，$d=69$
$c+9=d$ より，$c=d-9=60$
$46+b=c$ より，$b=c-46=14$
なお，$3+8+16+a+b+9+4+3=76$ から検算を行うことができる。
(5) 資料の個数が偶数の場合，中央の資料は 2 つある。
$76=37+2+37$ なので，中央になる資料は 38 番目と 39 番目。$3+8+16=27, 3+8+16+19=46$ より，中央の 2 つはどちらも 50 kg〜55 kg の階級に属する。
よって，中央値はその階級値である 52.5 kg
(6) $\frac{19}{76}=0.25$
(7) $\frac{c}{76}=\frac{60}{76}=0.789\cdots\fallingdotseq0.79$ であるので，79%
(8) ① オ　② エ　③ ア　④ イ　⑤ カ　⑥ ウ

292 B

【解説】
A でエラーが出た割合 $=\frac{4}{600}=0.00666\cdots$
B でエラーが出た割合 $=\frac{5}{800}=0.00625$
よって B の方がエラーが出る確率は低いと考えられる。

19章　式の計算

293 ア. 単項　イ. 多項　ウ. 次数　エ. 大きい
オ. 同類項

294 (1) $3ab, -c, 4$　(2) $x, 2y$　(3) $-9x^2y, -xy^2$

295 単項式：イ，ウ　　多項式：ア，エ

296 (1) 係数：-1，次数：1　(2) 係数：5，次数：3
(3) 係数：$\frac{1}{3}$，次数：4　(4) 係数：$-\frac{4}{7}$，次数：2

297 (1) 次数：1　同類項：$3a$とa，-5と8
(2) 次数：2　同類項：$2x^2$と$-x^2$，$-3x$と$4x$
(3) 次数：4　同類項：$-2xy$と$7xy$

298 (1) $9a-8b$　(2) $-7x^2-6x$　(3) $6x-7xy$
(4) $2ab$　(5) $-x^2y-9xy^2$　(6) $-12a-20b$
(7) $10x+40$　(8) $8x^2+16x-24$　(9) $2a+4$
(10) $2x-9y$　(11) $-3x^2+6x-9$
(12) $6a+13b$　(13) $-3y$　(14) $2x-2y$
(15) $-5x^2+18x-3$　(16) $-ab-6b$
(17) $2a+6b$　(18) $13x^2-7x-11$
(19) $-4x^2+9xy-4y^2$　(20) $2ab-4b^2$
(21) $3x^2+2$　(22) $8a-10b+4c$

299 (1) $-\frac{11}{3}xy$　(2) $\frac{1}{2}a-\frac{1}{6}b$ または $\frac{a}{2}-\frac{b}{6}$
(3) $\frac{17}{24}x$　(4) $\frac{x-7y}{10}$　(5) $\frac{5x-2y}{12}$　(6) $-2a+b$

300 (1) ア　(2) イ　(3) イ　(4) ア　(5) ウ　(6) ア

301 (1) -8　(2) -16　(3) -5

302 (1) $-x^2y^2$　(2) 1　(3) $\frac{x}{y}$　(4) xy　(5) $27a^3$
(6) $-28x^2y^2$　(7) $3a-9b$　(8) $\frac{4a}{3c}$　(9) x^2　(10) $\frac{5a}{2c}$

303 (1) エ　(2) オ　(3) 1　(4) $\frac{1}{3}$
(5) イとオ，ウとエ

304 (1) $49x^2$　(2) $-x^2$　(3) $-12x^3$　(4) $2a-6b$
(5) $2y$　(6) $-\frac{3}{4a}$　(7) $-ab-2a$
(8) $-3x^2+14y^2$　(9) $mn+6m$　(10) $\frac{7}{6}ah-3bh$
(11) $-12b+19$　(12) $2x-2y$　(13) $7x^2+xy-y^2$

305 (1) x^6　(2) $-8a^3b^3$　(3) $6b$　(4) $-20x^2y$
(5) $-6ab^3$　(6) $4xy^2+3xy$　(7) $-6a^2+4ab$
(8) $\frac{2x+2y}{3}$　(9) x^2y^3　(10) $\frac{9x-3y}{4}$
(11) $\frac{19x-13y}{12}$　(12) $x-7y$

20章　文字式の利用I

306 (1) 8　(2) -72

307 (1) 37　(2) 15　(3) -38　(4) 125　(5) -7　(6) 40

308 (1) $b=\frac{3}{2}a$　(2) $x=\frac{2y+8}{5}$　(3) $x=\frac{2}{y}$
(4) $b=3c-2a$　(5) $y=\frac{2x+5}{4}$　(6) $y=\frac{5x-20}{8}$

(7) $b = \frac{5V}{a^2}$　(8) $x = \frac{3S}{t} - y$ または $x = \frac{3S - ty}{t}$

309 (1) 円周：5π〔cm〕　　面積：$\frac{25}{4}\pi$〔cm²〕

(2) 円周：πx〔cm〕　　面積：$\frac{\pi x^2}{4}$〔cm²〕

(3) $\frac{45}{2}\pi$〔cm³〕　　(4) $\frac{25}{4}\pi a^2 b$〔cm³〕

(5) $\frac{135}{2}\pi$〔cm³〕　　(6) $\frac{3}{2}\pi x^2 y$〔cm³〕

310 (1) $\triangle ACD = \frac{1}{2}ah$　$\triangle ABC = \frac{1}{2}ah$

(2) 平行四辺形 $ABCD = \triangle ACD + \triangle ABC$

$= \frac{1}{2}ah + \frac{1}{2}ah = ah$

よって，（ a は底辺，h は高さなので）

平行四辺形の面積は(底辺)×(高さ)となる。

311 (1) $\frac{1}{3}\pi r^2 h$〔cm²〕　　(2) $\frac{1}{4}\pi r^2 h$〔cm²〕　　(3) $\frac{3}{4}$ 倍

312 (1) 23　(2) –27　(3) 36　(4) 144　(5) 28　(6) $\frac{1}{18}$

【解説】

(6) $x^2 y^3 \div \left(-\frac{3}{2}x^3 y^4\right) = x^2 y^3 \div \left(-\frac{3x^3 y^4}{2}\right)$

$= x^2 y^3 \times \left(-\frac{2}{3x^3 y^4}\right) = -\frac{2}{3xy} = -\frac{2}{3 \times 4 \times (-3)} = \frac{1}{18}$

313 (1) $x = -\frac{6}{5}y$　(2) $x = \frac{3-y}{2}$　(3) $b = 3m - a - c$

314 (1) $\frac{4}{3}\pi r^3$　(2) $36\pi a^3$

315 (1) $4\pi r^2$　(2) 4 倍

316 (1) $S = \frac{1}{2}(a+b)h$ cm²　(2) $a = \frac{2S - bh}{h}\ \left(a = \frac{2S}{h} - b\right)$

317 (1) $S = \frac{ah}{2}$　(2) $a = \frac{2S}{h}$　(3) 8 cm

21章　文字式の利用Ⅱ

318 (1)

m	1	2	3	4	5
$3m$	3	6	9	12	15
$3m+1$	4	7	10	13	16
$3m+2$	5	8	11	14	17

(2) ① 3　② 3　③ 1　④ 2

(3)

m	1	2	3	4	5
$2m-1$	1	3	5	7	9
$2m+1$	3	5	7	9	11

(4) ① 19　② 21　③ 63　④ 65　⑤ –7　⑥ –5

　　⑦ 奇数　⑧ $4m$　⑨ 4

(5)

$m-1$	0	1	2	3	4
m	1	2	3	4	5
$m+1$	2	3	4	5	6

(6) ① 14,15,16　② 22,23,24　③ –3,–2,–1

　　④ 連続　⑤ $3m$　⑥ 3

319 (1) $3a - 3b = 3(a - b)$

(2) $5x + 10y - 5 = 5(x + 2y - 1)$

(3) $8m - 4n = 4(2m - n)$

(4) $18a - 6b + 12 = 6(3a - b + 2)$

320 (1) ① $m+1$　② $m+2$　③ 5,6,7　④ –5,–4,–3

(2) ① 3,5　② 3,13

(3) ① $2n-1$　② $2n+3$　③ 17,19,21

(4) ① 36　② 3　③ 36　④ 63　⑤ $10a+b$

　　⑥ $10b+a$　⑦ $100a+10b+c$

321 (1) m,n を整数とする。2 つの偶数を $2m, 2n$

とおくと，この 2 数の差は $2m - 2n = 2(m - n)$ と

なり，2×(整数)となるので，偶数である。

(2) n を整数とする。連続する 2 つの奇数を $2n + 1, 2n + 3$ とおくと，連続する 2 つの奇数の和は

$(2n + 1) + (2n + 3) = 4n + 4 = 4(n + 1)$ となり，

4×(整数)となるので，4 の倍数である。

(3) この整数の十の位の数を a，一の位の数を b とお

く と，この数は $10a + b$ となり，十の位と一の位の

数を入れ換えた数は，$10b + a$ となる。よって，こ

の 2 数の和は $(10a + b) + (10b + a) = 11a + 11b = 11(a + b)$ となり，11×(整数)となるので，11 の倍数

である。

322 (1) ウ　(2) イ　(3) オ　(4) キ

【解説】

自然数は 1 以上の整数であることに注意する。

(1) m を 0,1,2,3…と変化させると，$2m + 3$ は 3,5,7,9…

となるため奇数といえる。

また，$2m + 3 = 2m + 2 + 1 = 2(m + 1) + 1$ より，

2×(整数)+1 となるので奇数といえる。

(2) m を 0,1,2,3…と変化させると，$2m - 4$ は –4,–2,0,2…

となるため偶数といえる。

また，$2m - 4 = 2(m - 2)$ より，2×(整数) となるので

奇数といえる。

(3) m を 1,2,3,4…と変化させると，$3m - 1$ は 2,5,8,11

となるため 3 で割ると 2 余る自然数といえる。

また，$3m - 1 = 3m - 3 + 3 - 1 = 3(m - 1) + 2$ より，

3×(0 以上の整数)+2 となるので，3 で割ると 2 余る

自然数といえる。

(4) 3 数は 1 ずつ増加しており，負の数も含まれるため

連続する 3 つの整数といえる。

323 m,n を整数とする。偶数と奇数をそれぞれ

$2m, 2n + 1$ とおくと，この 2 数の和は，

$2m + 2n + 1 = 2(m + n) + 1$ となり，2×(整数)+1 とな

るので，奇数である。

324 ① $100x + 10y + z$　② $100z + 10y + x$

　　③ $99x - 99z$　④ $x - z$

325 (1) ① $n+7$　② $n+14$　③ $3n+21$　④ $n+7$

(2) 5,12,19

【解説】

(2) $3n + 21 = 36$ を解くと，$n = 5$　よって，

$(n, n + 7, n + 14) = (5, 12, 19)$

326 ① $2n+2$　② $2n+4$　③ $n+1$

327 (1) m,n を整数とする。異なる 3 の倍数をそれぞ

れ $3m, 3n$ とおくと，この2数の和は，
$3m + 3n = 3(m + n)$ となり，$3 \times$（整数）となるので，3の倍数である。
(2)ア. $10a + b$　イ. a　ウ. $100a + 10b + c$
　　エ. $11a + b$　オ. $1000a + 100b + 10c + d$
　　カ. $111a + 11b + c$　キ. 3　ク. 9

22章　連立方程式 I

328 (1) A. 1　B. 1　C. 定まる　D. 2　E. 1
　　F. 定まらない　(2) $x = -\frac{1}{2}$　(3) イ, ウ

329

(1)
x	0	1	2	3	4	5
y	1	0	-1	-2	-3	-4

(2)
x	0	1	2	3	4	5
y	-3	-2	-1	0	1	2

(3) $x = 2,\ y = -1$

330 (1) $x = -1, y = 2$　(2) $x = 3, y = 2$
　　(3) $x = -\frac{1}{2}, y = 2$　(4) $x = 2, y = -1$

331 (1) $x = 4, y = 5$　(2) $x = 4, y = 0$
　　(3) $x = 1, y = -1$　(4) $x = -3, y = -5$

332 (1) $x = -\frac{1}{2}, y = 2$　(2) $x = -2, y = 0$
　　(3) $x = \frac{1}{3}, y = -2$　(4) $x = 0, y = 0$
　　(5) $x = -2, y = -5$　(6) $x = -6, y = 1$

333 (1) $x = 3, y = 9$　(2) $x = -3, y = 2$
　　(3) $x = 1, y = -2$　(4) $x = 5, y = 26$

334 (1) $x = \frac{13}{3}, y = -\frac{2}{3}$　(2) $x = 1, y = 2$
　　(3) $x = \frac{1}{5}, y = \frac{1}{5}$　(4) $x = \frac{1}{3}, y = 1$

335

(1)
x	0	1	2	3	4	5
y	1	2	3	4	5	6

(2)
x	0	1	2	3	4	5
y	0	2	4	6	8	10

(3) $x = 1, y = 2$

336 ウ, オ

337 (1) $x = -4, y = -4$　(2) $x = 2, y = -1$
　　(3) $x = 1, y = 3$　(4) $x = 3, y = 6$
　　(5) $x = -4, y = -10$　(6) $x = 3, y = -1$

338 (1) $x = \frac{1}{2}, y = 0$　(2) $x = 5, y = 3$
　　(3) $x = 4, y = -1$　(4) $x = \frac{9}{5}, y = \frac{11}{5}$

23章　連立方程式 II

339 (1) $x = -1, y = 2$　(2) $x = 3, y = 2$

340 (1) $x = -3, y = 1$　(2) $x = -1, y = -\frac{1}{2}$

(3) $x = 5, y = -1$　(4) $x = 36, y = 45$

341 (1) $x = -3, y = 2$　(2) $x = -1, y = -\frac{1}{2}$
　　(3) $x = 3, y = -4$　(4) $x = -2, y = 1$

342 (1) $x = -1, y = 2$　(2) $x = -3, y = 2$

343 (1) $x = 10, y = 20$　(2) $x = 5, y = 8$
　　(3) $x = 3, y = 2$　(4) $x = 2, y = 4$

344 (1) $x = 3, y = 2$　(2) $x = 3, y = 8$

345 (1) $x = 8, y = -6$　(2) $x = 3, y = 1$
　　(3) $x = 1, y = 2$　(4) $x = 1, y = -3$

346 (1) $a = 3, b = -4$　(2) $a = 2, b = 5$

347 (1) $x = 5, y = 7$　(2) $x = \frac{1}{2}, y = -1$
　　(3) $x = 3, y = 4$　(4) $x = 3, y = 2$
　　(5) $x = 9, y = 5$　(6) $x = 3, y = 7$
　　(7) $x = -\frac{1}{2}, y = \frac{2}{3}$

348 $a = 5, b = 2$

349 $a = 8, b = 4$

24章　連立方程式 III

350 (1) $120x + 50y$〔円〕　(2) $5000 - 8a - 5b$〔円〕
　　(3) $10x + y$　(4) $\frac{5}{2}$　(5) 64

【解説】
(4) ある分数を x とすると，$2(x + 5) = 15$
(5) 2桁の自然数の十の位を x とすると，
　　$40 + x = 10x + 4 - 18$

351 (1) 大人：4人　子供：16人　(2) 46

【解説】
(1) 大人を x〔人〕，小人を y〔人〕とすると，
$$\begin{cases} x + y = 20 \\ 700x + 400y = 9200 \end{cases}$$
(2) 2桁の自然数の十の位を x，一の位を y とすると，
$$\begin{cases} x + y = 10 \\ (10y + x) = (10x + y) + 18 \end{cases}$$

352 (1) 90　(2) $\frac{1}{6}$　(3) 1.3　(4) 2400　(5) $2\frac{2}{3}\left(\frac{8}{3}\right)$
　　(6) $1\frac{1}{2}\left(\frac{3}{2}\right)$

353 (1) 900 m　(2) 時速 20 km　(3) 3時間
　　(4) $100x$〔km〕　(5) $\frac{x}{60}$〔分〕　(6) 時速 $\frac{a}{5}$〔km〕
　　(7) $\frac{x}{15} + \frac{y}{10}$〔時間〕　(8) $5x + 10y$〔m〕
　　(9) $2000 - 50x$〔m〕

354 A市からB市：120 km　　B市からC市：40 km

【解説】
A市からB市までを x〔km〕，B市からC市までを
y〔km〕とすると，$\begin{cases} x + y = 160 \\ \frac{x}{80} + \frac{y}{40} = 2\frac{1}{2} \end{cases}$

355 AB 間：20 km　BC 間：30 km

【解説】

AB 間を x〔km〕，BC 間を y〔km〕とすると，

$$\begin{cases} \frac{x}{40}+\frac{y}{30}=1\frac{1}{2} \\ \frac{x}{30}+\frac{y}{60}=1\frac{1}{6} \end{cases}$$

356 (1) 0.6　(2) $\frac{7}{12}$　(3) $2\frac{1}{4}\left(\frac{9}{4}\right)$　(4) 80

357 (1) 5 km　(2) $\frac{x}{60}$ 時間　(3) 30

【解説】

(1) 5分 $=\frac{5}{60}$ 時間より，進む距離 $=60\times\frac{5}{60}=5$ km

(2) かかる時間＝距離÷速さ

(3) ある数を x とすると，

$(x-10)\div5=4$　よって，$\frac{x-10}{5}=4$

358 ガソリン：12.5 L　エンジンオイル：0.5 L

【解説】

必要なガソリンの量を x〔L〕，エンジンオイルの量を y〔L〕とすると，$\begin{cases} x:y=25:1 \\ x+y=13 \end{cases}$

359 37

【解説】

2桁の整数の十の位を x，一の位を y とすると，

$$\begin{cases} x+y=10 \\ (10y+x)=(10x+y)+36 \end{cases}$$

360 スタートからA地点：8 km

A地点からゴール：4 km

【解説】

スタートからA地点までの道のりを x〔km〕，A地点からゴールまでの道のりを y〔km〕とすると，

$$\begin{cases} x+y=12 \\ \frac{x}{16}+\frac{y}{8}=1 \end{cases}$$

25章　連立方程式Ⅳ

361 (1) $\frac{1}{100}$　(2) $\frac{1}{10}$　(3) $\frac{7}{10}$　(4) $\frac{23}{100}$

362 (1) 300 円　(2) 700 円

(3) 0.3a〔円〕または $\frac{3}{10}a$〔円〕

(4) 0.7a〔円〕または $\frac{7}{10}a$〔円〕　(5) 15 円　(6) 190 円

(7) 0.13x〔円〕または $\frac{13}{100}x$〔円〕

(8) 0.87x〔円〕または $\frac{87}{100}x$〔円〕　(9) 327 人

(10) 1.11y〔人〕または $\frac{111}{100}y$〔人〕　(11) 336 人

(12) 245 人

(13) $0.99x+1.03y$〔人〕　または $\frac{99}{100}x+\frac{103}{100}y$〔人〕

(14) 12 g

(15) $0.01x+0.03y$〔g〕または $\frac{1}{100}x+\frac{3}{100}y$〔g〕

(16) 5%

【解説】

(16) 濃度 $=\frac{食塩}{食塩水}\times100=\frac{10}{190+10}\times100=5\%$

363 男子：250 人　女子 275 人

【解説】

昨年度の男子の生徒数を x，女子の生徒数を y とすると，$\begin{cases} x+y=525 \\ 1.08x+0.96y=534 \end{cases}$

これを解くと，$x=250,y=275$

364 (1) 321 人　(2) 男子：132 人　女子：189 人

【解説】

(1) $300\times1.07=321$

(2) 昨年度の男子の生徒数を x，女子の生徒数を y とすると，$\begin{cases} x+y=300 \\ 1.1x+1.05y=321 \end{cases}$

これを解くと，$x=120,y=180$　よって，

本年度の男子数 $=1.1\times120=132$

本年度の女子数 $=1.05\times180=189$

365 10%の食塩水：240 g　5%の食塩水：360 g

【解説】

必要な10%の食塩水の質量を x〔g〕，5%の食塩水を y〔g〕とすると，$\begin{cases} x+y=600 \\ 0.1x+0.05y=600\times0.07 \end{cases}$

366 5%の食塩水：200 g　水：50 g

【解説】

必要な5%の食塩水の質量を x〔g〕，水を y〔g〕とすると，$\begin{cases} x+y=250 \\ 0.05x=250\times0.04 \end{cases}$

367 男子：150 人　女子：480 人

【解説】

1月の男子の利用者数を x，女子の利用者数を y とすると，$\begin{cases} x+y=650 \\ 0.6x+1.2y=630 \end{cases}$

これを解くと，$x=250,y=400$

2月の男子の利用者数 $=0.6\times250=150$

2月の女子の利用者数 $=1.2\times400=480$

368 (1) 4%　(2) 300 g　(3) 水：144 g　食塩：6 g

【解説】

(1) $\frac{4}{96+4}\times100=4\%$

(2) 加える水の質量を x〔g〕とすると，

$(100+x)\times0.01=4$

(3) 必要な水を x〔g〕，食塩を y〔g〕とすると，

$$\begin{cases} x+y=150 \\ \frac{x}{150}=0.04 \end{cases}$$

369 スチール缶：100 kg　アルミ缶：300 kg

【解説】

求めるスチール缶の質量を x〔kg〕，アルミ缶の質量を y〔kg〕とすると，

$$\begin{cases} x + y = 400 \\ 0.9x + 1.2y = 450 \end{cases}$$

370 部品A：3200個　部品B：1200個

【解説】

求める部品Aの個数を x，部品Bの個数を y とすると，

$$\begin{cases} x : y = 8 : 3 \\ 0.02x + 0.03y = 100 \end{cases}$$

26章　一次関数Ⅰ

371

(1) A（5，1）

　　B（0，−3）

　　C（−4，−5）

　　D（−4，3）

　　E（−2，0）

　　F（0，0）

(2) $y = \frac{1}{2}x$

(3) $y = -\frac{8}{x}$

(4)

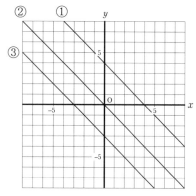

(2)

x	−8	−6	−4	−2	0	2	4	6	8
y	−4	−3	−2	−1	0	1	2	3	4

(3)

x	−8	−4	−2	−1	0	1	2	4	8
y	1	2	4	8	−	−8	−4	−2	−1

372 (1) ×　(2) ○　(3) ○　(4) ×　(5) ○　(6) ×

373 ① 1　② 2　③ 3　④ 6

374 ① 一次関数　② 傾き　③ 切片

375 (1) 傾き：5　切片：3　(2) 傾き：1　切片：−2

(3) 傾き：$-\frac{1}{3}$　切片：1　(4) 傾き：$\frac{2}{3}$　切片：$-\frac{1}{4}$

(5) 傾き：$\frac{3}{4}$　切片：−2　(6) 傾き：$\frac{1}{3}$　切片：−3

376 (1) ① $y = -x + 4$　傾き：−1　切片：4

x	−3	−2	−1	0	1	2	3
y	7	6	5	4	3	2	1

② $y = -x$　傾き：−1　切片：0

x	−3	−2	−1	0	1	2	3
y	3	2	1	0	−1	−2	−3

③ $y = -x - 3$　傾き：−1　切片：−3

x	−3	−2	−1	0	1	2	3
y	0	−1	−2	−3	−4	−5	−6

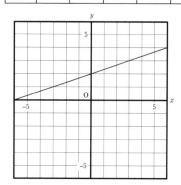

(2) A. 傾き　B. 平行　C.（0，4）　D. 4　E.（0，0）

　　F. 0　G.（0，−3）　H. −3　I. 切片

377 (1) 傾き：$\frac{1}{3}$　切片：2

(2)

x	−6	−3	0	3	6
y	0	1	2	3	4

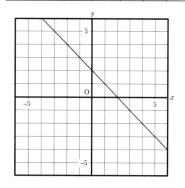

(3) ① 9 (+9)　② 3 (+3)　③ $\frac{3}{9}$　④ $\frac{1}{3}$　⑤ −6

⑥ −2　⑦ $\frac{-2}{-6}$　⑧ $\frac{1}{3}$　⑨ 傾き

378 (1) 傾き：−1　切片：2

(2)

x	−3	−2	−1	0	1	2	3
y	5	4	3	2	1	0	−1

(3) ① 5 (+5)　② −5　③ $\frac{-5}{5}$　④ −1　⑤ −3

⑥ 3 (+3)　⑦ $\frac{3}{-3}$　⑧ −1　⑨ 傾き

379 (1) ① 1　② (0 , 1)　③ 3　④ +3

(2)

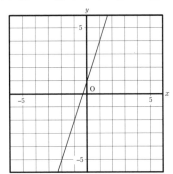

380 (1) ① −1　② (0 , −1)　③ −2　④ −2

(2)

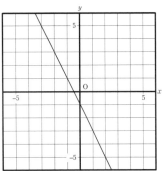

381 (1) ① −3　② (0 , −3)　③ 1　④ +1

(2)

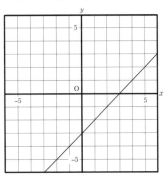

382 (1) ① −3　② (0 , −3)　③ $\frac{3}{2}$　④ +3

(2)

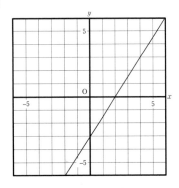

383 (1) ① +2　② (0 , 2)　③ $-\frac{1}{3}$　④ −1

(2)

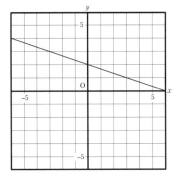

384 (1) ① −5　② (0 , −5)　③ −1　④ −1

(2)

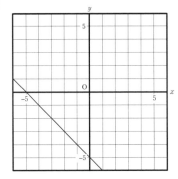

385

(1)

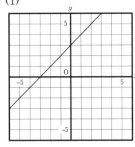

(2)

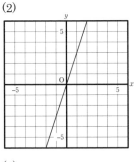

(3)

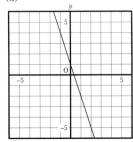

(4)

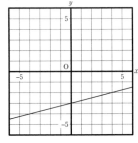

(5)　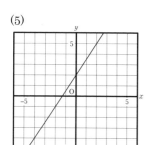　　(6)　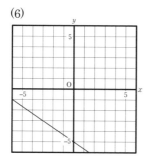

386 (1) ① $y = -\frac{1}{3}x$　② $y = -x + 6$

③ $y = 2x - 5$　④ $y = \frac{2}{3}x + 5$

(2) ① $y = -x$　② $y = -\frac{3}{2}x + 5$

③ $y = -\frac{1}{2}x - 4$　④ $y = -3x - 5$

387 (1) ① 3　② –3　③ 3　④ –6　⑤ –2

(2) ① –3　② 5　③ –4　④ 8　⑤ –2

388 ① 傾き(変化の割合)　② 切片

③ x の増加量　④ y の増加量　⑤ 傾き

⑥

x	1	2	3	4	5
y	3	5	7	9	11

⑦ 4　⑧ 8　⑨ 4　⑩ 8　⑪ 2　⑫ 傾き

⑬ 1　⑭ (0 , 1)　⑮ y　⑯ y　⑰ 切片

389 (1) 傾き：$\frac{1}{4}$　切片：–2

(2)　　　　　　　　　　　　　(3) ア，オ

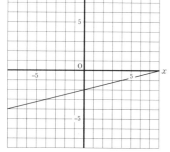

390 (1) A (–3,0)　B (0, –2)

(2) x の増加量：3　y の増加量：–2

(3) $-\frac{2}{3}$　(4) $-\frac{2}{3}$　(5) –2　(6) $y = -\frac{2}{3}x - 2$

391 A. 傾き　B. 平行　C. 正

D. 右上がり　E. 負　F. 右下がり

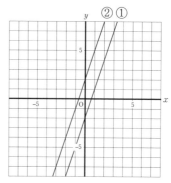

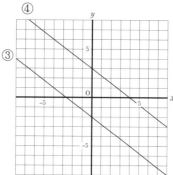

27章　一次関数Ⅱ

392 (1) ① $y = -\frac{1}{2}x - 3$　② $y = 3x + 2$

(2) –10　(3) –36　(4) $a = -4, b = 26$

393 (1) $y = -3x - 17$　(2) $y = \frac{5}{2}x - 3$

394

(1) $x = 1, y = -1$　　(2)

(3) (1, –1)

(4) (0, –2)

(5) $\left(\frac{1}{2}, 0 \right)$

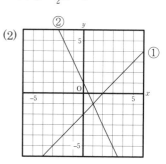

395

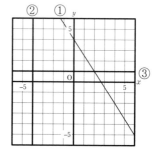

396 ① $y = 4$　② $x = -3$　③ $x = 5$　④ $y = -2$

397 ① $y = -\frac{1}{2}x + 2$　② $y = 2$　③ $x = -5$

398 $P\left(-\frac{3}{7}, \frac{15}{7}\right)$

399 (1) ② $x = -2$　③ $y = -1$

(2) $P\left(-2, \frac{7}{3}\right)$, $Q(3, -1)$

400 ① ウ　② エ　③ イ　④ ア

401 ② $y = \frac{1}{5}x + 5$　③ $y = \frac{1}{5}x$　④ $y = \frac{1}{5}x - 3$

402 ① $y = \frac{2}{3}x + 2$　② $y = \frac{2}{3}x - 1$

③ $y = -\frac{2}{3}x + 2$　④ $y = -\frac{2}{3}x - 1$

403 (1) ①と⑧，③と⑥　(2) ①,④,⑤,⑧

(3) ②,③,⑥,⑦

【解説】

(1) 2直線が平行であるとき，2直線の傾きは等しい。

(2) 傾きが正である直線は右上がりになる。

(3) 傾きが負である直線は右下がりになる。

404 (1) ① $y = -2x$　② $y = -2x - 5$　③ $x = 2$

④ $y = 4$

(2) $A(2, 4)$　$B(2, -4)$　$C\left(-\frac{9}{2}, 4\right)$　$D\left(-\frac{5}{2}, 0\right)$

405 (1) $y = 6x + 2$　(2) $y = -\frac{1}{5}x + 3$

【解説】

(1) x が1増加すると y は6増加するので傾きは6，（0，2）を通るので切片は2である。

(2) x が5増加すると y は–1増加するので傾きは$-\frac{1}{5}$，（0，3）を通るので切片は3である。

406

(1) $x = -4, y = 2$　(2)

(3) $(-4, 2)$

(4) $(0, 1)$

(5) $\left(-\frac{8}{3}, 0\right)$

(6) $k = -3$　(7) –10

【解説】

(2) ①を y について
解くと，$y = -\frac{1}{4}x + 1$
②を y について解くと，$y = -\frac{3}{2}x - 4$

(4) y 軸上は x 座標が0であるので，①式に $x = 0$ を代入する。

(5) x 軸上は y 座標が0であるので，②式に $y = 0$ を代入する。

(6) ①式に $x = 16, y = k$ を代入して k を求める。

(7) ②式に $y = 11$ を代入して x について解く。

28章　一次関数Ⅲ

407 ① 変化の割合　② y の増加量

③ x の増加量　④ 傾き

408 (1) ア　(2) ① –2　② $-\frac{1}{2}$

(3) ① –2　② –2　(4) ① –2　② –1

【解説】

(1) 一次関数は $y = ax + b$ の形をとる。②は x と y が反比例の関係にある式で，一次関数ではない。

(2) ①

x	2	→	6
y	–3	→	–11

②

x	2	→	6
y	3	→	1

①の変化の割合 $= \frac{-11-(-3)}{6-2} = \frac{-8}{4} = -2$

②の変化の割合 $= \frac{1-3}{6-2} = \frac{-2}{4} = -\frac{1}{2}$

(3) ①

x	1	→	3
y	–1	→	–5

②

x	1	→	3
y	6	→	2

①の変化の割合 $= \frac{-5-(-1)}{3-1} = \frac{-4}{2} = -2$

②の変化の割合 $= \frac{2-6}{3-1} = \frac{-4}{2} = -2$

(4) ①

x	–6	→	–1
y	13	→	3

②

x	–6	→	–1
y	–1	→	–6

①の変化の割合 $= \frac{3-13}{-1-(-6)} = \frac{-10}{5} = -2$

②の変化の割合 $= \frac{-6-(-1)}{-1-(-6)} = \frac{-5}{5} = -1$

※(2)～(4)の結果からもわかるように，一次関数は常に（傾き）＝（変化の割合）となるが，一次関数ではない場合は変化の割合は一定ではない。

409 (1) $\frac{2}{3}$　(2) –4　(3) 18

【解説】

(1) 一次関数なので，常に（変化の割合）＝（傾き）

(2) 求める増加量を Y とすると，一次関数の傾きは常に一定であるので，$\frac{2}{3} = \frac{Y}{-6}$　よって，$Y = -4$ ・

(3) 求める増加量を X とすると，一次関数の傾きは常に一定であるので，$\frac{2}{3} = \frac{12}{X}$　両辺の分母と分子を入れ換えると，$\frac{3}{2} = \frac{X}{12}$　よって，$X = 18$

410 ア，ウ

411 (1) $y = -2x + 5$　(2) $y = -6x - 4$

(3) $y = -6x - 3$　(4) $y = -7x + 11$

(5) $y = -5x + 6$　(6) $y = \frac{2}{3}x - 8$

412 (1) $y = -x + 4$　(2) $y = 3x + 1$

413 (1) $k = 1$　(2) $m = 4$　(3) $n = 8$

【解説】

(1) 傾きが $-\frac{1}{3}$ で点 $(-6, -1)$ を通る直線は，公式を用いると，$y - (-1) = -\frac{1}{3}\{x - (-6)\}$
よって，$y = -\frac{1}{3}x - 3$
$(-12, k)$ がこの直線上にあるので，
$k = -\frac{1}{3} \times (-12) - 3$　よって，$k = 1$

(2) x が3から–5まで変化するとき，y は6から m まで変化する。このとき，
x の増加量 $= -5 - 3 = -8$　y の増加量 $= m - 6$
$\frac{y \text{ の増加量}}{x \text{ の増加量}} = $ 傾きであるので，$\frac{m-6}{-8} = \frac{1}{4}$
これを解くと，$m = 4$

(3) 2点A,Bを通る直線を求めると，

傾き $a = \frac{1-9}{5-(-3)} = \frac{-8}{8} = -1$ $y - 9 = -\{x - (-3)\}$

よって，$y = -x + 6$ この直線はC $(n, -2)$ を通るので，$-2 = -n + 6$ これを解くと，$n = 8$

414 (1) ウ   (2) イ

【解説】

(2) 自然数は正の整数である。

415

(1)

x	1	2	3	4
y	-2	0	2	4

(2) $-2 \leqq y < 4$

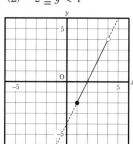

416

(1)

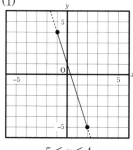

$-5 \leqq y \leqq 4$

(2)

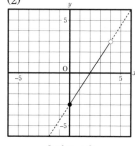

$-3 \leqq y < 3$

(3)

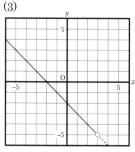

$y > -5$

417 (1) $-17 < y \leqq 15$ (2) $-11 \leqq y < 13$

418 イ,エ

【解説】

x座標，y座標を式に代入し，等号が成り立つものを選択する。

419 ① 変化の割合   ② y の増加量   ③ x の増加量   ④ 傾き

420 (1) $y = -x - 5$ (2) -25 (3) -15

(4) $y = 7x - 18$ (5) 6   (6) $y = -\frac{1}{2}x + \frac{3}{2}$

(7) $y = -8x + 5$ (8) $y = 3x + 1$ (9) $k = -7$

【解説】

(1) 求める式を $y = ax - 5$ として，点(5, -10) を通ることから a を求める。

(2) 求める y の増加量を Y とすると，$\frac{5}{2} = \frac{Y}{-10}$

(3) 求める y の増加量を Y とすると，$-3 = \frac{Y}{4-(-1)}$

(4) 公式を利用すると，$y - (-4) = 7(x - 2)$

(5) 一次関数の場合変化の割合は常に傾きと等しい。

(6) 平行である2直線は傾きが等しいので，公式を利用すると，$y - 1 = -\frac{1}{2}(x - 1)$

(7) 一次関数では(変化の割合)＝(傾き)であるので，傾きは-8。通る(0, 5)は y 軸上なので，切片は 5。

(8) 傾きは $a = \frac{4-16}{1-5} = \frac{-12}{-4} = 3$ であるので，$y - 4 = 3(x - 1)$

(9) $2 = \frac{k-(-3)}{7-9}$

421

(1)

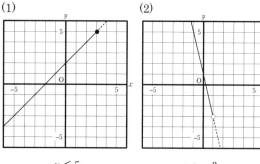

(2)

$y \leqq 5$

$y > -3$

(3)

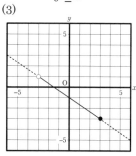

$-3 \leqq y < 1$

29章　一次関数Ⅳ

422 ① 関数   ② 一次関数

423 ① ○   ② ×   ③ ○   ④ ○   ⑤ ×   ⑥ ○   ⑦ ×   ⑧ ×   ⑨ ○

424 (1) $y = 30x + 90$ （○）   (2) $y = x^2$ （×）

(3) $y = 50 - x$ （○）   (4) $y = 2\pi x$ （○）

(5) $y = 1000 - 50x$ （○）   (6) $y = \frac{10}{x}$ （×）

425 (1) $y = -5x + 250$ $0 \leqq x \leqq 50$ $0 \leqq y \leqq 250$

(2) 毎分5 L   (3) 250 L   (4) 175 L   (5) 50分後

426 (1) $y = 700 - 250x$　(3) $y = 100x$

(5) 2 分後で図書館から 200 m 離れたところ

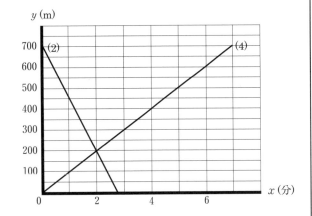

427 (1) 5 秒後　(2) 15 秒後　(3) 20 秒後

(4) $y = 20x$ $(0 \leqq x \leqq 5)$

(5) $y = 100$ $(5 \leqq x \leqq 15)$

(6) $y = 400 - 20x$ $(15 \leqq x \leqq 20)$

(7)

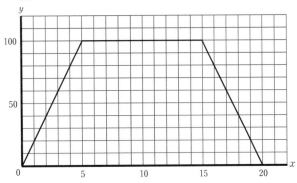

428 ① ×　② ○　③ ○　④ ○　⑤ ×　⑥ ○

【解説】

$y = ax + b$ の形になるものが一次関数である。

429 (1) $y = 3x$ ○　(2) $y = \frac{16}{x}$ ×　(3) $y = 4x$ ○

430 (1) 15 cm　(2) 2 cm　(3) $y = \frac{1}{2}x + 15$

(4) $0 \leqq x \leqq 80$　$15 \leqq y \leqq 55$

【解説】

(2) $17 - 15 = 2$ cm

(3) おもりの重さが 4 g 増加するごとにばねの長さは
2 cm ずつ増加しているので，y は x の一次関数であ
るといえる。傾き $= \frac{2}{4} = \frac{1}{2}$ で，$(0, 15)$ を通るので切片
は 15 である。

(4) $x = 0$ のとき，$y = \frac{1}{2} \times 0 + 15 = 15$

$x = 80$ のとき，$y = \frac{1}{2} \times 80 + 15 = 55$

おもりの重さが 80 g を超えるとばねが壊れるので，
重さが 80 g 以下であれば壊れないことになる。従っ
て式に等号が入ることに注意する。

431 (1) 9 分後　(2) 分速 50 m　(3) 分速 200 m

(4) 弟：$y = 50x$　兄：$y = 200x - 1800$

(5) 追いつくことができる

9 時 12 分 ／家から 600 m

【解説】

(1) グラフの横軸は弟が出発してからの時間を表す。

(2) グラフより 1 分で 50 m 進んでいることがわかる。

(3) グラフより 1 分で 200 m 進んでいることがわかる。

(4) グラフの傾き $= \frac{\text{移動距離(m)}}{\text{移動時間(分)}} = $ 速さ(m/分) である。

弟は原点を通り，傾きが 50 であるので，$y = 50x$
兄は $(9, 0)$ を通り，傾きが 200 であるので，
$y - 0 = 200(x - 9)$　よって，$y = 200x - 1800$

(5) 弟が駅に着くまでの時間は，$\frac{950}{50} = 19$ 分

(4)の弟と兄の直線の方程式を連立して解くと，
$(x, y) = (12, 600)$　$12 < 19$ であるので，兄は弟に
追いつくことができる。

432 (1) $y = \frac{3}{2}x$ $(0 \leqq x \leqq 8)$

(2) $y = 12$ $(8 \leqq x \leqq 11)$

(3) $y = -\frac{3}{2}x + \frac{57}{2}$ $(11 \leqq x \leqq 19)$

(4)

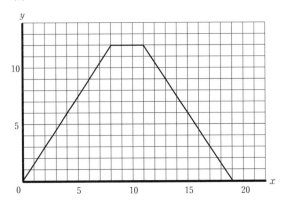

【解説】

点 P は毎秒 1 cm で移動するので，8 秒後に C，$8 + 3 =$
11 秒後に D，$8 + 3 + 8 = 19$ 秒後に A に達する。

△APB の高さを h とすると，

$0 \leqq x \leqq 8$ のとき，$h = BP = x$ より，

△APB $= \frac{1}{2} \times AB \times h = \frac{1}{2} \times 3 \times x = \frac{3}{2}x$

$8 \leqq x \leqq 11$ のとき，$h = 8$ より，

△APB $= \frac{1}{2} \times AB \times h = \frac{1}{2} \times 3 \times 8 = 12$

$11 \leqq x \leqq 19$ のとき，

$h = AD = BC + CD + DA - (BC + CD + DP)$
$= (8 + 3 + 9) - x = 19 - x$ より，

△APB $= \frac{1}{2} \times AB \times h = \frac{1}{2} \times 3 \times (19 - x) = -\frac{3}{2}x + \frac{57}{2}$